21世纪全国本科院校电气信息类创新型应用人才培养规划教材

新能源照明技术

主　　编　李姿景

副主编　乐丽琴　李文方　贺素霞

参　　编　李海霞　司小平

主　　审　陈嘉义

北京大学出版社
PEKING UNIVERSITY PRESS

内 容 简 介

本书从 LED、OLED 等新光源与太阳能、风能等新能源相结合应用的角度,系统介绍了新光源、新能源系统中的关键技术问题。全书共分为 8 章,重点讲解 LED、OLED 等半导体照明光源的发光机理、性能参数、测试方法,LED 交流驱动电路及保护电路,太阳能光伏发电系统组成,太阳能光伏蓄电池储能技术,风力发电与控制技术等相关内容,并在读者充分掌握了新光源、新能源的基础知识与关键技术的基础上,专门设置一个综合应用实例的章节,通过对设计案例的分析与讲解,使读者进一步领会新光源、新能源结合应用设计过程中的设计思路、设计方法。

本书每章教学目标、教学要求明确,且均用引例开篇,先启发读者从应用的角度来思考问题,然后引入到技术层面的知识讲解。并且为了满足读者更广阔的知识需求,每章节都设有“推荐阅读资料”一栏。本书可作为理工科高等院校光电专业、新能源专业(包括太阳能方向、光伏材料方向、风能与动力工程方向、绿色照明技术方向等)、电子信息技术专业的教材,也可供相关专业工程技术人员参考。

图书在版编目(CIP)数据

新能源照明技术/李姿景主编.—北京:北京大学出版社,2013.9
(21 世纪全国本科院校电气信息类创新型应用人才培养规划教材)
ISBN 978-7-301-23123-4

Ⅰ. ①新… Ⅱ. ①李… Ⅲ. ①新能源—照明技术—高等学校—教材 Ⅳ. ①TU113.6

中国版本图书馆 CIP 数据核字(2013)第 207107 号

书　　　　名:**新能源照明技术**
著作责任者:李姿景　主编
策 划 编 辑:程志强
责 任 编 辑:程志强
标 准 书 号:ISBN 978-7-301-23123-4/TK・0006
出 版 发 行:北京大学出版社
地　　　　址:北京市海淀区成府路 205 号　邮编:100871
网　　　　址:http://www.pup.cn　新浪官方微博:@北京大学出版社
电 子 信 箱:pup_6@163.com
电　　　　话:邮购部 62752015　发行部 62750672　编辑部 62750667　出版部 62754962
印　　　　刷　者:三河市博文印刷厂
经 销 者:新华书店
　　　　　　　787 毫米×1092 毫米　16 开本　16.25 印张　375 千字
　　　　　　　2013 年 9 月第 1 版　　2013 年 9 月第 1 次印刷
定　　　　价:33.00 元

未经许可,不得以任何方式复制或抄袭本书之部分或全部内容。
版权所有,侵权必究
举报电话:010-62752024　电子信箱:fd@pup.pku.edu.cn

前　言

"新能源照明技术"是光电专业、新能源专业(包括太阳能方向、光伏材料方向、风能与动力工程方向、绿色照明技术方向等)、信息技术专业的一门专业基础课程。21 世纪人类面临着环境和可持续发展的双重问题。能源问题已经关系到世界各国经济社会可持续发展的全局。我国对新能源技术非常重视,正努力建立以资源无限、清洁干净的可再生能源为主的多样化、复合型的能源结构,走与生态环境和谐发展的绿色能源之路,从而达到经济社会的可持续发展目标。太阳能、风能等可再生能源具有分布广、利用潜力大、环境污染小和可永续利用等特点,具有很大的潜质,是人们重点的开发应用对象。与此同时,LED又因其具有发光效率高、耗电量小、寿命长、体积小等优点,被认为是继白炽灯、荧光灯之后照明光源的又一次革命,而新能源与 LED、OLED 的结合应用成为很多专家学者的研究对象。

因此,为了满足高校学生及相关从业人员对新能源应用技术方面知识的渴望与期待,本书的写作团队想通过编写教材这一途径,把 6 年来在此领域的科研和教学经历所得的知识和经验写出来,分享给大家,也为社会做一点贡献。本书的特色主要体现在以下几个方面。

(1) 以综合素质教育为基础,以技能培养为本位。从"新能源应用技术"的教学实际需要出发,反映技能教育的特点和要求,体现"学历教育与专业技能教育"相结合的教育理念,既满足了提高学生专业综合素质的要求,又体现了专业能力的要求和内涵。

(2) 突破传统专业教材编写思路与形式。主要采用"以问题为纲""以科研项目为驱动"的方法对新能源发电技术及 LED 应用进行讲解说明。例如,每章均用引例开篇,启发学生从应用的角度来思考问题,然后引入到技术层面的知识讲解,并且通过教学目标和教学要求先明确每章的能力要求和相关知识点,再有目的性地去阅读,这样有利于知识的吸收和消化。另外,为了满足大家更广阔的知识需求,每章节都设有"推荐阅读资料"一栏。

(3) 以学历教育为基础,充分考虑学生就业需要。介绍大量新能源与 LED 应用技术相结合的实例分析,体现了新能源开发应用与 LED 绿色照明的鲜明特点,整体符合国家节能减排的政策,具有一定的科学性与先进性。

本书共分为 8 章,均设有一定量的习题,且前 7 章设有"本章小结"以便学习者巩固所学知识,并达到提示要点的目的。本书第 1~4 章分别介绍了 LED、OLED 固体照明技术、LED 驱动电路及 LED 交流驱动器开关电源保护电路等相关知识,第 5~7 章主要介绍太阳能光伏发电技术、储能技术、风能发电与控制技术,第 8 章主要介绍一些新能源与 LED 应用技术相结合的实例分析,体现了新能源开发应用与 LED 绿色照明的鲜明特点。本书编写人员具体分工为:第 1 章由贺素霞、李海霞编写,第 2 章由贺素霞编写,第 3 章由李文方、李姿景、贺素霞编写，第 4 章由李文方编写，第 5 章由李姿景编写，第 6、7 章由李姿景、司小平编写，第 8 章由乐丽琴、李海霞编写。全书由李姿景统稿。

本书承蒙陈嘉义主审，陈老师毕业于西安交通大学无线电工程系自动控制专业，先后在北京中国科学院新技术局 156 工程处从事空间计算机研制，在中国船舶工业总公司郑州 713 研究所从事红外激光制导研究工作，担任该项目组组长，现在我校从事教学科研工作，有丰富的实践经验。他对此书提出了宝贵的意见和建议，在此表示诚挚的感谢！

本书在编写过程中参考并引用了同行和一些企业的文献资料，在此表示衷心的感谢！

由于新能源、半导体照明技术知识新、更新快，且作者水平有限，书中难免存在不足之处，敬请批评指正。

编 者

2013 年 4 月 10 于郑州

目　　录

第1章

LED 固体照明技术

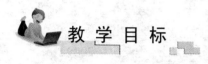

教 学 目 标

了解 LED 照明的基础知识；
掌握 LED 的工作原理及主要性能指标；
初步了解 LED 的封装和检测的相关知识；
熟悉 LED 的使用注意事项；
了解 LED 固体照明技术的其他相关知识；
掌握 OLED 用于照明光源和显示器的技术特点；
掌握 OLED 的发光性能指标和电学性能指标；
掌握 OLED 的驱动电源设计方法；
了解 OLED 的发光原理及其结构特点。

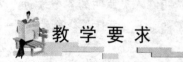

教 学 要 求

知识要点	能力要求	相关知识点
LED 基础知识	(1) 了解电光源及照明技术 (2) 了解 LED 研发技术关键 (3) 掌握 LED 的工作原理、特性及性能指标 (4) 了解 LED 的分类和技术进展	LED 的发光原理，LED 的电学特性，LED 的光学特性，LED 的热学特性及发光质量
LED 的封装	(1) 了解 LED 的封装材料及结构类型 (2) 了解引脚封装技术及表面贴片技术	
LED 的检测	(1) 了解 LED 技术参数及测量应注意的问题 (2) 了解大功率 LED 的测试问题	LED 的测量标准，光度测量传感器的光谱响应，LED 测量的方向性
LED 的使用注意事项	熟悉 LED 的使用注意事项	
OLED 的技术特点	掌握 OLED 用于照明光源和显示器的技术特点	
OLED 的发光原理及其结构	了解 OLED 的发光原理及其结构特点	OLED 的发光原理及结构

续表

知识要点	能力要求	相关知识点
白光 OLED 的制备方法	(1) 了解白光 OLED 的分类 (2) 了解白光 OLED 的制备方法	
OLED 的性能参数	掌握 OLED 的发光性能指标和电学性能指标	OLED 的发光性能指标和电学性能指标
OLED驱动电源	(1) 掌握 OLED 的驱动电源设计方法 (2) 查阅资料，了解 OLED 的驱动电源 IC 类别及功能	

 推荐阅读资料

[1] 陈大华，刘洋. 绿色照明 LED 实用技术[M]. 北京：化学工业出版社，2009.

[2] 陈超中，施晓红. LED 灯具标准体系建设研究[J]. 照明工程学报，2009，8.

[3] 陈金鑫. OLED 有机电致发光材料与器件[M]. 北京：清华大学出版社，2007.

 引例

案例一：固态照明——照明技术的革命！

LED(Light Emitting Diode)即发光二极管，LED 的核心是一个半导体的晶片，晶片附在一个支架上，一端是负极，另一端连接电源的正极，使整个晶片被环氧树脂封装起来。图 1.1 为几种常用的 LED 灯。

LED 改变传统发光方式，将电能直接转化为可见光的固态半导体，已成为光世界的创新，对人类来说是必不可少的绿色技术光革命，越来越多地应用在人类照明的各个方面。目前世界各国越来越重视照明节能及环保问题，作为一种新型的节能、环保的绿色光源产品，LED 技术代表了未来照明产业发展的趋势。

作为半导体光电器件"高新尖"技术的代表，LED 产品将不断突破科学纪录，达到光效更高，功率更大，体积更小，光谱更纯，以及控制更智能化的行业目标。随着 LED 技术的日渐成熟，制造成本呈逐年下降的趋势。在不久的将来，LED 照明将全方位取代传统照明，给每一个人的工作和生活带来革命性的改变。

图 1.1　各种形式的 LED 灯

图 1.1   各种形式的 LED 灯(续)

案例二：摘自《光科太阳能》专业研发生产太阳能系列产品说明。

广东光科太阳能有限公司生产的 GK-600 系列、GK-700 系列风光互补系列路灯的光通量、色温等相关参数见表 1-1，从中可以了解到 LED 太阳能路灯的主要参数。

表 1-1   广东光科太阳能有限公司生产的风光互补系列路灯的相关参数

高度	5～8m			
光源类型及功率	LED15W	LED20W	LED30W	LED40W
光通量/LM	≥1500	≥2000	≥3000	≥4000
色温/K	2700～6000	2700～6000	2700～6000	2700～6000
风机类型及功率	水平轴/垂直轴100horizontal axis/vertical axis65W	水平轴/垂直轴200horizontal axis/vertical axis65W	水平轴/垂直轴300horizontal axis/vertical axis65W	
电池电压及容量	12V65AH	12V100AH	12V150AH	24V120AH
照明时间/(h/天)	8～10	8～10	8～10	8～10
抗震等级	>8级	>8级	>8级	>8级
抗风等级	≥40m/min	≥40m/min	≥40m/min	≥40m/min
建议安装距离	12～18m	18～23m	18～28m	20～30m

案例三：摘自 http://www.OLEDW.com 的一则报道。

1 月的美国拉斯维加斯 CES 上，几大厂商纷纷展出 OLED 电视产品。因此，业界广泛认为 2013 年为 OLED 电视元年，DisplaySearch 预测 2013 年 OLED 电视市场规模为 295745000 美金。

根据 DisplaySearch 预测，从 2014 年开始 OLED 电视市场规模将大幅度增大，每年几乎都有 40%以上增长率。

2018 年时，整个 OLED 电视市场规模将达到百亿美元水平，这意味着以 2013 年的市场规模计算，随后 5 年 OLED 电视市场规模将净增 30 余倍。

引言

　　传统的照明技术发光效率低、耗电量大、使用寿命短，光线中含有大量的紫外线、红外线辐射，照明灯具一般是交流驱动，不可避免地产生频闪而损害人的视力，普通节能灯的电子镇流器会产生电磁干扰，且荧光灯含有大量的汞和铅等重金属，因无法全部回收而造成环境污染等问题。现代生产和生活的发展迫切需要一种高效节能、无污染、无公害的绿色照明技术取代传统照明技术。近年来，经过科学家的技术攻关，一种新型光源技术——LED照明技术正在趋于成熟，并开始投入生产，走向市场。

　　与其他照明光源相比，以平面发光为特点的OLED具有更容易实现白光、超薄光源和任意形状光源的优点，同时具有高效、环保、安全等优势。因此，白光OLED作为一种新型的固态光源，在照明和平板显示背光源等方面展示了良好的应用前景，越来越受到人们的关注，已经成为一个照明新宠，备受瞩目，且被应用到越来越广泛的领域(由案例二和案例三可知)。

1.1　LED 照明知识概述

1.1.1　电光源

　　凡可以将其他形式的能量转换成光能，从而提供光通量的设备、器具统称为光源；而其中可以将电能转换为光能，从而提供光通量的设备、器具则称为电光源。

　　人类对电光源的研究始于18世纪末。19世纪初，英国的H·戴维发明了碳弧灯。1879年，美国的爱迪生发明了具有实用价值的碳丝白炽灯，使人类从漫长的火光照明进入电气照明时代。1907年采用拉制的钨丝作为白炽体。1912年，美国的朗缪尔等人对充气白炽灯进行研究，提高了白炽灯的发光效率并延长了寿命，扩大了白炽灯应用范围。20世纪30年代初，低压钠灯研制成功。1938年，欧洲和美国研制出荧光灯，发光效率和寿命均为白炽灯的3倍以上，这是电光源技术的一大突破。20世纪50年代末，体积和光衰极小的卤钨灯问世，改变了热辐射光源技术进展滞缓的状态，这是电光源技术的又一个重大突破。20世纪60年代开发了金属卤化物灯和高压钠灯，其发光效率远高于高压汞灯。20世纪80年代出现了细管径紧凑型节能荧光灯、小功率高压钠灯和小功率金属卤化物灯，使电光源进入了小型化、节能化和电子化的新时期。

　　电光源的种类有很多种，按照发光原理，可分为热辐射光源、气体放电光源、固体光源。其中热辐射光源又可分为白炽灯、卤钨灯等；气体放电光源又可分为弧光放电光源、辉光放电光源；固体光源又可分为LED、场致发光器件等。

　　按阴极灯丝情况，可分为热阴极管光源、冷阴极管光源。按发光波长和用途，可分为照明光源、非照明光源。按玻璃材质，可分为普通玻璃光源、硬玻璃光源、石英玻璃光源。按灯头形状，可分为单端型光源、双端型光源。单端型又可分为灯泡、环型灯、U型灯、多 U 型灯、H 型灯、螺旋型灯、紧凑型灯等。按发光颜色,可分为无色(即透明)、白色、黑色和彩色等。

在当前全球能源短缺的忧虑再度升高的背景下,节约能源是我们未来面临的重要问题,在照明领域,LED 发光产品的应用正吸引着世人的目光,LED 作为一种新型的绿色光源产品,是未来发展的必然趋势。21 世纪将进入以 LED 为代表的新型照明光源时代。

1.1.2　LED 照明技术

应用半导体 PN 结发光源原理制成的 LED 问世于 20 世纪 60 年代初,1964 年首先出现了红色发光二极管,之后出现了黄色 LED。直到 1994 年蓝色、绿色 LED 才研制成功。1996 年由日本 Nichia 公司(日亚)成功开发出白色 LED。

LED 以其固有的特点,如省电、寿命长、耐振动、响应速度快、冷光源等特点,广泛应用于指示灯、信号灯、显示屏、景观照明等领域,在日常生活中处处可见,如家用电器、电话机、仪表板照明、汽车防雾灯、交通信号灯等。但由于其亮度差、价格昂贵等条件的限制,无法作为通用光源推广应用。

近几年来,随着人们对半导体发光材料研究的不断深入,以及 LED 制造工艺的不断进步和新材料(氮化物晶体和荧光粉)的开发和应用,各种颜色的超高亮度 LED 取得了突破性进展,其发光效率提高了近 1000 倍,色度方面已实现了可见光波段的所有颜色,其中最重要的是超高亮度白光 LED 的出现,使 LED 应用领域跨越至高效率照明光源市场成为可能。曾经有人指出,高亮度 LED 将是人类继爱迪生发明白炽灯泡后最伟大的发明之一。

LED 光源的优点具体如下。

(1) 发光效率高。白炽灯、卤钨灯为 12～24lm/W,荧光灯为 50～70lm/W,钠灯为 90～140lm/W,LED 可达 120lm/W。

(2) 耗电量少。LED 电能利用率达 80%以上,由于 LED 是冷光源,与白炽灯、荧光灯比,节电效率达 90%以上。

(3) 使用寿命长,可靠性高。LED 寿命为 10 万小时,比传统灯寿命高 10 倍,性能稳定,可在-30℃～+50℃环境下正常工作。

(4) 安全性好,绿色光源。LED 发热量低,无热辐射,属于冷光源,光色柔和,无暗光,不含汞、钠等危害健康的物质,无有害射线,光源无紫外线成分。

(5) 环保。耐振、耐冲击,不易破碎,没有污染,对环境无电磁干扰,运行时无高压爆破成分泄露。

(6) 单色性好,色彩鲜艳丰富,LED 饱和度达 130%,全彩色,光更加清晰柔和。

(7) 使用灵活,可根据需要制成数码管、字符管、显示器、固体发光板、LED 显示屏等。

(8) 容易与数字集成电路匹配。

(9) 使用电压低:3～24V。

(10) 响应时间短,只有 60ns,特别适合用于汽车灯具光源,反应速度快,可在高频下操作。

(11) 平面发光,方向性强,视角小于或等于 180°。

(12) 对电网无伤害，功率因数高，启动时浪涌电流小。

LED 光源的缺点：受温度影响大，光效随温度升高而下降，120℃以上将失效。

LED 灯按发光强度可以分为普通亮度 LED(10mcd)和高亮度(10~100mcd)，一般工作电流为十几毫安至几十毫安，低电流 LED 在 2mA 以下。

LED 光源和常见光源性能比较表及几种光源的主要参数见表 1-2 和表 1-3。

表 1-2　LED 光源和常见光源性能比较

名称	耗电量/W	工作电压/V	协调控制	发热量	可靠性	使用寿命/h
金属卤素灯	100	220	不易	较高	低	3000
霓虹灯	500	较高	高	高	低	3000
镁氖灯	16	220	较好	较高	较好	6000
荧光灯	4~100	220	不易	较高	低	5000~8000
冷阴极灯	15	需逆变	较好	较高	较好	10000
镍丝灯	15~200	220	不易	高	低	3000
节能灯	3~150	220	不易	低	低	5000
LED 灯	极低	直流	多种形式	极低	极低	100000

表 1-3　几种光源的主要参数

名　　称	功率/W	光通量/lm	光效/(lm/W)
白炽灯	40	480	12
普通荧光灯	36	2000	55
三基色荧光灯	28	2680	96
LED	1	120	120
2020 年 LED	1	200	200

大功率 LED 是指拥有大额定工作电流的发光二极管。普通 LED 功率一般为 0.05W，工作电流为 20mA，而大功率 LED 可以达到 1W、2W，甚至可达数十瓦，工作电流可以是几十毫安到几百毫安不等。大功率 LED 路灯与高压钠灯使用效益分析见表 1-4。

表 1-4　大功率 LED 路灯与高压钠灯使用效益分析表

项目		高压钠灯 400W	LED 路灯 72W	
电缆费用	截面积/mm²	4×25+1×16	4×6+1×4	按 30m 间距
	单价/(元/米)	92.00	16.00	50 盏灯
	数量(长度)/m	30	30	即 1.5km 线路
	金额小计	2760.00	480.00	计算
	电缆节约支出合计		2280.00	
耗电量	光源功率	400W	72W	
	电器附件	镇流器 80W	恒流源 76W	每天工作 12h
	功率因数	0.6	0.95	1 元/度
	每天耗电量/kWh	9.60	1.1	

项目		高压钠灯 400W	LED 路灯 72W	
耗电量	每年耗电量/(kW·h)	3504.00	405.73	
	每天电费/元	9.60	1.10	
	每年电费/元	3504.00	405.73	
	10 年电费/元	35040.00	4057.30	
	10 年节约支出(小计)/元		30982.70	
维护费用		高压钠灯	LED 路灯	
	光源	寿命	2 年	10 年
		更换次数	5 次	0 次
		单价	100.00	0
		小计	500.00	0
	配电器	寿命	电感镇流器 5 年	LED 恒流源 3 年
		更换次数	2 次	3 次
		单价	120.00	200.00
		合计	240.00	600.00
	人工设计费	人工成本/(元/盏次)	100.00	20.00
		更换次数	5 次	3 次
		合计	500.00	60.00
		10 年维护支出	1240.00	660.00
		10 年节约支出		580.00
节省费用	每年节省电费		3098.27	每杆路灯
	每年节省维护费		58.00	每杆路灯
	10 年节省总费用		31562.70	计入维护费用
	初期电流节省		2280.00	每杆路灯

1.1.3　LED 研发技术关键

LED 研发技术关键有以下几个方面。

(1) 发光效率问题。即 LED 把受激发时吸收的能量转换为光能的能力。目前 LED 灯具发光效率偏低，主流产品的光电能转换效率大概只有 15%～20%，这意味着多达 80%～85% 的电能还是转换成了热量。

(2) 高功率问题。由于目前大功率白光 LED 的转换效率较低，光通量较小，成本较高等因素的制约，大功率白光 LED 短期内的应用主要是一些特殊领域的特种工作灯具，中长期目标才能是通用照明领域。

(3) 二次光学设计。由于 LED 发出光相对集中，主视角范围内相对较小，必须对灯具设计进行二次光学设计。

(4) 参数离散性。

(5) 保护电路设计。只要一个 LED 短路或开路，将导致整个 LED 小片熄灭，影响照明效果。必须研究保护电路，使不良影响降至最低。

(6) 散热问题。LED 在工作时会产生较多的热量，需要使用一些散热设备将热量导出并散发到环境中，否则 LED 温度过高会导致不可恢复光衰，将影响 LED 设备的使用寿命甚至导致其无法工作。目前由于受到技术发展的限制，散热问题一直是 LED 照明面临的重要挑战。

1.2 LED 基础知识

1.2.1 LED 的工作原理、特性及性能指标

1. LED 的发光原理

LED 是由Ⅲ-Ⅴ元素化合物(如 GaAs、GaP、GaAsP 等半导体材料)制成的，其核心是 PN 结。除具有一般 PN 结的 I-U 特性(即正向导通，反向截止和击穿特性)外，在一定条件下，还具有发光特性。

图 1.2 为 LED 发光原理示意图。在正向电压下，电子由 N 区注入 P 区，空穴由 P 区注入 N 区，进入对方区域的少数载流子一部分与多数载流子复合而发光。

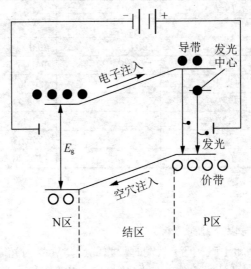

图 1.2　LED 发光原理示意图

假设发光是在 P 区中发生的，那么注入的电子与价带空穴直接复合而发光，或者先被发光中心捕获，再与空穴复合发光。除了这种发光复合外，还有些电子被非发光中心捕获，而后再与空穴复合，每次释放的能量不大，不能形成可见光。发光的复合量相对于非发光复合量的比例越大，光量子效率越高。由于复合式在少子扩散区内发光的，所以光仅在靠近 PN 结面数微米以内产生。理论和实践证明，发光的波长或频率取决于选用的半导体材料的能隙 E_g，E_g 的单位为电子伏(eV)：

$$E_g = \mathrm{h}v / q = \mathrm{h}c / (\lambda q) \tag{1-1}$$

在式(1-1)中，$\lambda = \mathrm{h}c / (qE_g) = 1240 / E_g$；$v$ 为电子运动速度；h 为普朗克常数；q 为载

流子所带电荷；c 为光速；λ 为发光的波长。

若能产生可见光(波长 380～780nm)，半导体材料的 E_g 应在 3.26～1.63eV 之间。比红光波长长的光为红外光。现在已有红外、红、黄、绿及蓝光 LED，但其中蓝光 LED 成本、价格很高，使用不普遍。

2. LED 的主要参数

(1) 允许功耗 P_m，即允许加于 LED 两端正向直流电压与流过它的电流之积的最大值，超过此值，LED 会发热损坏。

(2) 最大正向直流电流 I_{Fm}，即允许加的最大的正向直流电流，超过最大正向直流可损坏 LED。

(3) 最大反向电压 U_{Rm}，即所允许加的最大反向电压。超过此值，LED 可能被击穿损坏。

(4) 工作环境温度 T_{oPm}，即发光二极管可正常工作的环境温度范围。低于或高于此温度范围，发光二极管将不能正常工作，效率大大降低。

1.2.2　LED 的主要参数特性

LED 是利用化合物材料制成 PN 结的光电材料，它具备 PN 结器件的电学特性(I-U 特性，C-U 特性)、光学特性(光谱响应特性、发光强度指向特性、时间特性)及热学特性。

1. LED 的电学特性

1) I-U 特性

LED 的伏安特性具有非线性、单向导电性，外加正偏压时表现为低电阻，反之为高电阻。其 I-U 特性曲线如图 1.3 所示。

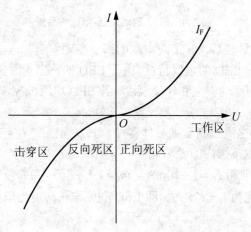

图 1.3　LED 的 I-U 特性曲线

(1) 正向死区，外加电场小于开启电压，R 值增大，不同 LED 其值不同，GaAs 1V、GaAsP 1.2V、GaP 1.8V、GaN 2.5V。

(2) 正向工作区，工作电流 I_F 与外加电压呈指数关系：

$$I_F = I_S \left(e^{qU_F/KT} - 1 \right) \tag{1-2}$$

式中：I_S 为反向饱和电流。

在 $U > U_F$ 正向工作区，$I_F = I_S e^{qU_F/KT}$，$I_F = 20\text{mA}$，LED $U_F = 1.4 \sim 3\text{V}$，环境温度升高，I_F 将下降。

正向伏安特性：在正向电压小于某一值(阈值)时，电流极小，不发光；当超过某一值后，正向电流随电压迅速增加而使 LED 发光，I_R 正向反向漏电流 $I_R < 10\text{mA}$。

LED 伏安特性模型可用下式表示：

$$U_F = U_{\text{turn-on}} + R_S I_F + \left(\Delta U_F / \Delta T \right) \left(T - 25℃ \right) \tag{1-3}$$

式中：$U_{\text{turn-on}}$ 为 LED 启动电压；R_S 为伏安曲线斜率；T 为环境温度；$\Delta U_F / \Delta T$ 为 LED 正向电压的温度系数，$-2\text{V/}℃$。LED 启动电压—电流关系图如图 1.4 所示。

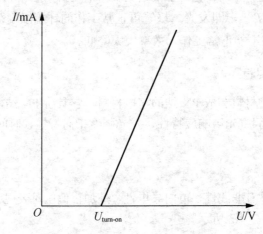

图 1.4　LED 启动电压-电流关系图

结论：LED 在正向导通后，其正向电压的细小变动将引起电流很大变化，而且环境温度、时间等因素也将影响 LED 的电气特性。由于 LED 的输出光通量直接与 LED 电流相关，可以在 LED 应用中控制驱动电流和环境温度。若 LED 电流失控，将影响 LED 可靠性和寿命，甚至使 LED 失效。

【例 1.1】 LED 是电流控制型半导体器件，其发光强度 L 与正向电流 I_F 近似成正比 $L = K I_F^m$，求其在小电流范围内的表达式。

答：小电流范围一般指 $I_F = 1 \sim 10\text{mA}$，$m = 1.3 \sim 1.5$；当 $I_F > 10\text{mA}$ 时，$m = 1$

所以 $L = K I_F^m$ 可简化为 $L = K \times I_F$，即 LED 亮度与正向电流成正比 KED 的正向电压与正向电流与管芯材料有关。

(3) 反向死区，$U < 0$ 时，PN 结反偏压，GaP 的反向漏电流 $I_R = 0\text{mA} (U = -5\text{V})$，GaN，$I_R = 10\mu\text{A} (U = -5\text{V})$。

(4) 反向击穿区，$U < U_R$ (反向击穿电压)，不同材料的 LED 反向击穿电压不同。

2) C-U 特性

LED 的 C-U 特性如图 1.5 所示，呈二次函数关系。

3) 允许功耗 P

$$P = U_F \times I_F \tag{1-4}$$

4) 响应时间

显示器随外部信息变化快慢，LCD 液晶显示响应时间 $10^{-3} \sim 10^{-5}\text{s}$，CRT、PDP、LED 为 $10^{-6} \sim 10^{-7}\text{s}$，GaAS 小于 10^{-9}s，GaP 为 10^{-7}s，因此可应用于 $10 \sim 100\text{MHz}$ 高频系统中。

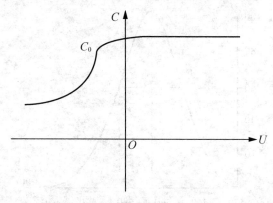

图 1.5　LED 的 C-U 特性曲线

【例 1.2】　1 个 T10 的 LED 灯泡含有 5 颗 5050SMD 贴片，白色，驱动电压 3V，求其功率。

答：用 3V 驱动 5 颗 SMD，说明那 5 颗基本上是并联的，5050 正常发光需要 $10 \sim 40\text{mA}$，取 20 计算，得功率：

$$P = UI = 5 \times 0.1 \times 3 = 0.3\text{W}$$

【例 1.3】　160 个 5mm 的 3.2V 高亮度 LED 分四组串联接在 12V 电瓶上，不计串联电阻的功耗，求其功耗。

答：

$$P = 3.2 \times 0.02 \times 160 = 10.2\text{W}$$

2. LED 光学特性

1) 发光强度及其角分布

(1) 发光强度。表征它在某个方向上的发光强弱，LED 采用圆柱形、圆球形封装。由于凸透镜的作用，故具有很强的指向性，位于法线方向发光强度最大，当偏离法线不同角度时发光强度也随之变化。

(2) 发光强度分布。LED 光通量是集中在一定角度内发射出去的，例如，GaAsP 发射角度为 22°。

(3) 光出射度。发射的光出射度与输入电流，具有良好的线性关系。

(4) 发光强度的角分布。可用半值角 $(\theta/2)$ 和视角来衡量，半值角是指发光强度值为轴向强度值一半的方向与发光轴向 (法向) 的夹角。半值角的 α 倍为视角 (或称半功率角)，离开法线方向角越大，相对发光强度越小，常用圆形 LED 封装散角 $2\theta_1/2$ 为 6°。

2) 发光峰值波长及其光谱分布

LED 光并非单一波长,其波长大体按照图 1.6 所示分布,波长 λ_0 的光强度最大,称为峰值波长。光谱半宽度 $\Delta\lambda$ 表示 LED 光谱纯度 1/2 峰值光强所对应的波长间隔,半高宽度反映谱线宽度,表示发光管光谱纯度。

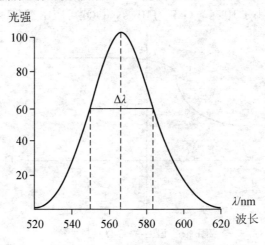

图 1.6　LED 光谱分布和峰值波长

(1) 光通量:光通量表征 LED 总光输出的辐射能量,功率级芯片白光 $\Phi = 18\text{lm}$。

(2) 发光效率和视角灵敏度。

发光效率:发光效率是光通量与电功率之比,是表征光源节能特性的最重要指标。

内 P 效率:PN 结附近由电能转化成光能的效率,可据此评价芯片优劣。

外 P 效率:辐射出光能量(发光量)与输入电能之比。

(3) 发光亮度。发光亮度指定某方向上发光体表面亮度等于发光体表面上单位投射面积在单位立体角内所辐射的光通量,L_m。其正法线方向的发光亮度为 $L_0 = I_0 / A$,亮度与外加电流密度 J_0 有关,电流密度增加,L_0 也近似增大。亮度与环境温度有关,环境温度升高,复合率下降,L_0 减小。

目前存在几个问题:基底会吸收 LED 产生的大部分光线,用透明铝铟磷化镓基底来解决或在基底添加 Bragg 反射器光栅层提高 2 倍,加反射器可提高 4 倍。

(4) 寿命。随着工作时间的延长出现发光强度衰减现象称为老化,老化程度与外加恒流源大小有关,$L_t = L_0 \text{e}^{-t/\tau}$,$L_t$ 为 t 时间后的亮度,L_0 为初始亮度,$L_t = L_0 / 2$,所经历时间 t 称 LED 寿命。

测量方法:给 LED 通以一定恒流源,点燃 $10^3 \sim 10^4\text{h}$ 后($24 \times 30 = 720\text{h}$),1.5 个月,先测得 L_0;$L_t = 1000 \sim 10000$,代入 $L_t = L_0 \text{e}^{-t/\tau}$,求 τ;再把 $L_t = L_0 / 2$ 代入,可求出寿命 t。

3. LED 的热学特性

LED 的全波长与温度的关系:$\lambda_\text{p}(T') = \lambda_0(T_0) + \Delta T_\text{g} \times 0.1\text{nm} / ℃$。

当结温升高 10℃,则波长向长波漂移 1nm,且发光的均匀性、一致性变差,因此在 LED 的使用过程中要注意散热,确保 LED 长期稳定。

4．LED 发光质量

(1) LED 的光亮度。LED 发光管的亮度是指发光体所发出光的强度，称为光强，以 MCD 表示。影响它的主要因素是 LED 芯片质量。

(2) LED 寿命。静电、焊点、散热，这些因素与金线和灯杯有直接关系。

(3) LED 一致性。一是总角度，主要是偏角和角度大小不一致；二是亮度，与芯片质量和灯杯的好坏有关，与生产工艺设备和操作人员技术水平有关。

1.2.3　LED 的分类

1．常见 LED 器件形式

(1) 贴片式 LED 发光灯。也称 SMD LED，LED 采用贴焊形式封装，用于户内全彩色显示屏，可实现单点维护，能有效地克服马赛克现象。

(2) 单体 LED。由单个 LED 芯片、反光碗、金属阳极和金属阴极构成，外包是具有透光聚光能力的环氧树脂外壳，由于其高亮度，可用于户外显示屏。

(3) LED 点阵模块。构成高密度显示屏，多用于户内显示屏。

(4) 数码管和像素管。用于交通灯倒计时、室外诱导屏、指示标志、家用电器产品信息显示用。

2．常见 LED 照明产品

通用照明指超高亮度白光照明。特殊照明主要包括景观照明用显示屏、交通信号灯、汽车灯、背景光源、特殊工作照明(矿灯、警示灯、防爆灯、救援灯、野外工作灯等)、军事和其他应用(玩具、礼品、手电筒)等。

3．LED 发光质的分类

(1) 按发光颜色分：红、橙、绿(黄绿、标准绿和纯绿)、蓝和白。有的含有两种或 3 种颜色的芯片。(按直径分：ϕ2mm、ϕ4mm、ϕ5mm、ϕ8mm、ϕ10mm、ϕ20mm。)

(2) 按出光面特征分：圆形、方形、矩形面发光管、侧向管。

(3) 按结构分：全环氧包封、金属底座环氧封装、陶瓷底座环氧封装。

(4) 按发光强度和工作电流分：普通亮度 LED(发光强度小于 10mcd)、高亮度(10～100mcd)、超高亮度(大于 100mcd)，一般工作电流为十几毫安至几十毫安。

(5) 按发光强度角分布图来分，LED 发光质有以下几种。

高指向型：半值角为 5°～20°，具有很高指向性，作自动检测系统光缆。

标准型：指示灯用，半值角为 20°～45°。

散射型：半值角为 45°～90°，添加散射剂量大。

(6) 按波长分：可见光 LED(380～780nm)和不可见光 LED(用于红外线遥控器的 LED，波长为 850～950nm，用于光通信光径 LED 的波长为 1300～1550nm)。

1.2.4 白光 LED 技术进展

1. LED 在照明应用中存在的主要技术问题

(1) 光通量有待进一步提高，以拥有更高的发光效率，真正体现 LED 的节能优点。

$$30\text{lm/W} \rightarrow 60\text{lm/W} \rightarrow 100\text{lm/W} \rightarrow 200\text{lm/W}$$

(2) 更大的输入功率，适应普通照明要求。

$$1\text{W} \rightarrow 3\text{W} \rightarrow 5\text{W} \rightarrow 8\text{W} \rightarrow 10\text{W}$$

(3) 更低热阻，以降低 LED 本身的发热量。

$$20℃/\text{W} \rightarrow 15℃/\text{W} \rightarrow 10℃/\text{W} \rightarrow < 5℃/\text{W}$$

(4) 更高温度承受能力，抵抗高温对 LED 性能的影响。

(5) 更高单灯光通量。

$$30\text{lm} \rightarrow 150\text{lm} \rightarrow 200\text{lm} \rightarrow 1000\text{lm} \rightarrow 1500\text{lm}$$

(6) 更高选色指数，接近传统光径的选色性。

(7) 更长寿命，真正体现 LED 的优点。

$$5000\text{h} \rightarrow 20000\text{h} \rightarrow 50000\text{h} \rightarrow 100000\text{h}$$

(8) 更好的光学结构，配合照明应用的光学设计。

(9) 更低的售价。

LED 在照明应用中主要存在的技术问题：光通量要进一步提高；LED 白光带有蓝光成分导致人的视觉很不自然。

2. 白光 LED 的研究内容

实现高效、高功率、长寿命技术难题，降低缺陷密度，改善接触电阻，提高电场均匀性，提高光引出率，降低温升。

主要措施：侧向生长，匹配衬底封装技术改进。

为实现白光 LED 照明系统实用性，主要研究方向如下。

(1) 研究以使用 UV-LED 的 AlN、GaN 等为中心化合物半导体的发光机理。

(2) 改进蓝光 UV-LED 的外延成长技术。

(3) 开发均度外延板。

(4) 促进高效红、绿、蓝荧光粉的开发和白光 LED 照明光源的实用性。

3. 白光 LED 照明光学光源设计的主要内容

(1) 根据照明对象、光通量要求决定光学系统形状、LED 数目和功率大小。

(2) 将若干 LED 组合一起设计线点光源、环形光源或面光源、二次光源，计算照明光学系统系数。

(3) 构成照明光学光源：二次光源。

4. 照明用白光 LED 技术指标

(1) 光通量：效率低，仅为 8lm/W，作为照明希望达到 1000lm/W。一个 15W 白灯灯光通量与 5W(25lm/W)的白光功率 LED 相当。

(2) 发光效率：从 15lm/W → 25lm/W → 32lm/W → 44.3lm/W 。

(3) 色温：表示光源光色的尺度，单位为 K ，白光 LED 色温最好达到 2500～3500K 。

(4) 显色指数 R_a：最好达 100 。

(5) 稳定性：LED 波长和光通量均要求保持稳定。

(6) 寿命：$5×10^4 ～ 10×10^4$h 。

(7) 综合成品合格率：大于 80% 。

1.3 LED 的封装

在 LED 产业链中，上游是 LED 衬底晶片及衬底生产，中游为 LED 芯片设计及制造，下游是 LED 封装与测试。低热阻、光学特性优异、高可靠性的封装技术是新型 LED 走向实用的必经之路。

1.3.1 LED 封装的特殊性

封装的作用主要是保护管芯和完成电气互连，完成输出电信号，保护管芯正常工作，输出可见光，这里既有电参数又有光参数的设计及技术要求。因此无法简单地将分立器件的封装用于 LED。

LED 的核心发光部分是由 P 型和 N 型半导体构成的 PN 结管芯，当注入 PN 结的少数载流子与多数载流子复合时，就会发出可见光、紫外光或红外光。但 PN 结区发出的光子是非定向的，即向各个方向发射有相同的几率，因此不是管芯产生的所有光都可以释放出来。这主要取决于半导体材料的质量、管芯结构及几何形状、封装的内部结构与包封材料。常规 45mm 型 LED 封装是将边长为 0.25mm 的正方形管芯粘结或烧结在引线架上，管芯的正极通过球形接触点与金键结合为内引线并与另一条管脚相连，负极通过反射杯和引线架与另一个管脚相连，然后将其顶部用环氧树脂包封。反射杯的作用是收集管芯侧面、界面发出的光，向期望方向角发射。

顶部包封的环氧树脂的作用具体如下。

(1) 保护管芯等不受外界侵蚀。

(2) 采用不同的形状和材料的性质(掺散色剂)起透镜或漫射透镜功能，控制光的发射角。

(3) 选择相应折射率的环氧树脂作过渡，可提高管芯的光出射效率。因为管芯折射率与空气折射率之间有密切的关系，管芯内部的全反射的临界角小，其有源层产生的光只有小部分被取出，大部分易在管芯内部经多次反射而被吸收，易发生全反射，导致过多的光损失。

(4) 选择不同折射率的封装材料、封装的几何形状对光子逸出的效率的影响是不同的。发光强度的角分布也与管芯结构、光输出方式、封装所用材质和形状有关。若采用尖形树脂透镜，光集中到 LED 轴线方向上，相应视角较小。如果顶部树脂透镜为圆形或平面型，其相应的视角将增大。

(5) LED 的发光波长随温度的变化率为 0.2～0.3nm/℃，当正向电流流经 PN 结时，发热性损耗使结区产生温升，温度升高 1℃，LED 的发光强度会相应地减小 1%左右，因此，封装散热时保持色纯度和发光强度非常重要。以往多采用减小其驱动电流的办法来降低结温，可将 LED 的驱动电流限制在 20mA 左右，但是 LED 光输出会随电流的增大而增加。目前大功率型 LED 的驱动电流可达到 70mA，甚至 1A 级，故需要改进封装结构，采用全新的 LED 封装理念和低热阻封装结构及技术，如采用大面积芯片倒装结构，选用导热性能好的银胶，增大金属支架的表面积，将焊料凸点的硅载体直接装在热衬上等方法，此外，在应用中，PCB 线路板等的热设计也十分重要。

1.3.2　LED 封装材料

LED 封装是指发光芯片的封装，相比集成电路封装有较大不同。LED 的封装不仅要求能够保护灯芯，而且还要能够透光。所以 LED 的封装对封装材料有特殊的要求。封装的主剂材料主要有环氧树脂、活性稀释剂、消泡、调色剂、脱模剂等。

(1) 环氧树脂：以透明无色、杂质含量低、黏度低为原则。

(2) 活性稀释剂：一般采用脂环族的双官能团活性稀释剂比较好。

(3) 消泡：以相容性好、消泡性好、无低沸点溶剂为准则。

(4) 调色剂：调色剂可消除添加树脂及其他材料造成的微黄色，并可保证固化后颜色的纯正，一般选用拜尔 PFG-400 系列调色剂。

(5) 脱模剂：以脱模效果好、相容性好、颜色浅为原则，添加量依材料的不同有差别。脱模剂可添加在主剂也可添加在固化剂中。

固化剂材料有甲基六氢苯酚、促进剂、抗氧剂等，为防止酸酚高温固化时被氧化，一般选用 264 系列抗氧剂。

1.3.3　LED 封装结构的类型

(1) 点光源(发光灯)的特征：有圆形、矩形、多边形、椭圆形等。结构：环氧树脂全封，金属(陶瓷)环氧树脂封装，表面贴装。

(2) 圈点源(圈发光灯)的发光面积大，可见距离远，视角度，有圆形，梯形，三角形等。结构：双列直插式，单列直插式，表面贴装。

(3) 发光显示器，数码管、符号管，米字管，其结构多为表面贴装，混合封装。

1.3.4　引脚式封装技术

多色点光源有多种不同的封装结构。陶瓷底座环氧树脂封装，具有较好的工作温度特性，引脚可弯曲成所需形状，体积小。金属底座塑料反射率式封装，作为一种节能指示灯用。闪烁式封装，将 CMOS 振荡电路芯片与 LED 管芯组合在一起进行封装，可自行产生视觉冲击力较强的闪烁光。双色封装除双色外还可以获得第三种混色。电压型封装，将恒流源芯片与 LED 管芯组合在一起封装，可直接替代 5～24V 的各种电压指示。面光源型封装，将多个 LED 管芯黏结在微型 PCB 的规定位置上。

1.3.5　表面贴装封装技术

SMD-LED 优点：它能很好地解决亮度、视角、平整度、可靠性、一致性等问题。

大功率型 LED 及其封装技术：采用大功率 LED 使供电线路相对简单，散热结构完善，物理特性稳定，可以说大功率器件代替小功率 LED 成为了主流半导体照明器件。由于大功率 LED 功率较大，大的发热量以及高的发光效率对封装工艺、封装设备和封装材料提出新的更高的要求。

1. 大功率 LED 芯片制造技术

要想得到大功率 LED 器件，必须有合适的大功率 LED 芯片，目前国际上有以下制造芯片技术。

1) 加大尺寸法

通过增大单颗 LED 的有效发光面积和尺寸，采用特殊设计的电极结构(一般为梳状电极)，促使电流均匀分布，以达到预期的光通量。

2) 硅底板侧装法

应先制备出具有适合共晶焊接的电极的大尺寸 LED 芯片，同时制备出相应尺寸的硅底板，并在硅底板上制作出共晶焊接的全导电层及引出导电层(超声金丝球焊点)，然后利用共晶焊设备，将大尺寸 LED 芯片与硅底板焊接在一起。该结构形式较为合理，既考虑了发光问题又考虑到散热问题，这是目前主流的大功率 LED 生产方式。

功率型侧装芯片结构具体做法如下。

(1) 在外延片顶部的 P 型 GaN 上淀积厚度大于 500Å(5×10^{-8}m)的 NiAu 层，用于欧姆接触和背反射。

(2) 采用掩模，选择剂蚀掉 P 型层和多量子阱有源层，露出 N 型层。

(3) 经过淀积、刻蚀等工艺，形成 N 型欧姆接触层，芯片尺寸为 1mm×1mm，P 型欧姆接触层为正方形，N 型欧姆接触以梳状方式插入其中，这样可缩短电流扩展距离，把扩展电阻降至最小。

(4) 将金属化凸点 AlGaInN 芯片倒装焊接在具有防静电保护二极管的硅载体上。

3) 陶瓷底板倒装法

(1) 利用 LED 晶片厂的通用设备，制备出具有适合共晶焊接的电极结构的大出光面积的 LED 芯片和相应的陶瓷底板，并在陶瓷底板上制作出共晶焊接导电层及引出导电层。

(2) 利用共晶焊接设备，将大尺寸 LED 芯片与陶瓷底板焊接在一起。

4) 蓝宝石衬底过渡法

传统的 InGaN 芯片制造方法是在蓝宝石衬底上生长出 PN 结后，将蓝宝石衬底切除，再连接上传统的四元材料，制造出上下电极结构的大尺寸蓝光 LED 芯片。

5) AlGaInN/碳化硅(SiC)背面出光法

略。

2. 大功率 LED 封装技术

LED 芯片及封装向大功率方向发展，在大电流下产生比 φ5mm LED 光通量大 10～20 倍的光通量，必须采用有效的散热设计与不劣化的封装材料来解决光衰问题，因此管壳及封装设计也是其关键技术。5W 系列白光功率型光输出达 187lm，光效为 44.31lm/W，现在已开发出可承受 10W 功率的 LED，采用大面积管芯，尺寸为 2.5mm×2.5mm，可在 5A 电流下工作，光输出达 200lm。

1) 功率型 LED 单芯片封装结构

Luexon 系列功率型 LED 是将 AlGaInN 功率型倒装管芯倒装焊接在具有焊料凸点的硅酸体上，然后把完成倒装焊接的硅载体装入热衬底和管壳中，键合引线进行封装，该产品主要特点具体如下。

热阻低：一般为 14℃/W，仅为常规 LED 的 1/10。

可靠性高：封装内部填充稳定的柔性胶凝体，在-40～120℃范围内不会因温度骤变产生的内应力使金丝与引线框架断开，可防止环氧树脂透镜变黄，引线框架也不会因氧化而被玷污。

反射杯和透镜的最佳设计使辐射图样可控和光学效率最高。

输出光功率：外量子效率等性能优异，将 LED 固体光源发展到一个新水平。

2) 功率型 LED 的浸芯片组合封装结构

Norlux 系列功率型 LED 的封装结构是以圆角形砧板作为底座的浸芯组合，发光区位于其中心部位，直径为 9.525mm，可容纳 40 只 LED 管芯。

1.3.6 延长白光 LED 使用寿命的探索

实际上，白光 LED 的施加电力持续超过 1W 以上时，光束的亮度反而会下降。发光效率则相对降低 20%～30%，就必须完成抑制温升、确保使用寿命、改善发光效率以及发光特性均等的四大课题。

1. 解决封装的散热问题才是根本方法

改用硅质封装材料与陶瓷封装材料，能使 LED 的使用寿命延长数倍。但是白光 LED 的发光频谱中含有波长小于 450nm 的短波长，而传统的环氧树脂封装材料极易被短波长光线破坏。因此，大功率白光 LED 的高光亮加速封装材料的劣化，测试结果表明，连续点灯不到 1 万小时，大功率白光 LED 的亮度已经降低一半以上，根本无法满足光源长寿命的基本要求，只有解决封装的散热问题才是根本方法。

2. 设法减小热阻抗，改善散热问题

有关发光特性的均匀性，一般认为只要改善白光 LED 荧光体材料浓度的均匀性与荧光体的发光技术，应该可以克服上述问题，但是，在提高施加电力的同时，必须设法减小热阻，改善散热条件。即降低芯片到封装的热阻，抑制封装至印制电路基板的热阻，提高芯片的散热顺畅性。

1.4　LED 的检测

1. LED 产品技术参数

1) 光学性能

发光峰值波长、光谱辐射带宽、轴向发光强度、光束半强度角、光通量、辐射通量、发光效率、色品坐标、相关色温、色纯度、主波长、显色指数。

显示用：主要视觉直观效率，对色温和显色指数不作要求。

照明用：对色温和显色指数，结温尤为主要，而对色纯度和主波长没要求。

2) 电性能

正向驱动电流、正向压降、反向端电流、反向击穿电压和静电敏感度等。

3) 热性能

照明用 LED 发光效率和功率的提高是当前 LED 产业发展的关键问题之一，LED 的 PN 结温及壳体散热问题尤为重要，一般用热阻壳体温度、结温等参数。

4) 辐射安全

因 LED 是窄光束、高亮度发光器件，考虑到其辐射可能对人眼视网膜的危害，目前欧洲、美国作为一项强制性安全要求执行。

5) 可靠性和寿命

可靠性和寿命在液晶背光源和大屏幕显示中特别重要。在照明应用中，有效寿命是指 LED 在额定功率条件下，光通量衰减到初始值规定的百分比时所持续的时间。

2. LED 测量应注意的问题

1) 测量标准

1997 年 10 月，国际照明委员会(CIE)在维也纳总部推荐制定"CIE127—1997LED 测量标准"，由于 LED 的光辐射实际上是一种定向成像光束，因此不能按照所谓的一般光度测量规则来测量和计算发光强度。也就是说，在一般情况下，发光强度不能简单地用探测面上照度和距离平方成反比定律计算，应该确定为平均强度的概念，规定统一的测试结构，包括探测器按接受面积大小和测量距离要求，目前我国对 LED 测量的方法与该文件方法一致。

2) 光度测量传感器的光谱响应

目前，在 LED 测量仪中所用的光度测量传感器是采用硅光电二极管和相应的视觉光谱响应校正滤光片组成的，为了使探测器的光谱响应函数与 CIE 标准中的观察者光谱光视效率函数一致，它一般需由多片滤光片组成。某些仪器的传感器在光谱匹配上存在一定差异，测量 LED 光度量值就会产生明显的偏差，因此，应采用光谱响应曲线，或者采用光谱辐射法测量并由计算机加权积分，才能得到准确的结果，必须采用 LED 标准样管对仪器进行定标和校正。

3) 测量的方向性

LED 发射光的方向性强，测量方向的定位将明显影响测量结果的准确性，尤其在 LED

的轴向光强测量中，一般仪器没有对测量 LED 的方向作限定，这样就难保证测量精度。

在 LED 测试供电驱动中，LED 本身结温的升高对电参数和发光强度的影响不容忽视，测量时的环境及器件的温度平衡非常重要的一项条件。

4）LED 产品简易测试

采用 MF30 型万用表估测，并于 R×10K 或 R×100E 档测 LED 正反向电阻，若正向电阻小于 $50k\Omega$，反向电阻无穷大，表明 LED 正常；若正反向均为零或无穷大，或正反电阻值比较接近，均说明 LED 存有问题。

之所以不推荐使用 R×1K 档测量 LED 的正反向电阻，因该档电池电压 $E < U_F$。在很多情况下无法使 LED 导通，使人造成误判。即使 R×10K 档的电池电压很高，但因电阻太大，提供正向电流很小，LED 也不会正常发光。

采用双表法：可以检查 LED 的发光情况，选用两只万用表，如图 1.7 所示。

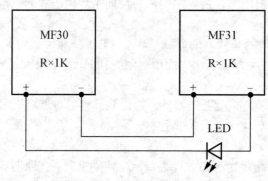

图 1.7　双表法

注意：

①两只电压表必须先调整好零点；②为了不损坏 LED，在测量前应计算 I'_m，例如，两只 500 型万用表 R×1K 串联总电阻，应选择 $R_0 = 20\Omega$，$I'_m = 75mA$，即 $I'_m > 50mA$，电流太大，$I'_m = 7.5mA$ 与典型 LED 正向电流 $I_F = 10mA$ 就比较接近；③测试前若不知道 LED 正向电压，也不清楚 I'_m 值，应先把两块表拨到 R×10K 档，若发光很暗，再改拨 R×1K 档。

3. 大功率 LED 的测试

一般采用专用直流电压源对 LED 进行测试。

(1) 直流电压源使用和调节。测量之前，必须调节好合适的电压和电流，短路调节电流时，电压不可过高(电压 3～5V)，调节所需电流为 700mA。

(2) 插件式单频 LED(0.2W)的测试。

① 最大测试电压为 4V，4 颗为 16V，12 颗串联电压为 48V。

② 测试电流。测试前先调整好电流，选择合适的电压，然后进行测试，红色 LED 为 70mA，电流限制为 70mA；蓝、绿色 LED 为 50mA，电流限制为 50mA。

(3) 贴片式单频 LED(功率 1W)的测试。

① 电压为 4V，4 颗串为 16V，12 颗串为 48V，LED 的正极为完整圆孔，负极(半圆孔)从侧面看，LED 出光区表面为平弧形。

② 电流：红、绿、蓝 LED 为 350mA，电流限制为 350mA。

(4) 20mA SMD LED 测试。单频红色 LED 测试电压 2.0V，单颗蓝、绿测试电压为 3.5V。20mA SMD LED 识别：LED 正极，LED 负极(缺角)。测试电流限制为 20mA。

(5) B2S 150mA SMD LED 单频电压为 3.5V，测试电流为 150mA，限流为 150mA，LED 正极，LED 负极(银色打点)。

(6) K2 LED 单频功率为 4W，单频最大电压 4V，4 串为 16V，12 串为 48V。测试电流，红色为 700mA，蓝、绿、冷白色均为 1000mA，电流限制为 1A。

(7) 3W LED 测试，LED 正极为完整圆孔，负极为半圆孔，单颗电压为 4V，电流均为 700mA。

4. LED 的使用注意事项

(1) LED 的极性不得接反，通常引线较长的为正极，引线较短的是负极。对于大功率贴片 LED，管侧有凸起部位为正极。

(2) 使用中各项参数不得超过规定极限值，正向电流 I_F 不允许超过极限工作电流 I_{Fm}，并且随着环境温度升高，必须作降额使用，长期使用时温度不宜超过 75℃。

(3) LED 的正常工作电流为 20mA，电压的微小波动(如 0.1V)都将引起电流的大幅度波动(10%～15%)，因此，在电路设计时应根据 LED 的压降配以不同的限流电阻(一般可取 100Ω 至几百欧的功率电阻，其阻值视电源电压而定)，以保证 LED 处于最佳工作状态。电流过大时，LED 的寿命会缩短，电流过小时，达不到所需光强。

(4) 在发光亮度基本不变的情况下，采用脉冲电压驱动可以节省耗电。对于 LED 点阵显示器，采用扫描显示方式能大大降低整机功耗。

(5) 静电电压和电流的急剧增大将会对 LED 产生损害，使用 InGaN 系列产品时应采用防静电装置。插接或焊接 LED 时，必须戴防静电手环，而且防静电手环必须用接地线可靠接地，工作桌面上需铺防静电桌布，严禁徒手触摸白光 LED 的两只引线脚，因为白光 LED 的防静电能力为 100V。在工作台上工作温度为 60%～90% 时，人体的静电会损坏发光二极管的结晶层，工作一段时间后(如 10h)二极管就会失效(不亮)，严重时会立即失效。

(6) 在给 LED 上锡时，烙铁必须接地，防静电线最好用直径 3mm 的裸铜线并可靠接地。

(7) 在通电情况下，避免 80℃ 以上高温作业，如有高温作业，一定要做好散热工作。

1.5　OLED 技术特点

OLED 是有机发光二极管(Organic Light Emitting Diode)，是有机半导体材料和有机发光材料在电场的驱动下，通过载流子注入和复合导致发光的技术。OLED 和 LED 一样，也是固体半导体发光器件，两者的发光原理很接近，都是利用电子、空穴在发光区再结合时使电子释放出能量，此能量以光子的形式被释放出去而发光。OLED 依据使用的有机薄膜材料不同，可分为小分子 OLED(Small Molecule OLED，SM-OLED)和高分子 LED(Polyme Light Diode，P-LED)。

OLED 作为一种新型发光技术，用于 OLED 照明和 OLED 显示技术，下面将分别说明 OLED 用于照明光源技术特点和 OLED 用于显示器技术特点。

1. OLED 用于照明光源技术特点

(1) OLED 属于面光源，LED 照明属于点光源。OLED 照明灯由一个或多个 OLED 面板组成，同时包含 OLED 驱动器和固定装置。OLED 不同于钨丝灯和 LED 的点光源或荧光的线光源，OLED 具有光线分布均匀、柔和的天然优势，它的重量轻、光线柔软、明亮、阴影少。在关闭光源时，OLED 几乎无法被视觉刺激察觉到，但打开电源后整个表面均能发出亮度极高且均匀的光线。

(2) OLED 超薄，耐冲击、振动。由于 OLED 发光表面无须任何附加导体路径结构电流即可均匀地分布在活性表面，因此，OLED 照明光源产品的厚度在 2mm 以内，可应用在很多传统光源无法实现的领域。

① 可实现单(双)面发光，能效高，寿命长，没有灯丝断裂问题、耐用。

② 环保，无污染，不发热。OLED 具有低热特性，红外辐射和紫外线及热影响小，尤其适用医疗环境照明。

③ OLED 可以制成任意形状和式样，在装饰设计中增添隐蔽性，结构灵活。

④ OLED 可制成透明和柔性光源，透明窗型 OLED 照明产品兼有建筑玻璃帷幕与照明两重功效，白天不需要点灯时与一般玻璃几乎无异，透光度达到 70%～75%，让太阳光从外面照射进来，到夜晚时才需点亮 OLED 等。

⑤ 具有良好色坐标，实现接近 100 的高彩色重现指数(CRI)，能从冷色到暖色调节白光。

⑥ OLED 能耗低，直流到交流驱动均匀，驱动电压仅 3～12V。亮度可调，亮度可以在大于 10000 cd/m^2 的动态范围内变化，并且发光均匀不闪烁。

⑦ 输入器件少，制造成本低，由于不要求在真空环境下完成，也不用半导体制造处理技术。

⑧ 无眩光和频闪，是实现护眼照明最理想的光源。

⑨ 工作温度范围宽，寿命长，使用和维护方便。

表 1-5 是 OLED 照明器件与现有光源进行比较的结果。

表 1-5　OLED 照明器件与现有光源的比较

照明光源	白炽灯	荧光灯	HID	白光 LED	白光 OLED
光效/(lm/W)	低(15)	较高(80)	较高(70)	高(25)	较低(20)
寿命/h	短 103	$10^3 \sim 10^4$	10^3	$10^4 \sim 10^5$	$10^3 \sim 10^4$
显色性	好	较好	差	较好	好
闪烁	有	有	有	无	无

续表

照明光源	白炽灯	荧光灯	HID	白光 LED	白光 OLED
造价	低	较高	较低	高	低
耗电	高	较高	较高	低	低
环保	较好	差	差	好	好
缺点	光效低、亮度低、寿命短	易碎、含汞、不环保	启动慢、耗电	点光源、成本高	目前寿命比较短、光效低
主要优点	无	光效高、节能、非常适合室内照明	亮度高、适合室外照明	寿命长、亮度高、体积小、节能无污染	平面光源、超薄节能、成本低、可弯曲、无污染、安全、色彩柔和、亮度连续

2. OLED 用于显示器技术的特点

OLED 是一种新型发光技术，用于显示器具有 CRT(阴极射线管)性能的优点，同时也具有平板显示器 LCD(液晶)、PDP(等离子体)所无法比拟的优势。主要特点如下。

1) 功耗低

OLED 显示器无需背光照明，因此驱动功耗小，LCD 液晶显示器本身不发光，需要背光源。早期 LCD 显示器采用冷阴极管，需要 1kV 高压，目前大都采用 LED 作为背光源，2.4 英寸 AM-OLED(Active Maxtrix OLED)主动矩阵——OLED 显示器模块功耗为 440mW，而 2.4 英寸 LCD 模块功耗为 605mW。

2) 自发光

OLED 自己可以发光，发光转化效率高(16～38lm/W)，OLED 不需要背光源、滤光镜和偏振镜，亮度高(100～14000cd/m²)，对比度高，色彩鲜艳、丰富。

3) 可视角度大

可视角上下左右可达到 160°以上，而 LCD 可视角小于 60°，由于 OLED 显示器具有主动发光特性，而 LCD 本身不发光，需要背光源，通过调整加在 LCD 上的电压改变亮度，因此可视角小。

4) 相应时间短

目前 LCD 屏响应时间较长，对于快速运动图像会出现拖尾现象，OLED 单个像素的响应时间仅为 10μs，而 LCD 响应时间为 40μs。

5) 适应性强

由于 OLED 器件为全固态，且无真空、液体物质，所以抗振性能好，不怕振动。OLED 低温特性好，在-40～80℃温度范围内都可以正常工作。而 LCD 正常工作范围在-10～40℃。OLED 采用低电压直流驱动、功耗低，驱动电压仅需 2～10V，安全并可与太阳能电池、集成电路相匹配。

6) 显示能力强

OLED 显示器可以显示无数种颜色，高清晰度，高分辨率，可全新化，对比度高，色彩丰富。

7) 成本低

由于 OLED 是人造的超薄有机薄膜，不要求在真空环境下完成，也不用半导体制造处理技术，它的制造成本低，比 LCD 节省 20%。

8) 体积小

由于 OLED 本身会发光，不需要背光源，所以比 LCD 轻便。OLED 使用塑料、聚酯薄膜作为基板，可以做得很薄、很纤细，厚度为 LCD 的 1/3，所以 OLED 易于薄型化、可折叠弯曲。

9) 平面大尺寸，可以制造大面积薄片结构

表 1-6 给出了 CRT、PDP、LCD、OLED、FED 显示器性能的比较结果。

表 1-6　CRT、PDP、LCD、OLED、FED 显示器性能比较表

性能	CRT	PDP	LCD	OLED	FED
视角	佳	佳	一般	佳	佳
亮度/(cd/m^2)	约 350	约 350	约 250	约 200	约 250
对比度	佳	最佳	一般	佳	佳
分辨率	一般	佳	一般	一般	佳
色饱和度	最佳	佳	一般	一般	佳
响应时间	1μs	1～20μs	25ms	≤10μs	≤10μs
驱动电压	1～30kV	AC 120～300V	DC 3～15V	DC 3～9V	DC 30～80V
电力消耗	大	一般	较小	最小	较小
面板厚度	很大	约 10mm	约 8 mm	约 2 mm	约 8 mm
重量	最大	一般	较小	最小	较小
使用温度	-20～70℃	-40～75℃	0～50℃	-40～80℃	-40～80℃
目前屏幕大小	8～40 英寸	33～103 英寸	1～82 英寸	0.8～40 英寸	5～36 英寸
寿命	长	长	取决于光源	有待延长	较长
价格	低	高	最高	一般	高
优点	色彩鲜明、寿命长、成本低、对比度高	易大型化、影像清晰	技术成熟、功耗低	自发光、明亮、轻薄、易弯曲	温度范围大
瓶颈	不易薄型化、体积大、重、耗能、有辐射	驱动程序繁杂、重、耗能、价格高	非自发光、需背光源、视角小、有拖尾	寿命与色彩有关、电流驱动	高电压、真空、寿命短
应用	电视机、计算机、显示器	数字电视、集会用信息系统	显示器、彩电	手机、微型显示器	汽车、航空仪器显示

注：

CRT——阴极射线管(Cathode Ray Tube)

PDP——等离子体放点显示屏(Plasma Display Panels)

LCD——液晶显示器屏(Liquid Crystal Display)

OLED——有机发光显示器(Organic Light Emitting Diode)

FED——电场激发显示器(Fied Emission Display)

1.6　OLED 发光原理及其结构

1. OLED 发光原理

LED 含有一个半导体 PN 结，是一种不含碳元素的无机固态发光器件。

OLED 是使用含碳元素的有机半导体材料和发光材料制成的一种层状结构的薄膜固态发光器件，因此又被称为有机 LED。

OLED 属于载流子双注入型发光器件，其发光原理如图 1.8 所示。释放出来的辐射光可透过玻璃或塑料基极从 ITO(Indium-Tin Oxide，氧化铟锡)透明阳极一侧观察到，光亮的阴极还对光起反射镜的作用。发光层有机材料不同，所发出来的颜色也就不同。实现全彩显示，也可产生白光。

OLED 的发光机理可归纳如下：由阴极注入电子和由阳极注入的空穴在发光层中相互作用形成受激的激子，激子从激发态回到基态时将其能量以光子的形式释放出来。光子的能量为

$$h\nu = E_2 - E_1 \tag{1-5}$$

式中：h 为普朗克常数；ν 为出射光子的频率；E_2 为激子在激发态时的能量；E_1 为激子在基态时的能量。

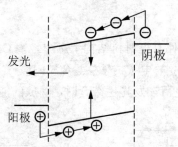

图 1.8　OLED 的发光原理

OLED 发光大致包括以下 4 个基本物理过程。

(1) 电子和空穴的注入。在外加电场作用下，电子和空穴分别从阴极和阳极向夹在两电极之间的有机薄膜层注入。

(2) 载流子的迁移。注入的电子和空穴从电子输送层和空穴输送层向发光层迁移。

(3) 载流子的复合。电子和空穴复合产生激子。

(4) 激发态能量通过辐射跃迁产生光子，释放出能量。

2. OLED 结构

OLED 由多层薄膜组成，有衬底、阳极和阴极(其中至少有一个电极对光透明)、活性有机材料层。有机发光层夹在 ITO 阳极和金属阴极之间，形成单层 OLED。功能不同的有机材料可以有 2 层，也可以有 3 层。

1) 单层结构

有机发光器件一般为夹层式结构，即发光层被两侧电极夹着，至少一侧为透明电极以便获得面发光。单层有机薄膜被夹在 ITO 阳极和金属阴极之间，形成最简单的单层 OLED。

其中有机层既作为发光层(EML)，又作为电子输送层(ETL)和空穴传输层(HTL)。单层结构的 OLED 器件如图 1.9 所示。有机层可以使用有机发光小分子材料，也可以为发光聚合物或掺杂的发光小分子材料。

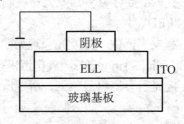

图 1.9　单层结构示意图

2) 双层结构

图 1.10 为含有两层有机材料的 OLED 示意图。OLED 衬底上的有机层，可以采用真空沉积或真空热汽化、有机气相沉积、喷墨打印等方法形成。每层有机层非常薄，整个 OLED 的厚度仅为 100～500nm。OLED 器件结构自下而上分别为 ITO 阳极、发射空穴传输层、电子传输层、金属阴极。

3) 三层结构

图 1.11 为三层 OLED 器件有机材料结构示意图。该 OLED 器件结构自下而上分别为 ITO 阳极、空穴传输层、发光层、电子传输层、金属阴极。当 OLED 器件通入适当的电流，注入阳极的空穴与阴极来的电荷在发光层结合时，释放的能量激发有机材料发光，而不同的有机材料会发出不同颜色的光。

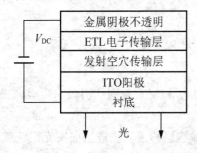 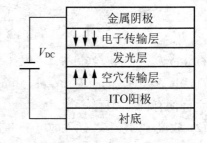

图 1.10　含两层有机材料的 OLED 结构示意图　　　图 1.11　三层 OLED 器件结构

三层结构的 OLED 器件各层使用的材料见表 1-7。

表 1-7　OLED 各层使用的材料

层次	小分子系列	高分子系列
阴极	铝 铝：铝镁合金。镁：银合金	铝

续表

层次	小分子系列	高分子系列
电子注入层	锂等碱性金属 氟化锂、氧化锂 锂化合物、掺杂碱性金属有机物	钡 钙
电子传输层	锂化合物 Oxadiazole 类、Txiazole 类	
发光层	铝化合物 葱类、稀土类化合物 铟锡化合物	共轭系 Poly-phenylene-Vinylene 类 Poly-Fluorene 类 Poly-Thiophene 类
空穴传输层	烯丙基胺类	
空穴注入层	烯丙基胺类 掺杂 Lewis 酸有机层	Polyanirin+有机酸 Poly-Thiophene+Polymer 酸
阳极	ITO(氧化锡)	
基板	玻璃、塑料	

注入层作用：使得阳极的功函数与 Lumo 准位(Lowest Unoccupied Molecular Orbit, Lumo)最低未被占据分子轨道，阴极的功函数与 Homo(Highest Occupied Molecular Orbit)最高被占据分子轨道有良好的匹配，使得电子与空穴能顺利地从电极流至传输层中。空穴注入层材料以烯丙基胺类或钛菁类为主，并搭配以功函数高的阳极材料。电子注入层则通常以铝作为阴极并搭配锂或钙等功函数较低的金属或金属氟化物。

传输层作用：使得从阳极注入的空穴能透过空穴传输层流至发光层，并且阻隔来自阴极的电子使之不直接流至阳极。而从阴极注入的电子能透过电子传输层流至发光层，并且阻隔来自阳极的空穴使之不直接传输至阴极。

发光层作用：使注入的电子与空穴产生再结合的激励作用而发光。

1.7　白光 OLED 的制备方法

1. 白光 OLED 分类

白光 OLED 作为一种新型固态光源，在照明和平板显示背光源等方面展现良好的应用前景。从器件结构可分为单发光层器件、多发光层器件、叠层白光 OLED 和下转换白光 OLED；从使用的电致发光材料可分为小分子器件和聚合物器件；从发光性质可分为荧光器件和磷光器件；从用途可分为照明用白光器件和彩色显示用白光器件。

2. 白光 OLED 制备方法

1) 单种化合物白光

只使用单一化合物就能得到白光，但要求这种化合物的发射光谱较宽。这种器件的优点是结构简单，白光发射比较稳定，可采用旋涂、喷墨和印刷等加工工艺成膜。采用该结构的白光 OLED，亮度达 12680cd/m^2，效率为 8.99cd/A 和 5.75lm/W，CIE 色坐标为(0.35,0.34)，并显示出非常好的光谱稳定性。

2) 波长转换法

波长转换结构是在蓝光 OLED 的玻璃基层的另一侧制备绿光和红光的下转换层。通过电致蓝光激发产生绿光和红光，最后与未被吸收而透射出来的蓝光混合在一起，形成白光发射。这种方案设计结构简单，即在一个发蓝光的 OLED 的出光玻璃面上涂上一层光转换层，转换层所用的材料可以是有机发光材料，也可以是无机磷光材料，要求选择的材料有高发光量子效率和良好的稳定性。

由于转换层被涂在 OLED 外面，因此消除了器件与转换层之间的相互影响。用波长转换法制备白光 OLED 工艺简单、成本低，不足之处是蓝光 OLED 的效率和稳定性还存在一些问题，并且在光转换时由于存在能量损耗，严重影响了效率的提高。

3) 颜色混合法

根据三基色原理，白光可以用三基色按照一定比例混合得到，即：红光+绿光+蓝光=白光，也可以用 3 种补色光与其中一种基色混合得到。一般亮度配色方程为

1 单位白光=0.3 单位红光+0.59 单位绿光+0.11 单位蓝光

红光+绿光=黄光

红光+蓝光=紫光

绿光+蓝光=青光

黄(橙)光、紫光和青光称为补色光。

黄(橙)光+蓝光=白光

紫光+绿光=白光

青光+红光=白光

利用颜色混合法制得白光 OLED 的典型结构如图 1.12 所示。

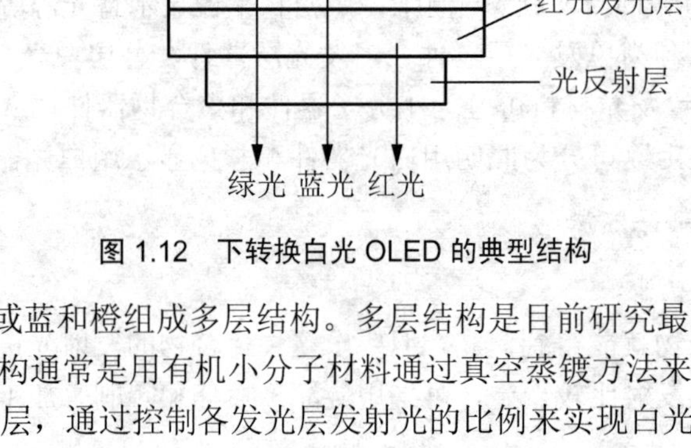

图 1.12　下转换白光 OLED 的典型结构

(1) 红、绿、蓝或蓝和橙组成多层结构。多层结构是目前研究最多、性能最好的白光 OLED 结构。这种结构通常是用有机小分子材料通过真空蒸镀方法来制备的，可以设计成红、绿、蓝 3 个发光层，通过控制各发光层发射光的比例来实现白光发射。

(2) 红、绿、蓝或蓝和橙掺杂单发光层结构。将红、绿、蓝或蓝和橙染料按一定比例共同掺杂到单一主体聚合物材料中，既可以采用旋涂方法制备，也可以利用真空蒸镀方法实现这种结构的白光 OLED。采用该方法制备白光 OLED，关键要控制好多源掺杂的浓度。

(3) 垂直堆积结构。堆积(即叠层)结构通常是利用一种电荷产生层作为连接层，把整个发光单元串联起来，不同颜色的发光单元串联混合后便产生白光。在堆积结构的白光 OLED 制备中，关键技术是电荷产生层的设计。图 1.13 所示即为垂直和水平叠层结构白光 OLED 的典型结构。

(4) 微腔结构。微腔即微型光学谐振腔得简称，它由一对间距为微米级且具有高度反射系数的镜面组成。最典型的微腔结构是由两个反射镜及其所夹的工作物质组成的。其中反射镜可以均为金属，也可以是由介质堆积的分布布拉格反射器。微腔对自发射具有放大作用及模式选择效应，因此能提高器件的亮度和效率。微腔结构示意图如图 1.14 所示(图中，MM 表示金属镜面，DM 表示绝缘镜面，EML 表示发光层)。从微腔结构中混合发出的光可以产生白光。这种方法的缺点是光的颜色随观察角度的变化而变化。这个缺点限制了微腔结构白光 OLED 的应用。

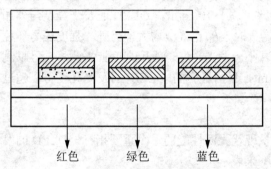

图 1.13　水平和垂直叠层结构的白光 OLED 典型结构

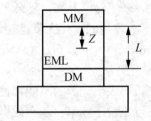

图 1.14　普通微腔结构

1.8　OLED 性能参数

OLED 器件的性能包括发光性能和电学性能，发光性能主要包括发射光谱、发光亮度、发光效率、发光色度和寿命。电学性能包括电流与电压的关系、发光亮度与电压的关系。

1. 发光性能

1) 发射光谱

发射光谱指的是 OLED 器件可发射的荧光中各种波长组合的相对强度，也称为荧光相对强度随波长的分布。发射光谱一般用各种型号的荧光测量仪来测量，其测量方法是：荧光通过单色发射器照射于检测器上，扫描单色发射器并检测各波长下对应的荧光强度，然后通过记录仪记录荧光强度对发射波长的关系曲线，就得到发光光谱。

OLED 的发光光谱有两种，即场致发光光谱(PL)和电致发光光谱(EL)。PL 光谱需要光能的激发，使激发光的波长和强度保持不变。EL 光谱需要电能的激发，可以测量在不同电压和电流密度下的电致发光光谱，通过比较器件 EL 光谱与不同载流子传输材料和发光材料的 PL 光谱，可以得出复合区的位置以及实际发光物质的有用信息。

OLED 发光强度或光功率输出随波长变化而不同的光谱分布曲线。

(1) 峰值波长即相对光强度最高处(光输出最大)，与之相对应的波长。

(2) 谱线宽度：在 OLED 谱线的峰值两侧处，存在两个光强等于峰值(最大光强度)一半的点，此两点分别对应 ΔP 和 $\Delta + P$ 之间宽度 np，谱线宽度也称半功率宽度或半高宽度。

(3) 主波长：OLED 白光不是单一色，即不仅有一个峰值波长，甚至有多个峰值。主波长就是人眼可能观察到的由 OLED 发出的主要单色光的波长。

2) 发光亮度

OLED 具有很强的方向性，发光亮度是 OLED 发光性能的一个重要参数。某指定方向上，发光表面亮度等于发光表面上单位投射面积在单位立体角内所辐射的光通量。亮度的单位为 cd/m^2 或 Nit。其正法线方向的亮度为 $B_o = I_o / A$，其中 B_o 为发光强度，I_o 为漫射面在法线方向的辐射强度或发光强度，A 为被照面的面积。

若光源表面是立项漫反射面，亮度 B_o 与方向无关面为常数。晴朗的蓝天和荧光灯表面亮度约为 7000cd/m^2，从地面看太阳表面亮度约为 14×10^8cd/m^2。OLED 的发光亮度与外加电流密度有关，对于一般 OLED，电流密度增大时，B_o 也近似增大。另外，强度还与环境温度有关，环境温度升高，复合率下降，B_o 减小。发光亮度一般用亮度计来测量，最早制作的 OLED 器件的发光亮度已超过 1000cd/m^2，目前最亮的 OLED 的发光亮度可以超过 14000cd/m^2。

3) 发光效率

发光效率表示光源的节能特性，这是衡量现代光源性能的一个重要指标。OLED 的发光效率可以用量子效率、功率效率和流明效率来表示。

量子效率 η_q 是指输出的光子数 N_f 与注入的电子空穴对数 N_x 之比：

$$\eta_q = \frac{n_f}{N_x} \tag{1-6}$$

量子效率又分为内量子效率 η_{qi} 和外量子效率 η_{qe}。内量子效率(内部效率)是在器件内部由复合产生辐射的光子数与注入的电子空穴对数之比。其实，器件的发光效率由外量子效率(外部效率)来反映。外量子效率可以用积分球光度计来测量单位时间内发光器件的总光通量，然后通过计算得出。OLED 的外量子效率为 $\eta_q = \frac{N_f}{N_x}$。

OLED 发光效率也可以用光电源常用术语来表示，即红外光采用辐射效率 η_e，对可见光则用发光效率 η_l 来表示，也可以用内量子效率 η_{qi} 和外量子效率 η_{qe} 来表示。

内量子效率 η_{qi} 为

$$\eta_{qi} = \frac{N_T}{N_x} \tag{1-7}$$

式中：N_T 为辐射复合产生光子的效率；N_x 为注入的电子空穴对数。

激发光光子的能量总是大于发射光光子的能量，当激发光波长比发射光波长短得多时，这种能量损失就很大。二量子效应不能反映出这种能量的损失，需要用功率效率来反映。功率效率 η_p 又称为能量效率，是指输出光功率 P_f 与输入的电功率 P_x 之比 $\eta_p = \dfrac{P_f}{P_x}$。

流明效率 η_l 也称为光度效率，是发射的光通量 L_m(以流明为单位)与输入的电功率 P_x 之比 $\eta_l = L_m / P_x$，单位为 lm/W。

4) 色度指标

(1) 发光色度用色坐标 R、G、B 三角形来表示，如图 1.15 所示，R 表示红色，G 表示绿色，B 表示蓝色，可以用麦克斯韦三角形计色法，00000，它是一个等边三角形，3 个顶点分别代表单位红基色(R)、单位绿基色(G)、单位蓝基色(B)，而且从顶点到对应边垂线的长度规定为 1。

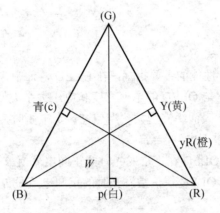

图 1.15　麦克斯韦计色三角形

利用计色三角形可以直观地表示 OLED 彩色混配时色度关系，0000 边表示由红色和绿色混配出的彩色，此边的正中点 Y 为黄色，橙色位于黄色 Y 点与红色点(R)的中间点 yR，穿过 W 点的任一条直线连接三角形上的两个点，该两点可代表的颜色按比例相混均能得到白色，即它们互为补色。

(2) 色纯度。评价白光色纯度主要有两个指标，即 CRI 色坐标和 CIE 色坐标。两个具有相同的色坐标的光源的出光颜色用肉眼直接观察时是一样的。这表明两个光源的发光度是相同的或者是位变异构比。然而，当两个光源的光在同物体上反射后却可能呈现出不同的颜色，这表明两种光源具有不同的 CIE 色坐标。对于高亮度的白光，要求其 CIE 色坐标接近具体在 2500～6500K 下的辐射(0.33，0.38)，同时满足 CRI 坐标大于 80 的要求。

注意：

色温 T_C(2500～6500K)，光源的辐射可呈现的颜色与某一温度下黑体辐射的颜色相同时，称黑体的温度为光源的色温(T_C)；若光源发出的光与黑体某一温度下的颜色最接近，黑体此时的温度称为该光源的相关色温。

显色指标 R_a，是人造光源显色性的评价指标，它反映光源的光照射到物体上可产生的客观效果和对物体色彩的显现程度。R_a 值的范围为 0～100，R_a 值越大，光源的显色性则越好。R_a 等于 80～100 时，光源的显色性能优良。

5) 寿命

白光 OLED 器件寿命是指 OLED 发光器件的发光亮度衰减为最高亮度的一半可经历的平均工作时间。对于商品化的 OLED 器件，要求连续使用寿命达 1000h 以上，存储时间为 5 年。OLED 的亮度会随着时间的延长而衰退，这就是老化。通常把亮度降到 $B_t = 0.5B_0$，可经历的时间 t 称为 OLED 寿命。测定 t 要花很长时间，通常以推算求得寿命，公式为：$B_t = B_0 \mathrm{e}^{\frac{t}{\tau}}$。测量方法是：给 OLED 加以一定的恒流源，点燃 $10^3 \sim 10^4$h 后，先后测 B_0，$B_0 = 1000 \sim 10000$，代入 $B_t = B_0 \mathrm{e}^{\frac{t}{\tau}}$ 求出 π，再把 $B_t = 0.5B_0$ 代入求出寿命 t。在研究中发现影响 OLED 期间寿命的主要因素是水和氧分子的存在，因此在器件封装时一定要隔绝水和氧分子。

2. 电学性能

1) 电流密度和电压关系

I-U 特性是表征 OLED 性能的主要指标，在 OLED 器件中，电流密度与电压的变化曲线反映器件的电学特性。它与 OLED 的电流密度和电压关系类似，具有整流效应。在低电压时，电流密度随电压的增大而缓慢增大，当超过一定电压时，电流密度会急剧增大。根据 OLED 的伏安特性，有以下电气参数。

(1) 正向工作电流 I_F：OLED 在正常发光时的正向电流值。

(2) 正向工作电压 U_F：OLED 在正常发光时的正向电流是 I_F 时在其两个电极之间产生的电压降。

(3) 反向击穿电压 U_R：被测 OLED 通过规定反向电流时，在两极间可产生的电压降。

(4) 反向电流 I_R：在 OLED 两端施加确定的反向电压时，流过 OLED 的反向电流。

(5) 允许功耗 P：保证 OLED 安全工作的最大功率耗散值。

2) 亮度和电压的关系

亮度和电压的关系曲线反映的是 OLED 器件的光学性质，与 OLED 器件的电流和电压关系曲线相似，即在低驱动电压下，电流密度缓慢增大，亮度也缓慢提高；在高电压驱动时，亮度随着电流密度的急剧增大而快速提高。从亮度和电压关系曲线中还可以得到启动电压，启动电压指的是亮度为 $1\mathrm{cd/m^2}$ 时的电压。

1.9　OLED 驱动电源

1. OLED 的驱动方式

1) OLED 的驱动方式按电源极性分为直流驱动和交流驱动

(1) 直流驱动。阳极(ITO)接直流电源正极，背电板(阴极)接直流电源负极。分别从正、负极注入发光层，在发光层中形成激子，辐射发光。直流反向偏置驱动时，OLED 一般不变化或变化十分微弱。目前大多采用直流驱动方式。

(2) 交流驱动。在交流正半周时，OLED 发光机制与正向直流驱动类似，但在整个交流周期中却起着更为重要的作用。在正半周电压过后，空穴传输层和发光层界面过积累，当交流负半周电压来到时，未复合的多余空穴(或电子)则改变运动方向，朝着相反的方向运动，相对地消耗在交流正半周驱动时多余载流子在 OLED 内部形成的内电场，有利于提高符合效率，提高发光强度和发光效率。因此交流驱动更适合于 OLED 发光机制，目前正在探索中。

2) OLED 的驱动方式按寻址方法分为静态驱动和动态驱动

(1) 静态驱动方式。在像素前后电极上施加电流信号时呈显示状态，不施加电流信号时呈非显示状态。在静态驱动方式时，OLED 显示器的各有机电致发光像素的阴极连在一起，各像素的阳极是分立引出的。若要一个像素发光，只要让恒流源的电压与阴极的电压之差大于像素发光值，像素就会发光。若要一个像素不发光，将它的阳极接在一个负电压上。

(2) 动态驱动方式。按驱动电源是否直接加于像素电极可分为被动式 PM-OLED 和主动式 AM-OLED。表 1-8 为 PM-OLED 和 AM-OLED 的特性比较表。

表 1-8　PM-OLED 和 AM-OLED 的特性比较表

项目	PM-OLED	AM-OLED
驱动方式	以扫描方式点亮数组中的像素，每个像素都工作。在短脉冲模式下，为瞬间高亮度发光	采用独立的薄膜晶体管控制每个像素，每个像素皆可以被连续且独立地驱动发光
特点	瞬间高亮度发光，面板 IC 外附，采用逐步扫描方式，构造简单，成本低	连续发光，采用 TFT 驱动，信息顺序写入扫描。需在 TFT 面板上形成 OEL 像素，TFT 驱动电路内藏薄膜驱动 IC，低电压驱动，功耗低，适合大画面显示，亮度高，响应时间短
显示能力	单色或多色	全彩
优点	构造简单，成本低，容易设计，单色控制简单，设计容易	低电压驱动，低电耗，适合高清晰度、大尺画面寸，高亮度，发光，响应时间短
缺点	耗电量大，寿命短，组件易老化，不适合高清、大尺寸方向发展	技术门槛高，需要采用低温多晶硅技术，生产成本高，制作复杂，TFT 变异性较大
应用	汽车音响显示，手机副屏，游戏机	手机主屏，数码相机，PDA，数字摄像机

2. OLED 显示器电源电路

两种基本显示器结构不同，PM-OLED 要求高达 20V 的电压，而 AM-OLED 则需要低于 10V 的电压。PM-OLED 显示器驱动电源范围为每列几十微安到几百微安，而 AM-OLED 显示器则为每列几微安到几十微安。

基于 AAT3190 的正负输出电路，如图 1.16 所示。AM-OLED 显示屏要求正负两种小电流偏置电源(研诺逻辑科技公司)。

这种电荷泵可利用 2.7～5.5V 的单极性输入电流，产生最高可达 ±25V 的可调输出电压。

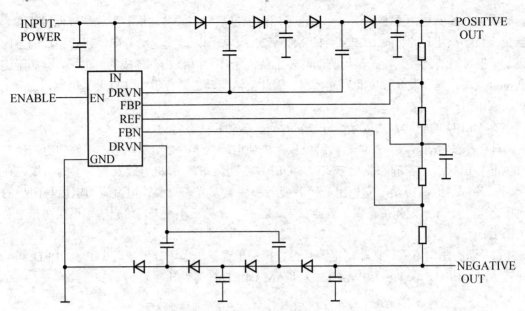

图 1.16　基于 AAT3190 的正负输出电路

　　AAT3190 不需要任何电感，因电感通常会影响小型便携式电子设备中电路板的高度极限。取而代之的是电荷泵外部的二极管、泵电容器，设计中可以级联泵电容器来增大输出电压，每个输出端有一个外部电阻分压器，用来为变换器提供反馈信号。正电源的反馈调整电压误差为 50mV，大约 4%，而负电源则是 100mV。AAT3190 的每个电荷泵驱动引脚均可提供最大绝对值为 200mA 的电流，该芯片的效率高，负载调整能力达到 40mA。

　　3. LT OLED 驱动电源 IC

　　LT3580 内部集成 2A、42V 开关，LT3580 可配置成为升压，SEPIC 或负输出变换器，由于能够从-5V 输入产生 12V/550mA 或-12V/350mA 输出，因而使 LT3580 成为 OLED 电源设计的理想选择。

　　LT3580 采用了一种新颖的 FB 引脚结构，引脚结构参看图 1.17。该结构简化了反相和同相拓扑结构的设计。LT3580 具有两个内部误差放大器，一个负责检测正输出；另一个则用于检测负输出。此外，LT3580 还集成了接地侧反馈电阻器，旨在最大限度地减少组件数目。单个检测电阻器的一端连接至 FB 引脚，而另一端则连接至输出(这与输出极性无关)，从而消除了因正或负输出检测所引起的混乱，并简化了电路布局，设计中可根据所需的输出极性及要求选择相应的拓扑结构。

　　LT3580 具有一个可调的振荡器，由一个连接在 RT 引脚和地之间的电阻器来设定。此外，也可使 LT3580 与一个外部时钟同步。该器件自由运行或同步开关频率范围为 200kHz～2.5MHz。LT3580 还具有创新的 SHDN 引脚电路，因而可接受缓慢变化的输入信号，并提供一种可调的欠压闭锁功能。另外还集成了诸如频率折返和软启动等附加功能。

LT3580 主要技术性能如下：①2A 内部电源开关；②可调开关频率；③用单个反馈电阻器设定 U_{out}；④可同步至外部时钟；⑤高增益 SHDN 引脚可接受缓慢变化的输入信号；⑥宽输入电压范围：2.5～32V；⑦低 U_{CESAT} 开关在 1.5A 时为 300MV(典型值)；⑧集成软启动功能；⑨可以容易地配置成升压、SEPIC 或负输出变换器；⑩可由用户进行配置的欠压闭锁(U_{nco})。

(1) 可调/可同步的开关频率。降低开关频率可减少开关损耗，从而起到改善效率的作用。LT3580 可利用一个连接在 RT 引脚和地之间的电阻器将开关频率设定在 200kHz～2.5MHz 范围内，也可通过 SYNC 引脚使该器件与一个外部时钟同步。

(2) 软启动和欠压闭锁。为了降低激活期间的浪涌电流，LT3580 集成了一种软启动功能，该功能利用一个连接在 SS 引脚和地之间的电容器来控制开关电源的电流斜坡上升速度。LT3580 的 SHDN 引脚连接至高电平或低电平将接通或关断交换器。利用 U_{IN} 和地之间的简单电阻分压器来提供欠压闭锁功能。

(3) 升压型变换器。由 LT3580 构成的升压型变换器如图 1.17 所示。该电路将产生一个高于其输入的输出电压。图 1.18 给出了该种升压型变换器在采用一个 4.2V 输入时的效率曲线。

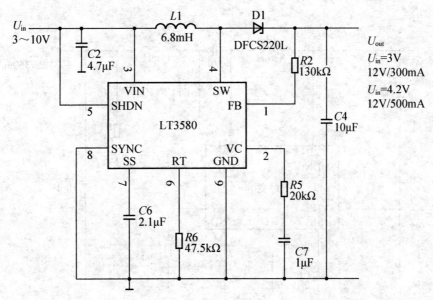

图 1.17　3～10V 至 12V 300mA 升压型变换器

(4) CUK 变换器。采用 LT3580 构成 CUK 型变换器的原理如图 1.19 所示。该变换器可在没有至 DC 电源通路情况下产生一个负输出，且输出的幅度可以高于或低于输入。该 CUK 型变换器具有输出短路保护功能，并凭借 LT3580 中的频率折返功能使这种能力增强。

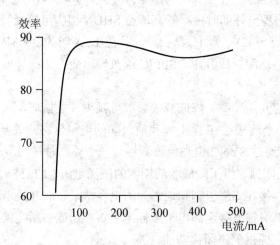

图 1.18　变换器的效率曲线(4.2V 输入)

(5) SEPIC 型变换器。采用 LT3580 构成 SEPIC 变换器如图 1.20 所示。SEPIC 型变换器与 CUK 变换器很相似，因为它能够对输入进行升压或降压工作，它提供了输出断接和短路保护功能。

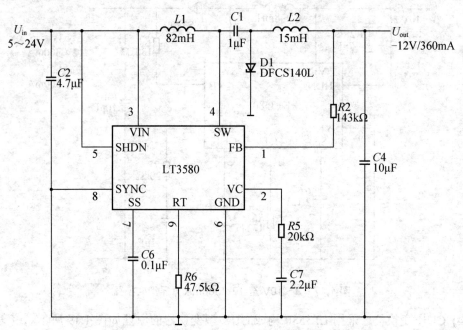

图 1.19　5～24V 至−12V 300mA CUK 型变换器

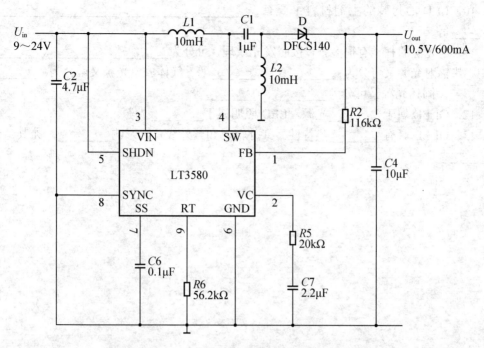

图 1.20　9～24V 至 10.5V 600mA SEPIC 型变换器

本 章 小 结

LED、OLED 是新型发光技术，越来越多地应用在了生活中的方方面面。本章主要介绍了 LED、OLED 的发光原理、结构、类型、特性、主要参数及发展状况等主要知识点，应在学习的过程中重点掌握 LED、OLED 的工作原理、特性，熟悉 LED、OLED 的测试及使用注意事项，这些内容是学习和分析新能源技术的基础，它们将贯穿全书的始终。

习　　题

1．简述 LED 的发光机理。

2．简述 LED 的主要参数特性。

3．LED 的封装材料有哪几种？各有什么优缺点？

4．LED 测量应注意哪些问题？

5．LED 使用时一般要注意哪些问题？

6．简述 OLED 用于显示器技术的主要特点。

7．白光 OLED 的制备方法有几种？波长转换法的基本原理是什么？

8．OLED 的驱动方式可以分为几类？请简述每一类的特点。

9．LED 的电学特性主要包括_____、_____、_____、_____几个方面。

10. LED 的封装的主剂材料主要有_____、_____、_____、_____、_____等。

11. 电光源的种类有很多种,按照发光原理,可分为_____、_____、_____。其中,热辐射光源又可分为:_____、_____等;气体放电光源又可分为:_____、_____;固体光源又可分为_____、_____等。

12. OLED 属于_____光源,LED 照明属于_____光源。

13. OLED 具有_____热特性,红外辐射和紫外线及热影响_____,尤其适合用于_____。

第 **2** 章

LED 驱动电路

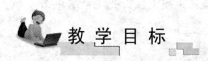

教学目标

了解 LED 的驱动方案；

了解 LED 驱动电源的技术标准；

重点掌握 LED 驱动电路的电路拓扑结构；

掌握隔离式和非隔离式 DC/DC 变换电路。

教学要求

知识要点	能力要求	相关知识
LED 驱动电路基础	(1) 了解 LED 驱动方案 (2) 了解 LED 与驱动器的匹配	
LED 驱动电路设计	(1) 掌握 LED 驱动电路拓扑结构 (2) 了解电容降压式 LED 驱动器	
隔离式 DC/DC 变换电路	(1) 掌握单端正激 DC/DC 变换电路及单端反激 DC/DC 变换器的工作原理 (2) 了解双管正激 DC/DC 变换器及双管反激 DC/DC 变换器的工作原理 (3) 了解半桥 DC/DC 变换电路及全桥 DC/DC 变换器的工作原理	隔离式变换器的类型和工作原理
非隔离式开关变换器	(1) 掌握 (Buck)变换器、升压(Boost)变换器的原理 (2) 掌握升降压式(Buck-Boost)变换器的原理 (3) 了解逆向变换器的原理	非隔离式变换器的主要类型和工作原理

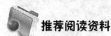 **推荐阅读资料**

[1] 沙占友. 单片开关电源的最新应用技术[M]. 北京：机械工业出版社，2002.

[2] 周志敏. LED 驱动电路设计要点与电路实例[M]. 北京：化学工业出版社，2012.

引例

案例：

根据调整管的状态通常把开关电源分成两类：线性稳压电源和开关稳压电源。开关稳压电源开关管是工作在开、关两种状态下，开时电阻值小，开关管管压降近似为零；关时电阻很大，开关管管压降近似为输入直流电压。图 2.1 所示为 60W 单组输出 PCB 板 DC/DC 变换器，图 2.2 为 48V DC/DC 变换器。

开关电源是一种新型电源，它具有效率高，质量小，输出电压可实现升压、降压，输出功率大等优点。但是由于电路工作在开关状态，所以噪声比较大，因此在电路中必须加入噪声抑制电路。

图 2.1　60W 单组输出 PCB 板 DC/DC 变换器

图 2.2　48V DC/DC 变换器

 引言

　　LED 驱动电路的主要功能是将交流电压转换为直流电压，并同时完成与 LED 的电压和电流的匹配。随着硅集成电路电源电压的直线下降，LED 工作电压越来越多地处于电源输出电压的最佳区间，大多数为低电压 IC 供电的技术也都适用于为 LED，特别是大功率 LED 供电。本章主要介绍 LED 驱动电路的基础及 LED 驱动电路的基本结构形式。

2.1　LED 驱动电路基础

2.1.1　LED 驱动方案

1. LED 驱动器的要求

　　(1) 为满足便携式产品的低压供电，驱动器有升压功能，以满足一节蓄电池供电要求。

　　(2) 转换效率高达 80%～90%。

　　(3) 在多个 LED 并联使用时，要求各 LED 的电流相匹配，以使亮度均匀。

　　(4) 功耗低、静态电流小，并且有关闭功能，在关闭状态下耗电小于 1μA。

　　(5) LED 最大电流 I_{LED} 可设定，在使用过程中可调节(亮度调节)。

　　(6) 有完善的保护电路，如低压锁存、过压保护、过热保护、输出开路或短路保护。

　　(7) 外围元件少、使用方便、价格低、对公共地干扰小。

2. LED 驱动器设计必须注意事项

　　(1) LED 是单向导电器件，要用直流电流或单向脉冲电流给 LED 供电。

　　(2) 加在 LED 上的电压值必须超过门限电压才会充分导通，大功率 LED 门限电压在 2.5V 以上，正常管压降 3～4V。

　　(3) LED 的电流电压特性是非线性，流过 LED 的电流在数值上等于供电电源的电动势减去 LED 的势垒电势，除以回路总电阻(电流电阻、引线电阻、LED 体电阻之和)，因此流过 LED 的电流和与加在 LED 两端的电压不成正比。

　　(4) LED 的 PN 结具有负温度系数，温度升高 LED 势垒降低，所以 LED 不能直接用电压源供电，必须采取限流措施，否则随着 LED 工作时温度的升高，电流会越来越大以致损坏。

　　(5) 流过 LED 的电流和 LED 的光通量的比值是非线性的，LED 的光通量随流过 LED 的电流的增加而增加，但不成正比，因此应该使 LED 在一个发光效率较高的电流值下工作。

　　(6) 加在 LED 上的电功率不能超过额定值，由于 LED 管压降不一致，LED 不能直接并联使用。

3. 常用 LED 电路驱动方案

　　(1) 低压驱动：低于 LED 正向导通电压，低压需要把电压升高到足以使 LED 导通的

电压值，最佳技术是电荷泵式升压变换器。

(2) 过渡电压驱动：供电电源电压值在 LED 管压降附近变动，这种电路既要解决升压问题，又要解决降压问题，如一节锂电池，满电压时 4V，快用完时 3V；如 LED 矿灯，采用反极性电荷泵式变换器。

(3) 高压驱动：供电电压始终高于 LED 管压降，如大于 5V、6V、9V、12V、24V 蓄电池稳压电路，主要用于驱动 LED 灯，典型应用有太阳能草坪灯、太阳能庭院灯、机动车的灯光系统，采用串开关降压电路。

(4) 市电驱动：解决降压和整流问题、变换效率、安全隔离、功率因数、电磁干扰，采用隔离式单端反激变换器。

4. LED 驱动器的特性

(1) 直流控制。采用 LED 的 I-U 曲线来确定产生预期正向电流所需，向 LED 施加电压的电路如图 2.3 所示。

$$I_{\text{bed}} = \frac{U_{\text{IN}} - U_{\text{F}}}{R_{\text{Bollod}}} \tag{2-1}$$

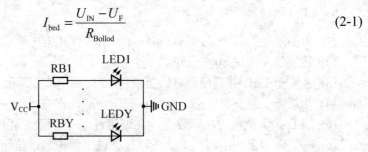

图 2.3 LED 带镇流电阻的外加电压电路

此电路缺点：设正向电压为 3.6V，电流为 20mA。如果电压为 4.0V(由温度或制造变化引起的变化)，正向电流降低到 14mA。正向电压变化 11%，会导致正向电流更大变化(达30%)，另外效率很低。

恒流驱动可消除正向电压变化导致电流的变化，可产生恒定的亮度。产生恒流源很容易，只需要调整通过电流探测的电阻的电压，而不用调整电流的输出电压，如图 2.4 所示。

(2) 高效率。一般电源效率定义：输出功率除以输入功率。对 LED 驱动来说，用产生预期 LED 亮度所需要的输入功率值(即 LED 功率)除以输入功率来确定。

(3) PWM 调光。模拟调光：通过向 LED 施加 50%的最大电流可实现 50%亮度。缺点是 LED 颜色偏移，采用模拟控制信号，使用不多。

PWM 调光：在 50%占空比时施加满电流可达到 50%亮度，人眼感受不到，PWM 脉冲频率高于 100Hz，LED 驱动器可接受高达 50kHz 的 PWM 频率。

(4) 过压保护：在恒流模式下工作的电流需采用过压保护功能，无论负载多少，恒流源可产生恒定输出电流，常用齐纳二极管与 LED 并联，在齐纳二极管限制最大输出的情况下，电源可连续产生恒定的输出电流。

(5) 负载断开：在电源失效时，负载断开功能可以把 LED 从电源上断开，这种功能在下列两种情况下至关重要。

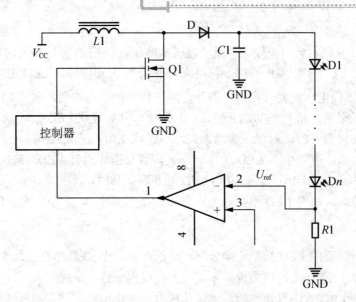

图 2.4 LED 驱动恒流源电路

在升压变换器断电期间，负载仍然通过电感和二极管与输入电压连接，由于输入电压仍然与 LED 连接，就会产生小电流，长期会使电池寿命缩短。

负载断开，在 PWM 调光时很重要，在 PWM 空闲期间，输出电容仍与 LED 连接，电容器对 LED 放电，降低效率。

采用在 LED 和电流传感电阻器之间设置 MOSFET 管，产生一个附加的 MOSFET 管压降。

2.1.2 LEDA 与驱动器的匹配

选用什么样的 LED 驱动器，且 LED 作为负载时选用串联还是并联方式或者是混联的连接，只有合理配合设计，才能保证 LED 正常工作，正向电压和电流与驱动电路必须匹配。

1. LED 全部串联方式

将多个 LED 的正极对负极连接成串。

优点：每个 LED 工作电流一样。

一般应串入限流电阻，要求驱动器输出较高的电压，当 LED 的一致性差别较大时分配在 LED 两端电压也不同，但电流相同，故各 LED 亮度一致。

当某 LED 短路时，若采用稳压驱动方式(阻容降压方式)，由于驱动电压不变，分配在剩余 LED 电压将升高，驱动器电流增大，容易损坏余下的 LED。若采用恒流驱动，则不产生影响，余下 LED 仍正常工作。

当某 LED 断开后，全部不亮。解决办法：在每只 LED 上并联一个齐纳管，导通电压比 LED 高，否则 LED 就不亮。

2. LED 全部并联方式

具备独立电流的驱动电路来驱动、低驱动电压、低电磁干扰、低噪声和高效率特点，且容错性强。

缺点：LED 并联负载电流较大，驱动器成本增加，当 LED 差别较大时，亮度不一致。

特点：每个 LED 工作电压一样，总电流为 $\sum I_F$，为实现每只 LED 工作电流 I_F 一致，要求每个 LED 正向电压也要一致，但器件之间参数存在一定差别，并且 LED 因散热条件差别而引发 I_F 的差别。散热差的温升快，I_F 上升快，可能导致 LED 损坏。

优点：当某只断开时，对稳压驱动方式，不影响 LED 正常工作；对于恒流方式，由于驱动器输出电流不变，余下 LED 中电流增大，容易损坏所有 LED。解决办法：尽可能并联 LED，断开一只影响不大。所以当 LED 管并联负载时，不宜选用恒流驱动器。

当某一短路时，所有 LED 不亮，当短路的 LED 电流较大，足以使 LED 烧成开路。

3. LED 混联方式

特点：串、并联的 LED 数量平均分配，分配在每一个 LED 串联支路上的电压相同，同一个串联支路上 LED 上的电流也基本相同，亮度也一致。

当某一串联 LED 有一只短路时，不管稳压方式还是恒流方式，通过这串 LED 的电流将增大，很容易损坏这串 LED，即这一串为断路。若稳压驱动，不影响余下的 LED；若恒流驱动，分配到余下 LED 的电流增大，容易损坏所有 LED。解决办法：尽量多并联 LED，这样当断开某一 LED 时，分配在余下的 LED 中的电流不大，不至于影响余下的 LED 正常工作。

先串后并的优点：线路简单、亮度较高、可靠性高，并且一致性要求较低，即使个别失效也对整个组件影响较小。

4. 交叉阵列形式

交叉阵列形式如图 2.5 所示，可以提高可靠性，降低熄灯几率。

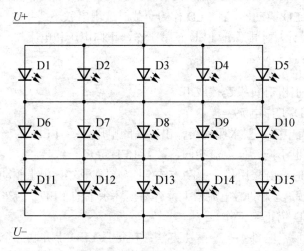

图 2.5 交叉阵列式

交叉式阵列的特点是每串以 3 只为一组，构成交叉连接得到，即使个别 LED 开路或短路也不会造成发光器件整体失效。

2.2 LED 驱动电路设计

2.2.1 LED 驱动电路拓扑结构

功能：将交流电压转换为直流电压，并同时完成与 LED 的电压和电流匹配。

1. 简单 LED 驱动电路的拓扑结构图

简单 LED 驱动电路拓扑结构如图 2.6 所示。其主要组成有电源隔离变压器、AC/DC 整流器、C 滤波、R 限流，R 应该比 LED 的等效电阻 R_S 要大，这样才能克服 LED 电流输入电压和环境温度等因素而产生的变化，但从效率角度却不应取得太大，仅适用于固定的并且 LED 数量较少的 LED 阵列。

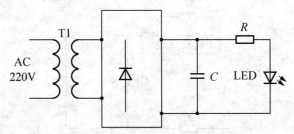

图 2.6　简单 LED 驱动电路拓扑结构

2. 较复杂的 LED 驱动电路结构

较复杂的 LED 驱动电路如图 2.7 所示。此 LED 驱动电路主要包括 EMI 滤波器、AC/DC 整流器、PFC 功率因数校正、隔离变压器、驱动器、电压电流反馈和控制器以及 MOSFET 管。

此电路的主要功能是克服因输入电压、环境温度引起 LED 灯光颜色易变的弊端，功率因数达 0.9，THD 在 20% 以下，寿命为 50000h，完成从 1%～100% 调光功能以及过压过流保护功能。

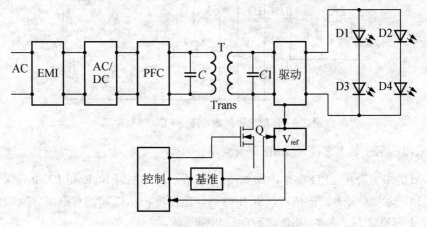

图 2.7　较复杂的 LED 驱动电路结构

LED 驱动电路主体结构采用 Fly back 拓扑结构，MOSFET 的通断由控制 IC 控制，在向负载提供直流电压的同时，不仅实现功率因数校正，也完成负载与电流的隔离。通过电压和电流反馈，电路将一个基准电压或电流信号 S_{ref} 与 LED 负载电压或电流信号 S_{hoad} 送入信号控制器与之进行比较，误差信号经过处理后送回初级 IC 中进行处理。当负载电流因各种因素而产生变化时，初级控制 IC 可以通过控制开关使负载电流回到始端。

2.2.2 电容降压式 LED 驱动器

1. 简单 LED 的电容降压电路

简单 LED 的电容降压电路如图 2.8 所示。电路利用两只反向并联的 LED 对降压后的交流整流，应用于夜光灯、按钮指示。

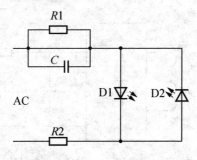

图 2.8 简单 LED 电容降压电路

2. 采用压敏电阻的电容降压 LED 驱动电路

压敏电阻的电容降压 LED 驱动电路如图 2.9 所示。$C1$ 降压限流，$D1 \sim D4$ 整流，$C2$、$C3$ 滤波，耐压值为负载电压 1.2 倍，$R3$ 压敏电阻(或瞬变电压抑制二极管)的作用是将输入电流中瞬间脉冲高压对地泄放掉，保护 LED 不被瞬间高压击穿。LED 串联数量由正向导通电压 U_1 而定，U_1 耐压 400V 以上的涤纶电容。

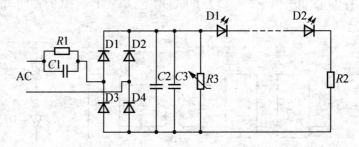

图 2.9 压敏电阻的电容降压 LED 驱动电路

3. 采用晶闸管的电容降压 LED 驱动电路

可控硅的电容降压 LED 驱动电路如图 2.10 所示。晶闸管 SCR 和 $R3$ 组成保护电路，当流过 LED 的电流大于设定值时，SCR 导通一定角度，从而起到对电流分流的作用，使 LED 工作于恒流状态，避免 LED 因瞬间高压而损坏。

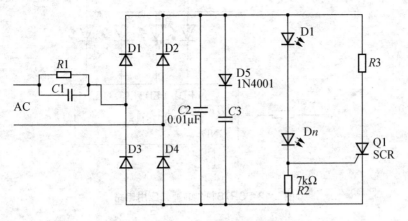

图 2.10　可控硅的电容降压 LED 驱动电路

【例 2.1】　基于 MAX1916 的 LED 背光照明驱动电路

MAX1916 是一款低压差。白光 LED 偏置电源。可替代传统白光 LED 驱动电路中的限流电阻。MAX1916 用一个电阻设置三只 LED 的偏置电流，匹配度可达 0.3%。MAX1916 工作时电源电流仅为 40μA，禁止状态下为 0.05μA。与限流电阻方案相比，MAX1916 具有出色的 LED 偏置匹配度、电源电压变化时偏置变化极小、压差较低，而且在一些应用中能够明显提高转换效率。

图 2.11 所示为 MAX1916 驱动 3 个并联的 LED 电路。

单个外部电阻 R_{SET} 可设定流经每个 LED 的电流数值，在 IC 的使能引脚 EN 上加载脉宽调制信号，可实现简单的亮度控制。

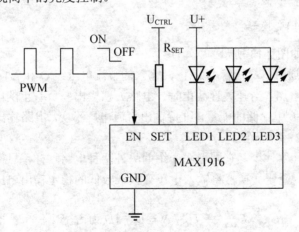

图 2.11　MAX1916 驱动 3 个并联的 LED 电路

【例 2.2】　基于 SP761x 的 LED 背光驱动照明电路

Sipex 公司推出的 SP761x 系列低压差线性 LED 驱动器，由于无需升压，所以外围电路非常简单，不需要电感和电容，仅需要一个电阻来设置流过 LED 的电流。SP7611A 驱动四只 LED 的应用电路如图 2.12 所示。

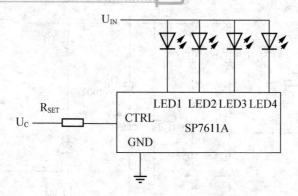

图 2.12　SP7611A 的背光应用电路

2.3　DC-DC 变换器

DC-DC 变换器的作用是将各种直流电压变换为另一个电平直流电压。

基本原理：通过开关器件，首先对输入直流进行高频斩波，然后将所得高频脉冲变换到合适的电平，再经整流滤波恢复到所需的直流输出值。

基本类型：①非隔离开关变换器，非隔离开关变换器在工作期间输入源和输出负载共用一个电流通路；②隔离开关变换器，隔离开关变换器输入电流到负载的能量转换是通过一个变压器或其他磁通耦合磁性元件来实现的。

2.3.1　非隔离开关变换器

1.　降压式(Buck)变换器

降压式变换器如图 2.13 所示。

当开关管 Q 导通时，二极管 D 截止，输入的整流电压经 Q 和 L 向 C 充电，这一电流使电感 L 中的储能增加。当开关管截止时，电感 L 感应出左负右正的电压，经负载和续流二极管 D 释放电感 L 中存储的能量，维持输出直流电压不变。电路输出直流电压的高低由加在 Q 基极上的脉冲宽度确定。

这种电路使用元器件少，它同下面介绍的另外两种电路一样，只需要利用电感、电容和二极管即可实现。降压变换器将输入电压变换成较低的稳定输出电压。输出电压和输入电压的关系是

$$U_{IN} > U_O \qquad U_O / N = D \quad (D \text{ 为占空比}) \tag{2-2}$$

2.　升压(Boost)变换器

升压式变换器如图 2.14 所示。

当开关管 VT 导通时，电感 L 储存能量。当开关管 VT 截止时，电感 L 感应出左负右正的电压，该电压叠加在输入电压上，经二极管 D 向负载供电，使输出电压大于输入电压，形成升压式开关电源。升压变换器将输入电压变换成较高的稳定输出电压。输出电压和输入电压的关系为

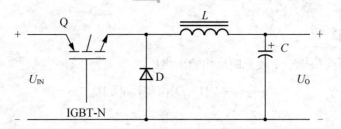

图 2.13　降压式变压器

$$U_{IN} < U_{O} \tag{2-3}$$

$$\frac{U_{O}}{U_{IN}} = \frac{1}{1-D} \tag{2-4}$$

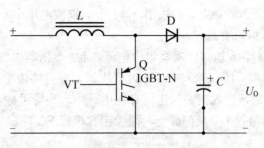

图 2.14　升压式变压器

3. 升降压式(Buck-Boost)变换器

升降压式(Buck-Boost)变换器如图 2.15 所示。

这种电路又称为反转式拓扑结构。无论开关管 VT 之前的脉动直流电压高于或低于输出端的稳定电压，电路均能正常工作。输出电压平均 U_{O} 大于或小于输入电压 U_{IN}，它们的极性相反。

$$\frac{U_{O}}{U_{IN}} = -D(1-D) \tag{2-5}$$

$$|U_{IN}| > |U_{O}|,\ D < 0.5,\ |U_{IN}| < |U_{O}|\ D > 0.5\ |U_{IN}| < |U_{O}| \tag{2-6}$$

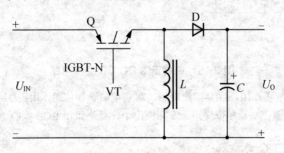

图 2.15　升降压式变换器

4. 逆向变换器

将输入电压变换成一个较低的反相输出电压。

$$\frac{U_O}{U_{IN}} = -D(1-D)\left(|U_{IN}| > |U_O|\right) \tag{2-7}$$

2.3.2 隔离式 DC/DC 变换电路

1. 单端正激 DC/DC 变换电路

单端正激 DC/DC 变换电路如图 2.16 所示。这种电路在形式上与单端反激式电路相似，但工作情形不同。它是采用变压器耦合降压型的变换器电路。

特点：变压器使用无气隙磁芯，铜损小，温升小，纹波电压小，必须增加储能电感 L0，一次、二次绕组极性是相同的。

原理：当功率管通时，变压器一次绕组中电流建起，变压器中将有正向励磁电流流过。由于二次绕组与一次相同，所以输入电能通过变压器耦合直接传递到二次回路，并通过正偏二极管 D1，在向负载传递的同时，也储存在电感中。当管子截止时，变压器绕组的电压反转，二次回路中二极管 D1 反偏截止，而续流二极管 D2 正偏导通，将储存在电感 L_0 的能量馈送给负载。

N_r 绕组和二极管 Dr 供变压器退磁之用，即在功率管截止期间 Dr 二极管正偏导通，形成反向激励电流，使磁芯中残存能量返回输入直流端。

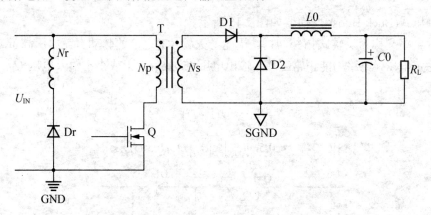

图 2.16 单端正激 DC/DC 变换电路

T—隔离变压作用；L0—续流电感，起能量储存和传递作用；D1—整流；
D2—续流；Nr—复位绕组，实际应用中，此绕组用 RCD 吸收电路取代

2. 单端反激 DC/DC 变换器

单端反激 DC/DC 变换器如图 2.17 所示。

所谓反激是指当开关管 Q 导通时，高频变压器 T 一次绕组的感应电压为上正下负，整流二极管 D1 处于截止状态，在一次绕组 Np 中存储能量；开关管 Q 关断时，Np 向 Ns 释

放能量，在输出端加电感 *L*0 和电容 *C*0 组成低通滤波，*Cr*、*Rr*、*Dr* 组成 RCD 漏感尖峰吸收电路，输出回路 D1 整流。

T 为变压器，起隔离、传递、储存能量的作用。

单端反激式开关电源是一种成本最低的电源电路，输出功率为 20～100W，可以同时输出不同的电压且有较好的电压调整率。唯一的缺点是输出的纹波电压较大，外特性差，适用于相对固定的负载。

单端反激式开关电源使用的开关管 VT 承受的最大反向电压是电路工作电压值的两倍，工作频率在 20～200kHz 之间。

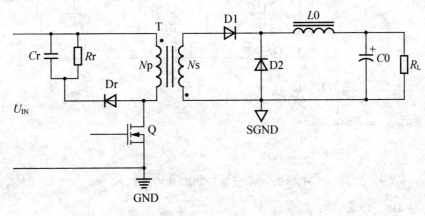

图 2.17　单端反激 DC/DC 变换电路

3. 双管正激 DC/DC 变换器

双管正激 DC/DC 变换器如图 2.18 所示。T1 为变压器，起隔离变压作用；*L*0 为续流电感(能量储存和传递)。变压器初级无须再有复位绕组，因为 D1、D2 的导通限制了两个调整管关断时所承变的电压。

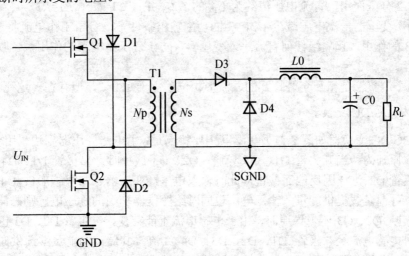

图 2.18　双管正激 DC/DC 变换电路

4. 双管反激 DC/DC 变换器

双管反激 DC/DC 变换器如图 2.19 所示。其中 Q1、Q2 开通时储存能量；Q1、Q2 关断时，Np 向 Ns 释放能量，同时 Np 的漏感将通过 D1、D2 返回输入信号，可省去 RCD 漏感尖峰吸收电路。

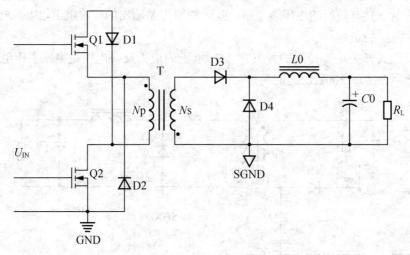

图 2.19　双管反激 DC/DC 变换器电路

5. 半桥 DC/DC 变换电路

半桥 DC/DC 变换电路如图 2.20 所示。其中 T1 变压器起隔离、传递能量作用；Q1 导通时，Np 绕组上承受一半的输入电压，副边绕组电压使 D1 导通，反之亦然。D1、D2、L0、C0 组成输出回路。

特点：

(1) 解决推挽功率变换电路失衡问题，又不增加任何电路复杂的功率变换电路，R1、C1、R2、C2 分压作用，直流电压值约为 U_{IN} 的 1/2，并且 C1=C2、R1=R2。

(2) 功率变压器一次电压减少 1/2，相同功率输出条件下，管子工作电流将增大。

(3) C3 的作用：起隔绝任何直流进入变压器，防止变压器饱和的作用，一般选用无极性薄膜电容。

(4) 两个调整管是相互交替打开的，波形相位差大于 180°，但存在一定死区时间。

6. 全桥 DC/DC 变换器

全桥 DC/DC 变换器如图 2.21 所示，其主要特点是：主电路变压器副边采用全波整流。其基本工作原理为：当开关管 Q1、Q4 导通，Q2、Q3 截止时，二极管 D1、D4 因正偏而导通，二极管 D2、D3 因反偏而截止，此时输入电压经变压器、二极管 D1、D4 给滤波电感 L 储能，并向负载提供能量，输入电压也同时给变压器初级的励磁电感励磁；当开关管 Q1、Q4 截止，Q2、Q3 还未导通时，由于电感电流不能突变，二极管 D2、D3 也因正偏而导通，此时电感电流经二极管 D1、D2、D3、D4 续流，其储存的能量继续供向负载，变压器副边短路，变压器初级励磁电感电流不变。后半周期的电路工作原理与前半周期相同。输出滤波电容 C 主要用来限制输出电压上的开关频率纹波分量。

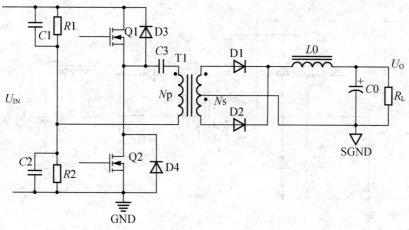

图 2.20   半桥功率变换器电路

其主要特点：

(1) 变压器利用率比较高，空载能量可以反馈给电网，电源效率高。

(2) 静态性能好，动态响应速度快，系统稳定，抗高频干扰能力强。

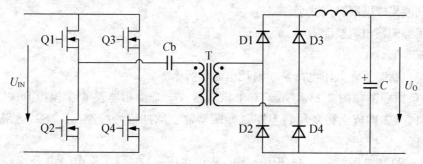

图 2.21   全桥 DC/DC 变换器电路

7. 推挽式 DC/DC 变换器

推挽式 DC/DC 变换器如图 2.22 所示。T 起隔离、传递能量作用；在 Q1 开通时，变压器 T1 的 NP1 绕组工作并耦合到副边的 NS1 绕组，在开关管 Q1 关断时，NP1 向 NS1 释放能量，反之亦然。

在电路设计中，开关管两端应设有 RC 组成吸收电路，以吸收开关管关断时所产生的尖峰浪涌。

特点：

(1) 在任何工作条件下，开关管都承受两倍的输入电压，用于大功率级。

(2) 两开关管相互交替打开，两组驱动波形的相位差要大于 180°，存在一定死区时间。

(3) 此电路与半桥变换器一样，也存在一定的偏磁问题。

8. 电荷泵的工作特性

电荷泵的工作特点主要有以下几个方面。

(1) 转换效率高，无调整电容式电荷泵的转换效率为 90%，可调式为 85%。

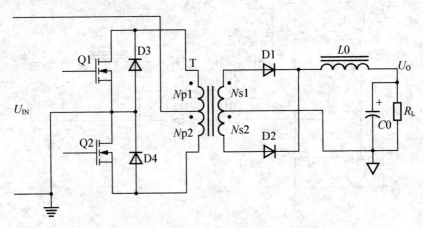

图 2.22　推挽式 DC/DC 变换器电路

(2) 静态电流要小，可实现节能。

(3) 输入电压低，尽可能利用电池的潜能。

(4) 噪声小。

(5) 功能集成度高，尺寸小。

(6) 足够的输出调整能力。

(7) 成本低。

(8) 待机状态下，关闭电荷泵，消耗电流近等于零。

电荷泵原理图如图 2.23 所示。一个振荡器、一个反相器及 4 个模拟开关，外接两个电容 $C1$、$C2$ 构成电荷泵反转电路。振荡器输出脉冲信号控制 S1、S2，经反相器控制 S3、S4。

当 S1、S2 闭合时，S3、S4 断开，输入正的电压+U_{IN} 向 $C1$ 充电(上正下负)，$C1$ 上的电压+U_{IN}。

当 S3、S4 闭合时，$C1$ 向 $C2$ 放电(上正下负)，$C2$ 上的电压为-U_{IN}，即 U_O=-U_{IN}。

电荷泵仅用外部电容即可提供两倍输入电压的输出电压，损耗主要来自电容器正极(等效电阻)和内部开关管导通电阻，因不用电感，其辐射 EMI 小，输入噪声小。

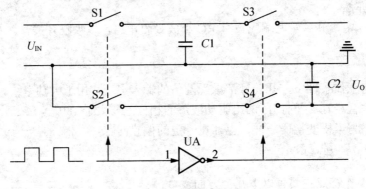

图 2.23　电荷泵原理图

本 章 小 结

　　本章主要介绍了 LED 驱动电路基础、LED 驱动电路设计、隔离式 DC/DC 变换电路和非隔离式开关变换器，其中隔离式变换器主要介绍了单端正激 DC/DC 变换电路、单端反激 DC/DC 变换器、双管正激 DC/DC 变换器及双管反激 DC/DC 变换器、半桥 DC/DC 变换电路及全桥 DC/DC 变换器的工作原理，非隔离式变换器主要介绍了(Buck)变换器、升压(Boost)变换器、升降压式(Buck-Boost)变换器及逆向变换器的原理。学习之后能够掌握 LED 驱动电路拓扑结构、变换器电路的工作原理，并能够在实际设计中使用。

习 题

1. 简述 LED 驱动电路的基本要求。
2. 简述 LED 驱动电路设计的注意事项。
3. DC-DC 变换器的作用是什么？简单讲述其基本原理并举例说明。
4. 什么是非隔离式驱动变换器？常用的有哪几种？
5. 什么是隔离式驱动变换器？常用的有哪几种？
6. 在隔离式变换器中，变压器 T 主要起到_____、_____的作用。
7. LED 作为负载，有_____、_____、_____、_____几种连接方式。
8. DC-DC 变换器的作用是通过开关器件，首先对输入直流进行_____，然后将可得高频脉冲变换到_____，再经_____恢复到所需的直流输出值。
9. LM3402HV 是一种降压式可调恒流输出 LED 驱动器，试用其设计一个 LED 驱动电路。

第**3**章

交流驱动 LED 电路设计

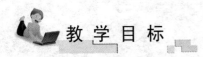

教 学 目 标

掌握 LED 驱动电路的系统拓扑结构；

了解 LED 驱动电源的技术标准；

重点掌握 EMI 滤波器、整流电路、PFC/APFC、LLC、CV/CC 模块在驱动电路中的作用，以及 PFC 的定义、原理、常用功率校正方法；

初步理解 LED 驱动电源的模块化设计思路与设计方法；

查阅资料，了解 LED 驱动电源有哪些专用 IC 芯片；

查阅资料，了解 LED 驱动电源有哪些 APFC 控制芯片。

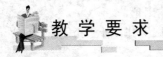

教 学 要 求

知识要点	能力要求	相关知识
LED 驱动电路拓扑结构	掌握 LED 驱动电路的系统拓扑结构	
LED 驱动电源的技术标准	(1) 了解能源之星对 LED 驱动电源的认证标准 (2) 了解有哪些认证标准	
驱动电路模块	(1) 了解 EMI 滤波的作用和常用电路 (2) 了解整流电路的类型与作用 (3) 掌握功率因数校正的概念、原理、常用方法 (4) 掌握 LLC 半桥谐振电路的作用及设计思路 (5) 理解恒流恒压模块的作用	EMI 滤波器、整流电路、PFC/APFC、LLC、CV/CC 模块在驱动电路中的作用
应用举例	初步掌握 LED 驱动电源的模块化设计思路与设计方法	

推荐阅读资料

[1] 沙占友. LED 照明驱动电源优化设计[M]. 北京：中国电力出版社，2010.

[2] 代志平. LED 照明驱动电路设计方法与实例[M]. 北京：中国电力出版社，2011.

[3] 周志敏. LED 驱动电路设计要点与电路实例[M]. 北京：化学工业出版社，2012.

引例

案例一:

摘自 http://ic.big-bit.com/news/33093.html 的一则报道。

近日, 位于英国 Rutland 郡的 Market Overton 村庄委员会发布了该地安装 LED 路灯后的相关报告, 报告对比显示 LED 路灯与以前使用钠灯时的节能状况。图 3.1 所示为 LED 路灯。

报告称, 该地通过应用 LED 节能路灯, 月度平均能源费用支出已从 80 英镑减少到 15 英镑, 而维护费用预计每年会减少到往年的 90%。该村 80%的路灯已经安装了定时开关, 这种开关可以在每晚午夜至凌晨五点半自动关闭路灯。目前, 这一套新型路灯系统的显著节能效果已经引起了周围其他村子的广泛关注。

目前各家 LED 厂商包含台达电子、大同集团、玉晶光、晶电、光宝科技、亿光电子等都大举跨入两岸 LED 路灯市场, 抢进标案工程, 抢攻 LED 路灯市场。

图 3.1 LED 路灯

案例二:

摘自 http://www.21dengshi.com/news/12247.html 的一则新闻。

东莞科磊得数码光电科技有限公司(简称科磊得)的大功率 LED 照明灯, 通过了最权威的美国保险商实验室测试(简称 UL), 成功进入了美国市场。图 3.2 所示为东莞生产的 LED 路灯照亮美国街道。昨日, 记者从科磊得了解到, 目前在美国佛罗里达、加利福尼亚等地街头已有其LED照明灯。下一步，科磊得即将通过欧洲CE测试标准，进军欧洲市场。

昨日，科磊得公司董事长助理黄梅告诉记者，科磊得能进入美国市场，首先是产品解决了点阵光源成像出现重影等不足，其智能诊断的LED路灯可依人流、车流和周边光线情况，对LED灯亮度进行调控。这一点让美国人很放心。黄梅透露，欧美国家在芯片上拥有很强实力，并致力于室内LED的推广，但在室外LED路灯方面涉足不深，因此，中国的LED路灯拥有很广的国际市场。但她强调进入国际市场，LED路灯技术必须过硬。

图3.2　东莞生产的LED路灯照亮美国街道

案例三：

产品介绍(图3.3)：本款高效的LED恒流驱动电路适用于大功率LED和等效其他功率的各类LED。采用了国际领先技术的恒流驱动芯片，经过精心设计和长期测试，使它成为一款标杆档次的优秀驱动器。它具有输入电压范围宽(85～265V AC)，效率高(超过80%)，温升小，工作稳定性高等优点。表3-1为LED驱动电源型号参数举例。本电路工作效率为80%，85～265V AC电压范围内电流波动小于3%，内置负载开路保护、过温保护等功能；采用脉宽调制(PWM)技术保证电源的高稳定性和高效率，CLASSⅡ隔离，全密封内部灌胶，具有优良的绝缘、防潮、防振、防水特性，防护等级≥IP64；工作电流稳定性高，干扰性强，能有效地保证LED灯具的长寿命工作，降低了LED的光衰，铝合金散热结构使电源具有更为优良的散热效果。

表3-1　LED驱动电源型号参数举例

产品品牌	产品型号	输入电压	输出电压	输出电流
诚科	TY-2536	AC 85～265 V	DC 75～144 V	0.3 A
输出功率	频率范围	工作温度	尺寸	产品认证
25～36 W	50/60 Hz	15～65℃	135×30×23	CE

图 3.3　LED 驱动电源

 引言

　　LED 路灯因其寿命长、光效高、质量可靠、安装简便、光衰小、节省电能等独特的优点而逐渐被广泛采用，如案例一、案例二等。

　　LED PN 结的导通特性决定了它能适应的电源电压和电流变动范围十分狭窄，稍许偏离就可能出现无法点亮 LED 或者使其发光效率严重降低、使用寿命缩短甚至烧毁芯片等后果。现行的工频电源和常见的电池电源均不适合直接供给 LED。LED 驱动器就是驱动 LED 发光或 LED 模块组件正常工作的电源调整电子器件，它可以驱使 LED 在最佳电压或电流状态下工作。

　　LED 驱动电源(如案例三)是能把电源供应转换为特定的电压、电流以驱动 LED 发光的电压转换器。通常情况下，LED 驱动电源的输入包括高压工频交流(即市电)、低压直流、高压直流、低压高频交流(如电子变压器的输出)等；而 LED 驱动电源的输出则大多可随 LED 正向压降值变化而改变电压的恒定电流源。

　　本章重点对 LED 驱动电路的交流变换部分进行详细的介绍。

3.1　交流驱动 LED 电路设计性能要求

1. 提供适当的直流电压和电流

　　LED 是一种光电转换器件，只有适当的直流电压和电流才会发光，LED 驱动电源的输出直流电压不能低于 LED 或 LED 串的正向电压降。LED 驱动电源主要有恒压、恒流两种工作模式，早期常采用恒压模式，这种方式对小功率输出或者输出功率虽然大但热条件好的情况是可行的。但是，对于大功率且散热条件又不太好的情况，因 LED 结温不断升高，正向电流迅速增大，导致结温进一步升高的恶性循环，最终导致光衰加大，寿命缩短。另外，当恒压驱动电源上并联 LED 或 LED 串时，由于各 LED 的伏安特性存在差异，在相同的正向电压时正向电流相差较大，会导致各个 LED 的亮度和色度存在较大差异。因此，通常要求电源具有恒流驱动。交流 LED 驱动电源必须能够同时提供额定恒定电流和恒定电压。

2. 具有抑制电磁干扰(EMI)的能力

当采用工频市电电源供电时，在 LED 驱动电源交流输入端，应当设置电磁干扰滤波器(EMI Filter)。EMI 滤波器是一种能有效地抑制电网噪声，提高电子设备抗干扰能力及系统可靠性的一种滤波装置。它属于双向射频滤波器，一方面要滤除从交流电网引入的外部电磁干扰，另一方面还能避免本身设备向外部发出噪声干扰，以免影响统一电磁环境下其他电子设备的正常工作。电磁干扰属于射频干扰(RFI)，传导噪声频谱大约为 10kHz～30MHz，最高达 150MHz。电磁干扰滤波器对串模干扰(两条电源线之间的干扰)和共模干扰(两条电源线对大地的噪声)都能起到抑制作用。串模干扰的特点是幅度小，频率低，干扰较小；共模干扰的特点是幅度大，频率高，还可通过导线产生辐射干扰，干扰大。传导 EMI 应当符合 EN55015B 的规定限制要求。

3. 较高的功率因数

2008 年 10 月 1 日生效的固态照明(SSC)光源"能源之星"1.0 版规范要求：住宅应用 LED 灯具的功率因数高于 0.7；商业应用 LED 灯具的功率因数高于 0.9，要提高 LED 照明驱动电源的功率因数，就必须采用 PFC 技术，否则，LED 照明电源的功率因数难以达到 0.6 以上，也就不可能达到谐波电流限制要求。

4. 具有较低的 AC 输入电流谐波含量

使用交流电源供电的照明用 LED 驱动电源，均通过整流电路与电网相连，其输入整流滤波器一般由桥式整流器和滤波电容构成，二者均属于非线性元件，使开关电源对电网电源表现为非线性阻抗。由于大容量滤波电容器的存在，使整流二极管的导通角变得很窄，仅在交流输入电压的峰值附近才能导通，致使交流输入电流产生严重失真，变成尖锋脉冲。这种电流波形中包含了大量的谐波分量，不仅对电网造成污染，还导致滤波后输出的有功功率明显降低，使功率因数大幅度降低。因此，AC 输入电流谐波含量必须符合国际电工委员会颁布的 IEC61000-3-2 标准，关于照明设备的限制要求，对于照明类产品，输入功率大于 25W 时，3 次谐波、5 次谐波、7 次谐波、9 次谐波、11～39 次谐波的最大谐波电流与基波的百分比分别为：30%、10%、7%、5%、3%；当灯具功率小于、等于 25W 时，3 次和 5 次谐波电流值不得超过 86%和 61%。

5. 具有较高的效率

效率是电能效能的一个重要参数，无论是 AC 电源供电，还是太阳能光伏供电都要求

LED 照明电源具有尽可能高的效率。"能源之星" 2.0 版规范要求外部电源的效率达 87%，并且包含适配器。大功率 LED 驱动电源通常有 PFC 级和后置 DC / DC 变换器，即使每级效率达到 90%，系统总效率也仅约 80%。要提高 LED 驱动电源的工作效率，一是选择低损耗的功率器件，二是要选择更好的拓扑结构。

6. 提供必要的保护

为了防止照明用 LED 驱动电源过早失效，要求电源电路具有过电压、欠电压、过电流、短路和过热等保护功能，LED 驱动电源的可靠性目前远远低于 LED 本身寿命 5 万小时，这就要选用高可靠的电子元件和无电解电容的拓扑结构。

3.2　电路模块化设计相关技术

3.2.1　输入 EMI 滤波电路设计

EMI 滤波器的主要技术参数有：额定电压、额定电流、漏电流、测试电压、绝缘电阻、直流电阻、使用温度范围、工作温升、插入损耗、外形尺寸、重量等。在这些参数中，插入损耗是评价 EMI 滤波器性能优劣的主要指标。插入损耗是表示插入 EMI 前后负载上噪声电压的对数比，用分贝(dB)表示，分贝值愈大，说明抑制噪声干扰的能力愈强。

为了降低成本和减小体积，AC/DC 式 LED 驱动电源一般采用较简易的 EMI 滤波方式，电路主要包括共模扼流圈 L 和滤波电容 C。EMI 滤波器的基本电路如图 3.4 所示：其中(a)为单级低通滤波器；(b)为双级串联式低通滤波器。

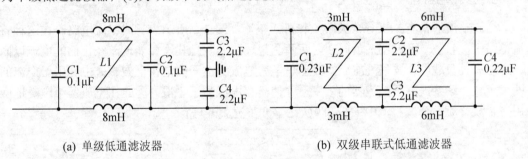

(a) 单级低通滤波器　　　　　　　　　　(b) 双级串联式低通滤波器

图 3.4　EMI 滤波器电路

由图 3.4 可知：EMI 滤波器为五端元件，两个输入端，两个输出端，一个接地端。电路中包括共模扼流圈(亦称共模电感)L、滤波电容 C。L 对串模干扰不起作用，例如图 3.4(a)，$L1$ 为绕在同一磁环上的两只独立线圈，两个线圈匝数相同，绕向相同，两只线圈内电流产生的磁通在磁铁内相互抵消，不会使磁环达到磁饱和状态。但当出现共模干扰时，由于两个线圈的磁通方向相同，经过耦合后电感量迅速增大，从而对共模信号呈现很大的感抗，起到较大的阻碍作用，故称作共模扼流圈。$C1$ 和 $C2$ 常采用薄膜电容，主要用来滤除共模干扰。$C3$ 和 $C4$ 跨接在输出端，并将两电容的中点接地，能有效地抑制共模干扰。$C1\sim C4$ 的耐压值均为 630VDC 或 250VAC。另外，为了减小漏电流，电容量一般应低于 $0.1\mu F$。

3.2.2　整流技术

利用二极管的单向导电性，将大小和方向都随时间变化的工频交流电变换成单方向的脉动直流电的过程称为整流。整流器是 AC/DC 变换器中重要的组成部分，它的技术是否先进，关系着 AC/DC 变换器的功能和可靠性。整流分为半波整流和全波整流。

1. 半波整流

图 3.5 所示是简单的半波整流电路，由电源变压器、整流二极管 D 和负载电阻 R 组成。利用二极管的单向导电性，只有半个周期内有电流流过负载，另半个周期被二极管所阻，没有电流。这种电路，变压器中有直流分量流过，降低了变压器的效率；整流电流的脉动成分太大，对滤波电路的要求高，只适用于小电流整流电路。计算表明，整流得出的半波电压在整个周期内的平均值，即负载上的直流电压 $U_{SC}=0.45U_1$，电流的利用率低，常在高压小电流场合用。

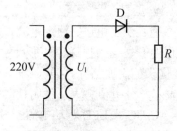

图 3.5　半波整流电路

2. 全波整流

全波整流通常有二极管全波整流和桥式整流，图 3.6 所示为桥式整流电路。在这种整流电路中，4 个二极管在正负周期内两两交替导通，并且其连接能使流经它们的电流以同一方向流过负载。全波整流前后的波形与半波整流所不同的是在全波整流中利用了交流的两个半波，这就提高了整流器的效率，并使已整电流易于平滑。因此在整流器中广泛地应用着全波整流，全波整流中 $U_{SC}=0.9U$(比半波整流大一倍)。

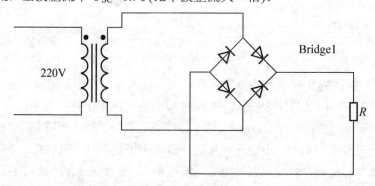

图 3.6　全波整流电路

对输入整流管的选择，一般而言，非隔离式的 AC/DC 式 LED 驱动电源可采用输入整流管进行半波整流，隔离式电源采用整流管构成的整流桥或成品整流桥。现塑封整流管的典型产品有 IN4001～IN4007(1A)、IN5391～IN5399(1.5A)、IN5400～IN5408(3A)。

3．整流桥的参数选择

对整流桥，其主要参数有反向峰值电压 $U_{RM}(V)$、正向压降 $U_F(V)$、平均整流电流 $I_{F(AV)}(A)$、正向峰值浪涌电流 $I_{FSM(A)}$、最大反向漏电流 $I_R(\mu A)$ 等。整流桥的典型产品如美国威世半导体公司生产的 3KBP005M～3KBP08M，其主要技术指标见表 3-2。整流桥的反向击穿电压 U_{BR} 应满足式(3-1)的要求：

$$U_{BR} \geqslant 1.25\sqrt{2}u_{max} \tag{3-1}$$

表 3-2　整流桥的主要技术指标

型号	3KBP005M	3KBP01M	3KBP02M	3KBP04M	3KBP06M	3KBP08M
U_{RM}/V	50	100	200	400	600	800
U_F/V	1.05					
$I_{F(AV)}$/A	3.0					
I_{FSM}/A	80					
I_R/μA	5.0					

当交流输入电压是 85～265V 时，u_{max}=265V，由式(3-1)计算出 U_{BR}=468.4V，可选耐压 600V 的成品整流桥。不过，如果用 4 只硅整流管来构成整流桥，整流管的耐压值还应进一步提高。例如，可以选用 1N4007(1A/1000V)、1N5408(3A/1000V)型号的塑封整流管。这样一方面降低了成本，另外按照耐压值"宁高勿低"的原则，能提高整流桥的安全性与可靠性。设输入有效值电流为 I_{RMS}，整流桥额定的有效值电流为 I_{BR}，应当使 $I_{BR} \geqslant 2I_{RMS}$。计算 I_{RMS} 的公式为：

$$I_{RMS} = \frac{P_o}{\eta u_{min} \cos\varphi} \tag{3-2}$$

式中：P_o 为 LED 驱动电压的输出功率；η 为电源效率；u_{min} 为交流输入电压的最小值；$\cos\varphi$ 为 AC/DC 式 LED 驱动电压的功率因数，允许 $\cos\varphi$=0.5～0.7。由于整流桥实际通过的不是正弦电流，而是窄脉冲电流，因此整流桥的平均整流电流 $I_d < I_{RM}$，一般可按照 $I_d = (0.6～0.7)I_{RM}$ 来计算 I_{AVG} 的值。

【例 3.1】　设计一个 7.5V/2A(15W) AC/DC 式 LED 驱动电源，交流输入电压是 85～265V，要求 η=80%。将 P_o=15W、η = 80%、u_{min}=85V、$\cos\varphi = 0.7$，一并代入式(3-2)中，得到 I_{RMS}=0.32A，进而求出 $I_d = 0.65I_{RMS} = 0.21A$，实际选用 1A/600V 的整流桥，以留出一定余量。

3.2.3　功率因数校正技术

在照明应用中，如果输出功率要求高于 25W，LED 驱动器则面临着功率因数校正 (Power Factor Correction，PFC)的问题。例如，欧盟的国际电工委员会(IEC)针对照明(功率大于 25W)的要求中具有针对总谐波失真(THD)的规定。而在美国，能源部"能源之星"项目固态照明标准中对 PFC 带有强制性要求(而无论是何种功率等级)，即针对住宅应用部分要求功率因数高于 0.7，而针对商业应用部分要求功率因数高于 0.9。该标准属于自愿遵守的标准，并非强制性要求，但很多应用需要良好的功率因数。

1. 功率因数的定义

功率因数 PF 定义为：有功功率(P)与无功功率(S)的比值。

$$PF = \frac{P}{S} = \frac{U_1 I_1 \cos\varphi_1}{U_1 I_R} = \frac{I_1 \cos\varphi_1}{I_R} = \gamma\cos\varphi_1 \tag{3-3}$$

式(3-3)中 I_R 的表达式：

$$I_R = \sqrt{I_1^2 + I_2^2 + \cdots + I_N^2} \tag{3-4}$$

式(3-3)、式(3-4)中：I_1 为输入电流基波有效值；I_R 为电网电流有效值；I_2，…，I_N 为各次谐波有效值；U_1 为输入电压基波有效值；γ 为输入电流畸变因数；$\cos\varphi_1$ 为基波电压、基波电流位移因数。

AC/DC 变换器中供电电源一般是由交流市电经整流和大电容滤波后得到的较为平直的直流电压，整流器-电容滤波电路是一种非线性组件和储能组件的结合。因此，虽然输入交流电压是正弦的，但输入交流电流是一个时间很短、峰值很高的周期性尖峰电流，所以波形严重畸变。如果去掉输入滤波电容，则输入电流变为近似的正弦波，提高了输入侧的功率因数并减少了输入电流的谐波，但是整流电路的输出不再是一个平滑的直流输出电压，而变为脉动波。如果欲使输入电流为正弦波，且输出仍为平滑的直流输出，必须在整流电路和滤波电容之间插入一个电路，这个电路就是功率因数校正电路。

2. 功率因数校正基本原理

PFC 是在 20 世纪 80 年代发展起来的一项新技术，其背景源于离线开关电源的迅速发展和荧光灯交流电子镇流器的广泛应用。PFC 电路的作用不仅仅是提高线路或系统的功率因数，更重要的是可以解决电磁干扰(EMI)和电磁兼容(EMC)问题。

功率因数校正技术利用脉冲宽度调变器来调整输入功率大小，以供应适当的负载所需的功率，控制切换开关来将 DC 输入电压切成一串电压脉冲，然后利用变压器和快速二极管将其转成平滑的 DC 电压输出。这个输出电压与一个参考电压比较，所产生电压差回馈至 PWM 控制器，利用这个误差电压信号来改变脉冲宽度，使输出恢复正常值，从而使输入电流的波形与整流输出的脉动电压波形基本一致，使电流谐波大大减少，提高了功率因数。

3. PFC 的分类

PFC 技术有很多种，按照供电方式分有单相 PFC 和三相 PFC；按照电路结构分有无源 PFC 和有源 PFC，有源 PFC 又分为连续导电模式和无连续导电模式；按照软开关特性分为零电流开关和零电压开关；按照控制方式分为 PWM 型、FM 型、单环电压反馈型和双环电压反馈型等。一般无源 PFC 适用于要求成本低，对体积没有太大限制的小功率应用场合；

有源两级 PFC 适用于中大功率应用场合；有源单级 PFC 相当于两者之间的折中方案，适用于体积小、结构简单、性能较好的应用场合。

4. 常用功率因数校正方法

常用的 PFC 方法大致有以下几种。

多脉冲整流：利用变压器对各次不同的谐波电流移相，使奇次谐波在变压器次级相互叠加而抵消。

无源滤波法：在整流器和电容之间串联一个滤波电感或在交流侧接入谐振滤波器。

其优点是简单，成本低，可靠性高，EMI 小；缺点是体积大，重量大，难以得到高功率因数，工作性能与频率、负载变化及输入电压有关，电感和电容间有大的充放电电流等。

有源功率因数校正(Active Power Factor Correction，APFC)：直接采用有源开关或 AC/DC 变换技术，使输入电流成为和电网电压相位的正弦波；应用电流反馈技术使输入端电流波形跟随输入正弦电压波形，并与输入的电网电压同相位。

有源功率因数校正技术的优点是功率因数高，THD 总谐波畸变小，电压范围宽和宽带下工作，体积、重量小，输出电压也可保持恒定；缺点是电路复杂，MTBF(平均无故障时间)下降，成本较高，效率会有所降低。

3.3 功率因数校正电路

3.3.1 无源 PFC 电路

单相整流电路功率因数的无源校正是在整流电路中用 LC 滤波器来增大整流桥导通角，从而降低电流谐波，提高功率因数。典型无源功率因数校正电路如图 3.7 所示。

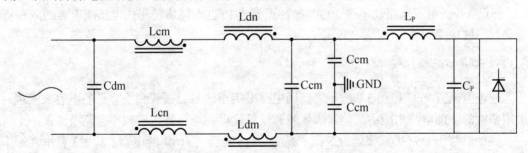

图 3.7 典型无源滤波器 PFC 电路拓扑结构

图 3.7 是把 PFC 滤波电路和 EMI 滤波结合起来，图中 Lcm、Ccm 为共模抑制，Ldm、Cdm 为差模抑制，L_P、C_P 为无源滤波。当电网中有谐波侵入时，适当选择 L、C 参数，可防止高频电路产生大量高次谐波进入电网，也阻止电网谐波进入电路。通常差模传递函数与 PFC 电路相似，因此可简化为图 3.8 所示的电路。

无源式 PFC 电路一般是采用电感或电容补偿的方法使交流输入的基波电流与电压之间相位差减小来提高功率因数。当负载为容性负载时就采用串联电感的方法进行补偿，当负载为感性负载时就采用并联电容的方法进行补偿。无源式 PFC 只能将功率因数校正到 0.7~0.8，这种 PFC 的电路结构也较为简单。电流谐波含量降到 40% 以下。因而这种技术在中小容量的电子设备中被广泛采用。实际上它利用电感上的电流不能突变和电容上的电压不能突变的原理调节电路中的电压及电流的相位差，使电流和电压趋向于正弦化以提高功率因数。无源式 PFC 电路同时作为一种整流电路的前端滤波器工作在工频(50~60Hz)状态，使用的电容和铁心电感处于工频低通或带通状态，因而滤波器体积和重量比较庞大。电路结构笨重，相对于有源式 PFC 电路功率因数要低得多。因此，无源式 PFC 电路具有下列不可克服的缺点。

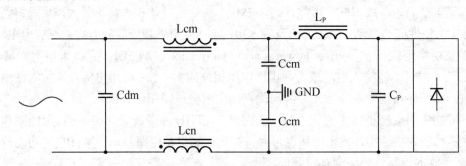

图 3.8　简化无源滤波器 PFC 拓扑结构

(1) 当欧洲 EN 的谐波规范越来越严格时，电感和电容的质量需提升，而生产的难度将会不断提高，价格将会不断增加。

(2) 补偿电感和电容量的重量和体积会导致开关电源的重量和体积增大。

(3) 功率因数不能被矫正得很大，最大只能提高到 70% 左右。

(4) 若负载为容性负载而需要采用补偿电感来矫正时，补偿电感的结构固定不正确就容易产生振动噪声。

(5) 当开关电源输出功率过 300W 时，无源式 PFC 电路所使用的电感或电容的成本将会高到不可接受的地步。

3.3.2　改进型无源 PFC 电路

改进型无源 PFC 如图 3.9 所示。辅助电路采用小信号二极管和小容量的电容来实现。采用新颖的辅助电路来减小滤波器的体积和重量，提高功率因数，减小电流谐波。

辅助电路由 D5~D8、$C2$~$C3$ 组成，D5、D8 阳极接+16V 给电容 $C2$、$C3$ 充电。工作波形如图 3.10 仿真波形所示，图中 U_3 为输入正弦电压波形，U_{c1} 为整流后的滤波电容电压；I_{in} 为输入电流波形。当输入电压为正半波时，电容 $C3$ 已被充电到 16V，比整流桥二极管 D1 阳极电压高出 16V，随着输入电压的升高，二极管 D7 阳极电压首先达到滤波电容 $C1$ 上的电压而开通，电容 $C3$ 放电，然后整流桥开通，$C3$ 放电完毕二极管 VD7 自动关断。同理，当输入电压进入负半波时，电容 $C2$ 及辅助二极管 VD5 进行充放电使得整个工频周期内的二极管导通角增大，从而提高功率因数并降低总谐波畸变。$C2$、$C3$ 电压波形及 D5、D7 电流波形如图 3.10 所示。

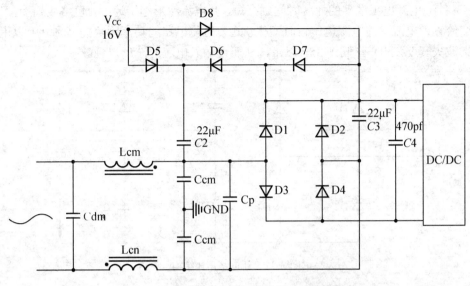

图 3.9　改进型无源功率因数校正电路拓扑结构

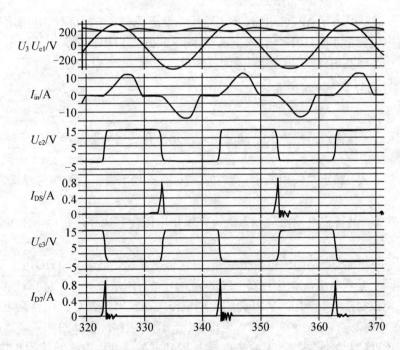

图 3.10　改进型无源功率因数校正电路电压、电流波形

　　利用电容和二极管网络对电路拓扑结构进行更新，得到新电路拓扑和工作原理如图 3.11 所示，构成填谷方式 PFC 整流电路。当输入电压高于 $C1$ 和 $C2$ 上的电压时，两个电容处于串联充电状态；当输入电压低于电容 $C1$ 和 $C2$ 上的电压时，两个电容处于并联放电状态。由于电容和二极管网络的串并联特性增大二极管的导通角——在每一个半周期内，将交流输入电压高于直流输出电压的时间拉长，整流二极管的导通角就可以增大(增加至

120° 左右)，电源电压过零的死区时间则缩短，其电流波形趋于连续，包络线趋于正弦波，这样交流输入电流追逐电源电压瞬时变化轨迹，可将电路的功率因数提高到 0.9 以上，电源总谐波失真度 THD 降低到 35%以下，从而使输入电流的波形得到改善。

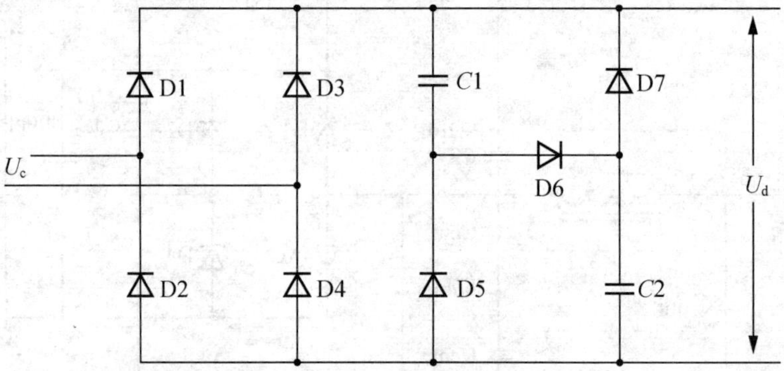

图 3.11 新电路拓扑结构

3.3.3 APFC 的工作原理及分类

APFC 大都采用高频 APFC 电路，该电路接在整流桥和交换器之间，功率因数可达 0.99 以上，谐波电流分量小于 10%，输入电压在 90～270V，适用范围大，输出电压稳定，磁性元件体积小，但其电路复杂，大都采用集成电路控制。

1. APFC 的分类

1) 按结构分类

(1) 降压式。其特点是噪声大，滤波困难，功率开关管的驱动控制信号浮动，电路复杂，较少用。

(2) 升/降压式。特点是需用两个功率开关管，有一功率管驱动的信号浮动，电路复杂，较少用。

(3) 反激式。其特点是输出与输入隔离，输出电压任意选择，简单电压型控制，适用 150W 以下场合。

(4) 升压式。其特点是简单电流型控制，*PF* 值高，总谐波失真(THD)小，效率高，但是输出电压高于输入电压，适用于 75～2000W 场合。升压型具有以下优点：电路中电感 L 适用于电流型控制；由于升压型 APFC 的预调整作用在输出电容 C 上保持高电压，所以电容 C 体积小、储能大；在整个交流输入电压变化范围内能保持很高的功率因数；输入电流连续，且在 APFC 开关瞬间输入电流小，易于 EMI 滤波；升压电感 L 能阻止快速的电压、电流瞬变，提高了电路工作可靠性，是目前应用最为广泛的一种 PFC 结构，比较常用的芯片如 UC3854 等。

2) 按输入电流分类

APFC 按输入电流与控制原理可以分为平均电流型、滞后电流型、峰值电流型、电压控制型等，下面简要介绍。

(1) 平均电流型：工作效率固定，输入电流连续(CCM)。其优点是能够进行恒频控制，工作在电压电流连续状态，开关管有效值小，EMI 体积小，能抑制开关噪声，输入电流波形失真小。缺点是控制电路复杂，需要用乘法器和除法器，需检测电感电流，需电流控制环路。

(2) 滞后电流型：工作频率可变，电流达到滞后带内功率开关发生通与断操作，使输入电流上升、下降，电流波形平均值取决于电感输入电流。

(3) 峰值电流型：工作频率变化，电流不连续(DCM)，采用跟随法，电路简单，易于实现。缺点是功率因数和输入电压 U_i 与输出电压 U_o 的比值有关，开关管峰值电流大，损耗增加。

(4) 电压控制型：工作频率固定，电流不连续。

在需要采用 PFC 控制器的应用中，传统的解决方案是 PFC 控制器+PWM 控制器的两段式方案。这种方案支持模块化，且认证简单，但在总体能效方面会有折中，如假设交流-直流(AC-DC)段的能效为 87%～90%，直流-直流(DC-DC)段能效为 85%至 90%，则总能效仅为 74%～81%。随着 LED 技术的持续改进，这种架构预计将转化为更加优化、更高能效的方案。根据要求的不同，有多种可供选择的方案，如：PFC+非隔离降压、PFC+非隔离反激或半桥 LLC、NCP1651/NCP1652 单段式 PFC 方案。

2. APFC 主电路结构及工作原理

1) 主电路结构

APFC 主电路采用 DC/DC 开关变换器。其中 Boost 变换器具有电感电流连续、可抑制 RFI 和 EMI 噪声，电流波形失真小，输出功率大，共源极工作，驱动电路简单等优点，所以使用较多。除采用 Boost 变换器外，Buck-Boost、Flyback、SEPIC、CUK 变换器都可用作 APFC 的主电路。目前使用最广泛的是 Boost 型 APFC。它的峰值开关电流近似等于输入线电流，而输出电压比输入电压峰值高。同时 Boost 型 APFC 电路还有以下优点。

(1) 输入电路中的储能电感 L 适用于电流型控制。
(2) 电容 C 储能大、体积小。
(3) 输入电流连续，且在输入开关瞬间峰值电流小，易于 EMI 滤波。
(4) 输入电感 L 能抑制快速的电路瞬变，提高电路的工作可靠性。
(5) 电路输出直流电压高于输入直流电压。
(6) 在整个输入电压范围内能保持很高的功率因数。

2) 工作原理

APFC 是抑制谐波电流、提高功率因数的有效方法，工作原理如图 3.12 所示。交流输入电压经全波整流后，再经过 DC/DC 变换，通过相应的控制使输入电流平均值自动跟随全波整流电压基准值，并保持输出电压稳定。APFC 电路有两个反馈环节：输入电流环节使 DC/DC 变换器输入电流和全波整流电压波形相同，输出电压环节使 DC/DC 变换器输出端为一个直流稳压源。在 APFC 电路中，DC/DC 变换器使输出电压与输入电压都为全波整流波形，并且相位相同。

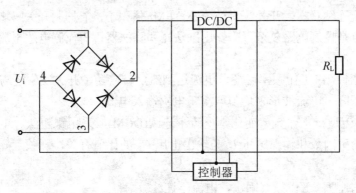

图 3.12 APFC 工作原理

图 3.13 中 APFC 作为前置变换器,由高频开关管 VT、电感 L、二极管 D、电容 C 及控制电路组成。其工作原理是:当输入交流电压过零点处时,控制电路控制 VT 导通,电感 L 流过电流而储存能量,然后 VT 关断,电感电流经过二极管 D 给电容 C 充电,将电感储存能量转移到电容上,接着 VT 再次导通、关断,如此重复。精确控制 VT 每次导通的时间或控制通过 VT 的电流,使输入电流波形随电压波形而变,从而提高功率因数,减小谐波分量。

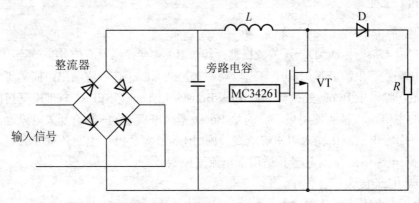

图 3.13 APFC 作为前置变换器

3.4 150W HB-LED 大功率驱动电路设计举例

在绿色照明领域,随着 LED(Light-Emitting Diode)技术的发展,大功率 LED(High-Power Light-Emitting Diode)照明在能源告急的今天得到世界各国的高度重视,LED 具有高效节能、无汞毒害、长寿命等优点。在所有用电设备中照明用电在发达国家达 19%,我国也达到了 10%。采用 LED 技术可以节电 50%以上,但目前 LED 技术没有得到普及的关键问题有:驱动电源效率不够高,功率因数还不理想;价格偏高;驱动电路复杂;可靠性低。

该项设计要求性能指标如下。

(1) 输出功率为 150W。

(2) 功率因数达到 0.97。

(3) 整机效率在 92%以上。

(4) 谐波失真<5%。

3.4.1　系统拓扑结构设计

　　HB-LED 驱动电路的选择应既满足较高功率因数和转换效率，又能降低成本。本设计采取"PFC +LLC +CV(恒压)、CC(恒流)"的拓扑结构设计，即包含 EMI 滤波和保护电路、PFC 功率因数校正电路、LLC 半桥谐振功率变换电路、零电压/零电流控制电路、过压/过流保护电路在内的五部分电路组成，各部分电路的正常工作使得设计实现高功率、低成本的技术要求，如图 3.14 所示。电流交流输入电压范围为 85～265V，频率为 47～63Hz。

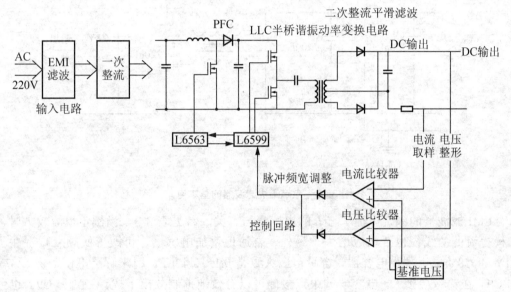

图 3.14　系统拓扑结构设计

　　当输入 85～265V 交流电时，通过 EMI 滤波和一次整流将交流转化成直流，并有效地抑制了开关电源产生的电磁干扰；已整流后电流流过 PFC 电路将被控制，使之在对滤波大电容充电之前，能与整流后的电压波形同相，从而避免了电流脉冲的形成，达到改善功率因数的目的；LLC 谐振半桥 DC/DC 变流器的性能比较优越，其拓扑结构简单，初级开关管可实现零电压开关(ZVS)，且关断电流较小；次级整流管可实现零电流开关(ZCS)，且效率较高，可以为 LED 提供特定的电压和电流。输出电压、电流通过比较器与基准电压进行比较，通过反馈回路到 L6569 进行调节控制，进而更好地实现了恒压、恒流的设计要求。

　　电路特点是：采用意法半导体公司推出的一种过渡模式 PFC(Power Factor Correction)控制器 L6563H 与高压谐振控制器 L6599 组成 LLC 半桥谐振电路，实现在全电压范围和全负载条件下主功率管的零电压开关及整流二极管的零电流开关控制，并由 LM358 放大器与 TL431 组成恒压、恒流控制电路。提高功率因数和电源转换效率，使得功率因数达到97%，整机效率达 92%以上。

3.4.2 电路模块化设计思路的实现方法

1. EMI 滤波和保护电路

电磁干扰滤波器的基本电路如图 3.15 所示,电路中包括共模扼流圈 L、滤波电容 C1Y、C7Y、C8Y、C9Y,L 对串模干扰不起作用。该五端器件有两个输入端、两个输出端和一个接地端,使用时外壳应接通大地。称作共模扼流圈是因为当出现共模干扰时,由于两个线圈的磁通方向相同,经过耦合后总电感量迅速增大,因此对共模信号呈现很大的感抗,使之不易通过。

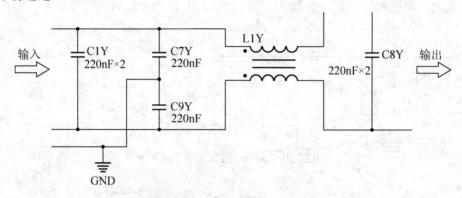

图 3.15 电磁干扰滤波器的基本电路

EMI 滤波器的额定电流 I 与 L 的电感量与有关,参见表 3-3。当额定电流较大时,共模扼流圈的线径也要相应增大。另外,合适地增加电感量,可改善低频衰减特性。C1Y 和 C8Y 采用薄膜电容器,容量范围大致是 $0.1\sim0.47\mu F$,用来解决串模干扰。C7Y 和 C9Y 在输入端接入,电容器的中点接地可以有效地抑制共模干扰。C7Y 和 C9Y 也可以接在输出端,应选择陶瓷电容,容量范围是 $2200pF\sim0.1\mu F$。为减小漏电流,电容量不得超过 $0.1\mu F$,并且电容器中点应与大地接通。C1Y、C7Y、C8Y、C9Y 的耐压值均为 630VDC 或 250VAC。

表 3-3 电感量范围与额定电流的关系

额定电流 I/A	1	3	6	10	12	15
电感量范围 L/mH	$8\sim23$	$2\sim4$	$0.4\sim0.8$	$0.2\sim0.3$	$0.1\sim0.15$	$0.0\sim0.08$

2. 整流电路

整流器的作用是将电网输入的交流电转化为直流电,为使整流后的直流电平滑,通常输入整流器输出端直接并联滤波电容器,整流电路与波形如图 3.16 所示。

由于整流器的单向导电性,在输入电压瞬时值小于滤波电容器上电压时整流器不导通,因此输入电流的脉冲应为 $2\sim4ms$,较高的电流窄脉冲幅值才能获得所需要的整流电流。通常将输入电流峰值与有效值的比值称为波形系数。

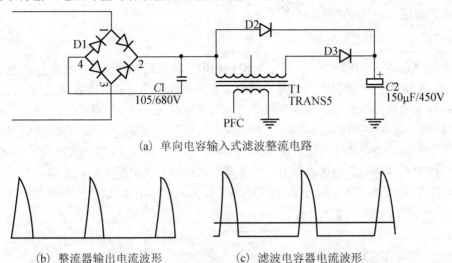

(a) 单向电容输入式滤波整流电路

(b) 整流器输出电流波形　　　(c) 滤波电容器电流波形

图 3.16　单向整流滤波电路与波形

在交流 220V 输入整流器直接整流时，这个波形系数(峰值电流与有效值电流的比值)约为 2.6，大于正弦波的 $\sqrt{2}$。整流器输出电流有效值与平均值之比约为 2～2.2，大于正弦波的 1.1，峰值电流与平均值之比约 5.5～6。因此，在选择整流器的额定电流(IT)时，整流器的额定电流(IT)应为输出电流的 3～10 倍。通常，在已知输出功率的前提下，整流器的额定电流与输出功率的关系为：输入电压为 85～265V，效率为 80%时：I_o 为 $0.0139P_0$，整流器的额定电流应为：$0.0423～0.126P_0$。上述两值的取值依据是

$$P_0 = U_{DCmin} \cdot I_o \cdot \eta \tag{3-5}$$

其中整流输出电压(U_O)平均值约为输入电压有效值(U_{IN})的 1.2～1.3 倍。在 85～265V 交流输入时，整流输出电压最低 U_{DC} 约 90V。整流输出电流 I_o 为

$$I_o = \frac{P_0}{U_{DCmin} \cdot \eta} \tag{3-6}$$

将输出功率、效率及整流器额定电流、整流输出电流与输入电压的关系代入即得：输入电压为 85～265V，效率为 80%时，I_o 为 $0.0139P_0$，整流器的额定电流应为 $0.0417～0.139P_0$。整流器的额定电压(U_R)应为最高输入电压有效值 3 倍以上，其原因是电网中存在瞬态过电压，通常输入电压 220V±20%或输入电压 85～265V 应选择 600V 以上耐压的整流器或二极管。例如，一个耗电 150W 的彩色电视机，输入采用 220V 交流电直接整流输出，整流器在输入电压为 220V 时的整流输出电压约为 270V，整流输出电流平均值约 0.56A，如果仅仅从这个平均值考虑选择 4 只 1N4007 就可以了，但是实际应用中却采用了 6A 的整流桥，与前面提到的整流器的额定电流(IT)应为输出电流的 3～10 倍是相吻合的。

滤波电容器在输入电压 220V±20%或输入电压 85～265V(110V-20%～220V+20%)时的最高整流输出电压可以达到 370V，因此应选择额定电压为 400V 的电解电容器。需要注意的是，对于带有功率因数校正的整流滤波电路，当功率因数校正电路输出电压为 380V

时可以选择额定电压为 400V 的电解电容器；当功率因数校正电路输出电压高于 380V 时，则应选择额定电压为 450V 的电解电容器。

3. PFC 功率因数校正电路

在含有 AC/DC 变换器中，交流电经整流和电容滤波后得到较为平直的直流电压，为 DC/DC 或 DC/AC 变换器提供了电源。整流器是非线性组件电路，电容滤波是储能组件，两者的结合为电路提供了更好的安全保障。输入交流电压一般是正弦的，而输入交流电流是一个时间很短、峰值很高的周期性尖峰电流，波形严重畸变。如果没有滤波电容，则输入电流近似于正弦波，虽然提高了输入侧的功率因数，也减少了输入电流的谐波，但是得到的输出整流不再是平滑的直流输出电压，而是脉动波。既想得到正弦波输入电流，又想输出平滑的直流，必须在整流电路和滤波电容之间插入一个电路，这个电路就是 PFC 电路，如图 3.17 所示。

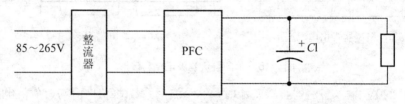

图 3.17　含有 PFC 电路的 AC/DC 电路

4. 半桥型 LLC 谐振变换电路

LLC 谐振半桥 DC/DC 能使电路器件工作在软开关谐振状态，进而可以有效地降低器件的开关损耗。由于其拓扑结构简单，初级开关管可实现零电压开关(ZVS)，且关断电流较小；次级整流管可实现零电流开关(ZCS)，因此效率较高。

为了提高电流的转换效率，采用高频"软开关技术"，通过在开关电路中引入缓冲电感和电容，利用 LLC 串并联谐振使得开关器件中的电流或两端电压按正弦或准正弦规律变化。当电流自然过零时使器件关断，当电压下降到零时使器件开通，即零电流开关(ZCS)和零电压开关(ZVS)，在开关过渡过程中减少开关的压力而使储存的电磁能量增大，有利于提高变换器的开关频率和效率。目前 LLC 广泛应用于高效率、低电磁干扰的 LED 电源中。变换器电路如图 3.18 所示。

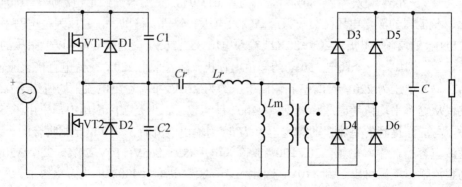

图 3.18　LLC 半桥谐振变换器电路原理图

两个占空比为 0.5 互补驱动的开关管 VT1、VT2 构成半桥结构,谐振电感 Lr 和变压器的漏感 Lm 构成 LLC 谐振网络,变压器次级由整流二极管 D1、D2 构成具有变压抽头的全波整流电路。半桥 LLC 变换器有两个谐振频率,当变压器初级电压被输出电压箝位时,即次级负载映射期间,Lm 不参加谐振,Lr 和 Cr 产生的串联谐振频率为 f_r;当变压器不向次级传递能量时,即次级负载断开期间,Lm 电压不被箝位,Lm、Lr、Cr 共同参加谐振,构成谐振频率 f_m,所以 f_r、f_m 的表达式为

$$f_r = 1/2\pi\sqrt{LrCr} \tag{3-7}$$
$$f_m = 1/2\pi\sqrt{(Lm+Lr)Cr} \tag{3-8}$$

变换器工作在 $f_m<f_s<f_r$ 频率范围内,设 i_r 和 i_m 分别为谐振电流和变压器原边激磁电流。电路工作可分为两个阶段,一是传输能量阶段,Lr 和 Cr 上流过正弦电流且 $i_r>i_m$,能量通过变压器传递到副边。二是续流阶段,$i_r=i_m$,原边停止向副边传递能量,Lr、Lm 和 Cr 发生谐振,整个谐振回路感抗较大,变压器原边电流以相对较慢的速度下降。通过合理设计可以使变压器原边 VT1 和 VT2 MOS 管零电压开启,副边整流二极管在 $i_r=i_m$ 时电流降至零,实现零电流关断,降低开关损耗,所以变压器工作在 $f_m<f_s<f_r$ 频率范围内时较为有利。

3.4.3　PFC 电路的参数分析及计算

1. Boost PFC 电路拓扑的选择

PFC 电路在控制芯片的作用下可以从电网电源中吸取与输入电压呈线性关系的基波电流,同时避免向电网回馈谐波。从理论上来说,任何一种开关拓扑都可以经过外围电路的调整来完成高的功率因数,但是实际的应用中 Boost 升压电路是一种比较流行的方式,因为它搭建电路简单,成本低,方便调试,升压电路外围元器件少;开关管的源极直接接地,便于驱动;由于升压电感位于开关管和整流桥之间,dI/dt 比较小,可以使输入产生的噪声最小化。

2. 升压电路的拓扑

主电路前级拓扑如图 3.19 所示,TM 模式选择 L6563H 作为控制芯片。如图电压经整流桥整流后再经过升压转换器作用,为负载提供直流电压。升压转换器包括:一个升压二极管(D)、一个开关控制器(PFC controller)、一个输出电容(C_o)、一个开关管(VT)、一个升压电感(L)。

3. L6563H 功率因数校正模块

图 3.20 所示为 L6563H 引脚图,L6563H 是一个电流模式下 FPC 控制器,它提供了高限性倍增器,以及一个特殊的校正电路,从而降低了主电流的交越失真,使得该控制器能在很大负载变动下有效运行。PFC 预稳压器还提供一个直流—直流变换器的 PWM 控制器与接口相连,其目的是在异常情况下停止变换器的运行,而在轻负载情况下阻止 PFC 级运行。芯片中还提供两级过压保护。

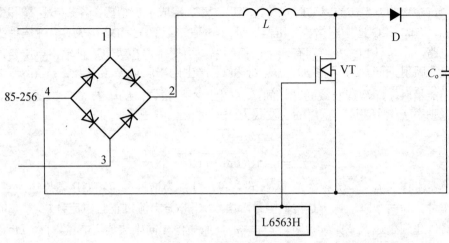

图 3.19　功率因数校正电路

L6563H 除了含有标准 TM-PFC 控制器的基本电路外,还含有输入电压前馈(I/U^{2}校正)、跟踪升压、遥控开关控制、DC/DC 变换器、PWM 控制、IC 接口及保护电路等单元,具有完善的保护功能。L6563H 内部误差放大器设置静态 OVP 和动态 OVP 比较器,提供反馈失效保护(FFP),一旦 FFP 功能被触发,IC 立即关闭,为下游 DC/DC 变换器提供了接口,便于级联 L6599 配合应用。

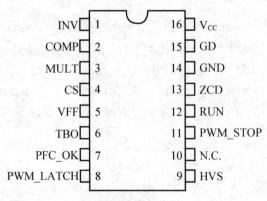

图 3.20　L6563H 引脚图

(1) (INV)反相误差放大器输入端:PFC 预稳压输出电压经分压电阻加到该引脚,该引脚一般处于高阻态,它与 2 脚形成一个补偿回路,来达到对电压控制环的稳定,保证高功率因数以及低谐波失真。

(2) 误差放大器的输出端:该管脚和 INV(引脚之间放置一个补偿网络)实现电压控制环路的稳定性,并确保高功率因数和低 THD。引脚上的电压下降时,为了避免无节制的上升,在零负载,输出电压低于 2.4 V 的栅极驱动器输出被抑制(突发模式操作)。

(3) (MULT)乘法器输入端:该引脚主要作用是经分压电阻接到已整流回路主电压上,并把正弦信号加到电流环上。

(4) (CS PWM)比较器输入端:将流经功率管的电流经分压电阻加到该引脚,并与基准电压比较来确定功率管的开启和关闭，第二个比较电压 1.7V 来检测电流，大于 1.7V 时产生 SAT 信号来关闭 IC，降低功耗直到电压低于 1.7V。

(5) (VFF)乘法器第二输入端：该引脚与地接入一个电容和并联一个电阻从而构成内部峰值保持电路，该引脚电压等于 3 脚峰值电压，并根据主电压来补偿控制环增益，该引脚不允许直接接地。

(6) (TBO)跟踪增压功能端：该脚提供一个缓冲的 VFF 电压并和一个电阻一起接地，定义该脚电流。

(7) (PFC_OK)PFC 预稳压器输出电压监视/禁用使能端：该脚通过分压电阻感受 PFC 预稳压器的输出电压，其目的用以保护芯片，当该脚电压大于 2.5V 时，芯片停止工作，其功耗差不多降到启动电压，并锁定该条件，第 8 脚设置为高电压，仅当电压恢复到 VCC 时重新启动，该芯片在低于 0.2V 时也停止工作，重新启动时电压大于 0.26V，不用该脚时将该脚电压设置在 0.26~2.5V 之间。

(8) (PWM-LATCH)故障信号输出 PWM 闭锁：当 7 脚电压大于 2.5V 或 4 脚电压大于 1.7V 时，该脚为高电压，最终目的是停止 DC-DC 变换器运行。

(9) (HVS)高压启动：使芯片以 3 倍左右的电压启动，保护电网，减少对其他电器设备的影响，保证电网电压的稳定。

(10) PWM-STOP：正常状态下，该脚处于高阻态，12 脚 RUN 电压低于 0.5V 时芯片无法工作，该引脚电压被拉低，以暂停 DC-DC 变换器工作。

(11) (RUN)遥控开关机控制：电压低于 0.52V 时，芯片停止运行，使其功耗降到较低电平，也就是 PWM-STOP 设置的低电平，该脚电压高于 0.6V 则芯片重新启动。

(12) (ZCD)跃迁启动所需的推进感应器退磁传感信号输入，检测电路升压电感变化，用一个边缘触发器可以使功率管工作。

(13) (GND)接地端，为芯片提供电路回路。

(14) (GD)门驱动输出。栅极驱动输出驱动功率管 MOSFET。

(15) (Vcc)IC 的部分信号和栅极驱动器的电源电压。有时一个小的旁路到 GND 的电容(典型值为 0.1μF 的)可能是有用的，可得到一个干净的偏置电压信号的 IC 部分。

4. L6563H 的应用信息

1) 过压保护

通常情况下，电压控制回路保持了 U_o 预调节输出电压 PFC 接近其标称值，由图 3.21 电阻 $R1$ 和 $R2$ 输出的分频比设定，1 引脚(PFC_OK)用以监视输出电压的装置(在引脚电压达到 2.5V，如果输出电压超过预设值，这个功能被触发，栅极驱动活动立即停止，直到电压低于 2.4V)。

2) 电压前馈($1/U^2$ 校正)

L6563H 实现一个新的电压前馈，使用两个外部元件，最大限度地减少时间常数。一个 C_{FF} 电容和电阻 R_{FF} 都从脚 VFF(#5)连接到地面，完成内部的峰值保持电路，可以使 L6563H 的 VFF 引脚上的 DC 电压与引脚 MULT 上的峰值电压相等。当 AC 线路上的电压降低时，C_{FF} 将通过 R_{FF} 放电。若 AC 线路电压突然升高，则电路将通过内部的二极管对 C_{FF} 快速充电，从而使 PFC 预调节器输出电压不会产生过冲。

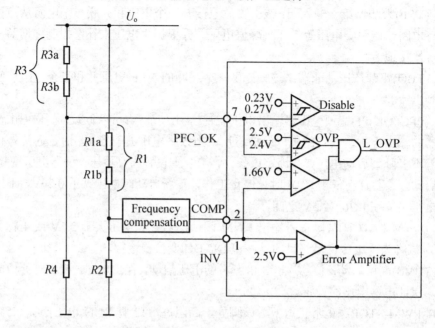

图 3.21 过压保护电路

3) THD 优化器电路

该 L6563H 提供了特殊的电路，减少了传导死角发生在 AC 输入附近的零通道线电压(交越电流失真)，产生这种现象的一个重要原因是系统无法有效地传递能量，当线路瞬间电压很低时这种效应被扩大，因为 PFC 升压预变换器在桥式整流器后都设置了一个 $0.22\sim1\mu F$ 的高频滤波电容。在 AC 线路电压接近 0 时，该电容不可能完全放电，其中总保留了一些残余，导致二极管整流桥被反向偏置和输入电流暂时停止。而 L6563H 高度线性化的乘法器结合一个减小 AC 输入电流交越失真的 THD 优化电路，可以使 THD 低于 5%。

该电路的作用如图 3.22 所示，与一个标准的 TM-PFC 控制器的关键波形相比，本芯片采取从总谐波失真优化后整流桥电路，兼顾与 EMI 滤波需求的方法。

事实上，一个大电容，介绍了传导死角的交流输入电流本身——使 PFC 预调节器的理想能量转移，从而减少了优化电路的有效性。

4) 电源管理

L6563 的一个特色是有利于统筹 PFC 级联的 DC-DC 转换器，如图 3.23 所示。看门狗电路可确保上电或关闭电压瞬间以及备用电源失效时能有效处理。此设备的 PWM-Latch 引脚可提供 IC 与级联的 DC-DC 变换器的 PWM 控制器之间的通信，该引脚在 PFC 正常工作时，为高阻态；如果反馈回路与目标 PWM 控制器失去控制，则变为高电平。

78

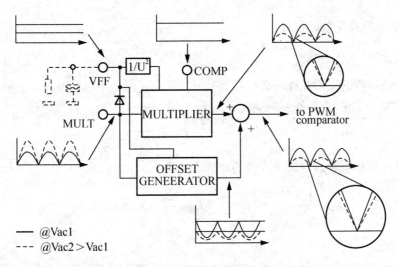

图 3.22　THD 优化器电路

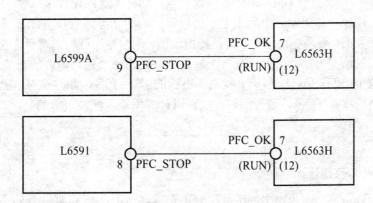

图 3.23　L6563 级联

5) 跟随升压功能

大多数 PFC 升压预变换器在 85～264V 的 AC 输入电压下，其输出电压都是固定的 (400V　DC)，而 L6563H 可提供跟随升压功能。所谓跟随升压是指 PFC 变换器的 DC 输出电压跟随 AC 输入电压的变化而变化。

在 L6563H 引脚 TB0 与 GND 之间连接电阻 RT 可实现跟随升压功能，在引脚 TB0 上出现的 DC 电压等于 MULT 脚上的电压峰值。通过 RT 的电流为 VTB0/RT，在内部被镜像，并从 IC 引脚 INV 灌入。当 AC 电源电压升高时，灌入电流增加，强迫 PFC 预变换器的输出电压增加。为防止输出电压升高到规定的最大电平之上，应将 IC 的 TB0 脚电压钳位在 3V 电平。当不使用 IC 的跟踪升压功能时，应将引脚 TB0 悬空。在这种情况下，PFC 预变换器将被调节到一个固定值上。

与固定电压输出的 PFC 预变换器相比，带跟踪升压功能的 PFC 预调节器的输出电压调整率更高，且在较低的 AC 输入电压下，功率元件上的电压应力明显减小。

3.4.4 PFC 主电路参数的设计

1. 整流桥的选取和散热

为保证整流桥的正常工作，必须做到整流桥留有足够的电压和电流。桥堆所损耗功率的计算可确定它是否需要外加散热片。通过整流桥内部二极管有效电流的计算方法为

$$I_{\text{rms}} = \frac{\sqrt{2}}{2} I_{\text{in}} \tag{3-9}$$

整流桥内部二极管的电流平均值的计算方法为

$$I_{\text{dvg}} = \frac{\int_0^{\pi} \sqrt{2} I_{\text{in}} \sin t \, dt}{2\pi} = \frac{\sqrt{2}}{\pi} I_{\text{inv}} = \frac{\sqrt{2}}{\pi} \times 1.55 = 0.77 \text{A} \tag{3-10}$$

2. 输入电容的设计

在整流桥的输出端应接入一个合适的滤波电容，如果这个电容取值较大，虽可以改善 EMI，减弱噪声，但会使 THD 和功率因数变差，这种情况在轻载和高输入电压时是比较容易发生的。相反，如果输入电容太小，可以得到好的功率因数和 THD，然而此时 EMI 滤波器应选择大的，要求更高的共模、差模扼流圈，同时整流桥的前端也会损耗部分功率。从最差和纹波的情况考虑，可以充分考虑输入电压最小留给输入电容的余量。纹波电压应为输入电压最小值的 r 倍，一般的 r 取输入电压的 1%～10%，此时输入电流 I_{in} 为最大。

开关最小频率为 $f_{\text{sw min}}$ ，通过假设 r 值可以计算出输入滤波电容的值：

$$C_{\text{in}} = \frac{I_{\text{in}}}{2\pi f_{\text{sw min}} r U_{\text{ACmin}}} \tag{3-11}$$

3. 输出电容的设计

输出电容的设计应考虑多方面因素，其中包括输出电压的大小、允许的电压波纹、最大允许过电压的大小以及输出功率等因素。2 倍的工频($2f$)就是输出电容 C 上的工频纹波频率，输出电压可以表示为

$$\Delta U_{\text{out}} = I_{\text{out}} \sqrt{\left(\frac{1}{2\pi 2 f l_0}\right)^2 + \text{ESR}^2} \tag{3-12}$$

取最大允许电压的变化范围上限是 1.5%，即 ΔU_{out} =6V，f 为工频，而此时 ESR 在比较小时可以忽略，所以得到

$$C_{\text{O}} \geqslant \frac{1}{2\pi f \Delta U_{\text{out}}} \tag{3-13}$$

4. 开关管的选取和散热

开关管的选择应考虑到额定漏源极击穿电压的最大耐压值，一般应大于输出最大电压的保护点，漏极电流的额定值应大于流过其本身的最大峰值电流。通常电压要高出电路电压的 1.3 倍，同时 MOSFET 的额定电流可以是 3 倍的电感峰值电流，因为温升对器件有一定的影响，MOS 管的损耗可以由输入电流的平均值计算，因为 $P_{\text{in}} = U_{\text{in}} \times I_{\text{in}} \times PF$ 所

以推得

$$I_{in(max)} = \frac{P_{in}}{U_{in} \times PF} \qquad (3\text{-}14)$$

MOS 管的损耗主要由内阻发热所引起，管子的损耗为

$$P_{son} = R_{Dson} I_{rms} \times I_{rms} \qquad (3\text{-}15)$$

MOS 管关断损耗也是其中一部分：

$$P_1 = U_0 I_{rms} t_{fall} f \qquad (3\text{-}16)$$

MOSFET 开关损耗：在 MOSFET 开通时各种寄生电容放电，进而产生导通损耗，因此开关损耗和频率成正比，而临界模式下的开关频率是变频的。可知在电感推导中，在正弦波包络的电感临界电流达到波谷时开关频率最高；而在正弦电压达到波峰时，开关频率达到最低。所以开关的损耗并不好计算，只能根据经验对 MOS 管加装散热片，实际中加装较小的散热片。

5. 升压电感的设计

电路的频率固定就可以计算出占空比，然后再对电感进行计算。例如，Boost 电路都可以先通过伏秒值相等来先算出占空比。图 3.24 所示为开关开通和关断。

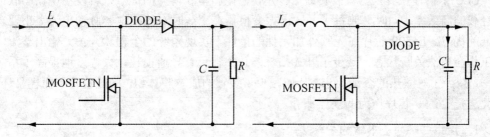

图 3.24　开关开通和关断

在 Boost 电路中，开关开通时的电感上伏秒值：$U_{in}DT$。

开关关断时电感上伏秒值：$(U_O - U_m)(1-D)T$。

由伏秒特性相等的特性可得：$U_{in}DT = (U_O - U_{in})(1-D)T$

由此得到：$D = \dfrac{U_O - U_{in}}{U_O}$ \qquad (3-17)

由 $U = L\dfrac{di}{dt}$ 得到电感上的电压为

$$U_{in} = L\frac{\Delta I}{DT} \qquad (3\text{-}18)$$

其中 ΔI 为输出波纹，一般取输出额定电流的 0.2 倍。

结合式(3-17)、式(3-18)可以求出 L：

$$L = \frac{U_{in}(U_O - U_{in})}{\Delta I f U_O} \qquad (3\text{-}19)$$

TM 模式下升压电感可以通过下面关系来进行推导。

开关开通的时间：

$$t_{on} = \frac{LI_{LPK}\sin\theta}{\sqrt{2}U_{AC}\sin\theta} = \frac{LI_{LPK}}{\sqrt{2}U_{AC}} \tag{3-20}$$

开关关断的时间：

$$t_{off} = \frac{LI_{LPK}\sin\theta}{U_{out} - \sqrt{2}U_{AC}\sin\theta} \tag{3-21}$$

又因为

$$f_{sw} = \frac{1}{t_{on} + t_{off}} \tag{3-22}$$

所以

$$L = \frac{U_{AC}(U_{out} - \sqrt{2}U_{AC}\sin\theta)U_{AC}}{2f_{sw\,min}P_{in}U_{out}} \tag{3-23}$$

在 TM 模式下 f 并不是一成不变的，仅仅只是设置了最小频率。从以上公式中可知，取 $\theta = 90°$ 时 f 最小，取 $\theta = 0°$ 时 f 最大。

3.4.5 LLC 谐振电路的原理及参数设计

LLC 半桥谐振变换器具有传统 LC 并联谐振和串联谐振的优点，可以实现在串联谐振时轻载的高效率，同时又兼备了并联谐振变换器在空载时对滤波电容脉动电流大小要求比较低的优点。L6599 芯片在无须外加元件的条件下实现系统的全程软开关，输出整流二极管工作在自然关断状态，减少了开关损耗，开关管只有导通损耗，大幅度地提高了系统的效率，减少了对散热的客观要求，从而减少了装置的成本和体积。同时装置小而轻且环保，因此选择 L6599 芯片作为变换器拓扑。

1. 谐振电路的基本结构

图 3.25 中的谐振拓扑可以分为 3 个部分，其中包括方波发生器、谐振网络和整流网络，它们的组成以及功能如下所述。

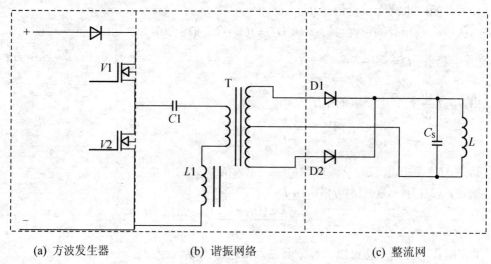

(a) 方波发生器   (b) 谐振网络   (c) 整流网

图 3.25 谐振电路基本结构

方波发生器：L6599 以半桥谐振的电路拓扑工作，用 50% 的占空比依次替换来驱动开关管 V1 和 V2，促使产生方波电压。

整流网络：整流网络是通过电容和整流二极管来调整交流电，从而输出直流电压。设计的是一个半桥全波整流的整流网络，包括全波整流二极管 D1 和 D2，输出电容 Cs。

谐振网络由 3 个主要元器件组成：励磁电感、变压器的漏磁电感和谐振电容。但因为实际调试时，励磁电感无法在同一个变压器中满足电路拓扑要求，应绕制谐振电感。

2. 半桥 LLC 谐振变换器的等效电路及电压增益特性曲线

半桥 LLC 谐振变换器的等效电路如图 3.26 所示，设负载电阻为 R_L，二次侧交流等效电阻为 R_{AC}，LLC 谐振电路的品质因数为 Q，电压增益为 G，高频变压器的匝数比为 $n(n=Np/Ns)$，有关系式：

$$R_{AC} = \frac{8n^2}{\pi^2} R_L \tag{3-24}$$

$$Q = \frac{2\pi f_s}{R_{AC}} = \frac{\pi^3 f_s}{4n^2 R_L} \tag{3-25}$$

$$G = 20 \lg \frac{U_O}{U_I} (dB) \tag{3-26}$$

当 $K=3$ 时，半桥 LLC 谐振变换器的电压增益特性曲线如图 3.27 所示，图中分别出示了 4 条并联谐振曲线和 4 条串联谐振曲线，并对电压增益 G 取分贝(dB)。例如，当 $G=20\lg(U_O/U_I)=0$ 时，对应于 $U_O/U_I=1$；$G=20$ 时，$U_O/U_I=10$；$G=-20$ 时，$U_O/U_I=-10$。图中的 fp、fs 分别对应于并联谐振、串联谐振的峰值。f/f_s 表示实际工作频率与串联谐振的比值。

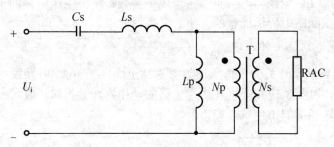

图 3.26　半桥 LLC 谐振变换器的等效电路

半桥 LLC 变换器主要有以下特点。

(1) 半桥 LLC 谐振变换器属于一种变频转换器，其稳压原理可概括为：当 U_O 升高时，$f\uparrow \rightarrow G\downarrow \rightarrow U_O\downarrow$，最终使 U_O 达到稳定。反之，当 U_O 降低时 $f\uparrow \rightarrow G\uparrow \rightarrow U_O\uparrow$，也能使 U_O 趋于稳定。G 值随负载变轻时而逐渐增大的情况如图 3.27 中的虚线箭头所示。

(2) 串联谐振频率大于并联谐振频率，$f_s>f_p$。

(3) 品质因数 Q 是由串联谐振频率 f_s 和负载电阻 R_L 确定的。Q 值越高，变换器的工作频率范围越宽。当 Q 值过低时，上述增益特性曲线不再适用。

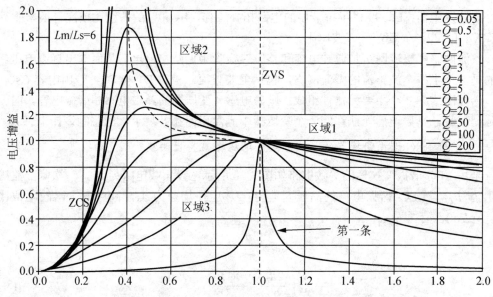

图 3.27 半桥 LLC 谐振变换器的电压增益特性曲线

(4) 尽管从理论上讲，半桥 LLC 谐振变换器可工作在以下 4 个区域：$f<f_p$；$f_p<f<f_s$；$f=f_s$；$f>f_s$。但实际上只能工作在 f_p 右边的区域。通常是在额定负载(满载)情况下，将工作频率设计为 $f=f_s$，此时变换器的效率最高。当 $f\neq f_s$ 时，输出电压随工作频率的升高而降低。需要注意，当 f 接近于 f_p 时，由于电压增益会随负载电阻 R_L 显著变化，因此应避免工作在这个区域。

(5) 半桥 LLC 变换器的工作频率 f 取决于对输出功率 P_O 的需求，当 P_O 较低时，工作频率可相当高；当 P_O 较高时，控制环路会自动降低工作频率。

(6) 设计半桥 LLC 变换器时应重点考虑以下参数：输出电压所需的工作频率范围、负载稳压范围、谐振回路中传递能量的大小、变换器效率。

3. LLC 谐振电路的工作原理

LLC 谐振电路两个开关的工作原理如图 3.28 所示，在 6 个时间段内，对转换器的相关波形进行分析，如图 3.29 所示。在进行电路的动作原理分析时，假设电路中所有元器件都是理想状态。转换器的工作状态如下。

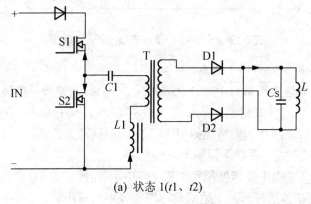

(a) 状态 1($t1$、$t2$)

图 3.28 LLC 工作模式

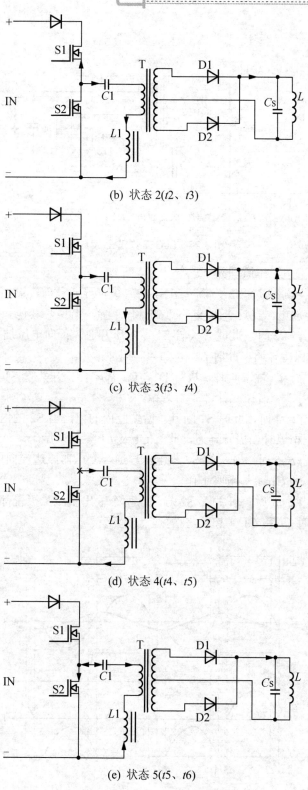

(b) 状态 2(t2、t3)

(c) 状态 3(t3、t4)

(d) 状态 4(t4、t5)

(e) 状态 5(t5、t6)

图 3.28　LLC 工作模式(续)

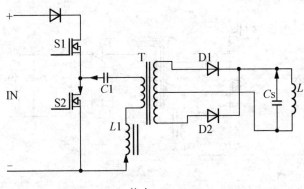

(f) 状态 6(*t*6、*t*7)

图 3.28　LLC 工作模式(续)

LLC 变换器的稳态工作原理如下。

(1) (*t*1, *t*2)，当 *t*=*t*1 时，S2 关断，在 S1 的二极管导通之前，谐振腔内的谐振电流对开关管 S1 内的电容放电。在这个阶段，仅 *C*1 和 *L*1 参与谐振，其他元件不工作。

(2) (*t*2, *t*3)，当 *t*=*t*2 时，此时开关管 S1 零电压开通，正向电压加在变压器原边；D2 和 S2 截止，而 D1 保持导通，此时 *L*1 和 *C*1 参与谐振。

(3) (*t*3, *t*4)，当 *t*=*t*3 时，此时二极管 D1、D2 都闭合。开关管 S1 导通，副边与电路脱开，这时谐振腔内 3 个谐振元件都参与谐振。

(4) (*t*4, *t*5)，当 *t*=*t*4 时，此时 S1 断开，谐振腔内的电流给 S2 的内寄生电容放电，电压与 S2 两端的电压相等时二极管导通，此时 *C*1 及 *L*1 参与谐振。

(5) (*t*5, *t*6)，当 *t*=*t*5 时，开关管 S2 零电压导通，变压器原边反向电压钳位；D2 一直导通，此时只有 *L*1 和 *C*1 参与电路工作。

(6) (*t*6, *t*7)，当 *t*=*t*6 时，开关管 S2 导通，两个输出整流二极管都处于关断状态，副边与电路脱开，此时 *L*1 和 *C*1 一起参与谐振。

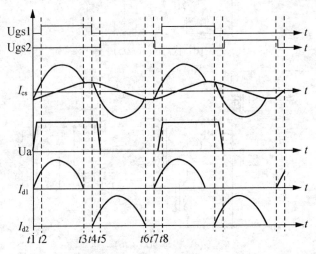

图 3.29　LLC 转换器波形

4. 基于 L6599 芯片的 LLC 半桥谐振变换模块设计

1) L6569 芯片介绍

L6599 是一个双端输出控制器。它专为谐振半桥拓扑设计，提供两个 50%的互补的占空比。高端开关和低端开关输出相位差 180°，输出电压的调节用调制工作频率来得到。两个开关的开启、关断之间有一个固定的死区时间，以确保软开关在高频下可靠工作。

为使高压电平的位移结构具有 600V 耐压，用高压 MOSFET 取代了外部快速二极管，IC 设置的工作频率范围由外部元件调节。

启动时为防止失控的冲击电流，开关频率从设置的最大值开始逐渐衰减到由控制环路给出的稳定状态，这个频率的移动不是线性的，用来减小输出电压的过程，做到更好的调节。

在轻载时，IC 可以强制进入间歇模式工作，用以保持空载时的最低功耗，IC 的功能包括频率移动和延迟关断。

更高水平的 OCP 在第一保护电平不足时，可锁住 IC 以控制初级电流。它结合了完整的应对过载及短路的保护，此外锁住禁止输入(DIS)可以很容易地改善 OTP 及 OVP。

2) 引脚功能

图 3.30 所示为 L6569 引脚图，各引脚功能如下。

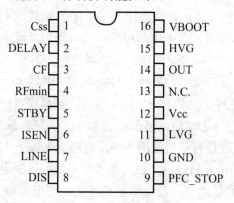

Css	1	16	VBOOT
DELAY	2	15	HVG
CF	3	14	OUT
RFmin	4	13	N.C.
STBY	5	12	Vcc
ISEN	6	11	LVG
LINE	7	10	GND
DIS	8	9	PFC_STOP

图 3.30　L6599 引脚图

(1) Css 软启动端：此脚与地(GND)间接一电容 Css，与 4 脚(RFmin)间接一电阻 Rss，用以确定软启动时的最高工作频率。当 Vcc(12 脚)<UVLO(低电压闭锁)，LINE(7 脚)<1.25V 或>6V，DIS(8 脚)>1.85V(禁止端)，ISEN(6 脚)>1.5V，DELAY(2 脚)>3.5V，以及当 ISEN 的电压超过 0.8V 并长时间超过 0.75V 时，芯片关闭，电容器 Css 通过芯片内部开关放电，以使再启动过程为软启动。

(2) DELAY 过载电流延迟关断端：此端对地并联接入电阻 Rd 和电容 Cd 各一只，设置过载电流的最长持续时间。当 ISEN 脚的电压超过 0.8V 时，芯片内部将通过 150μA 的恒流源向 Cd 充电。当充电电压超过 2.0V 时，芯片输出将被关断，软启动电容 Css 上的电也被放掉。电路关断之后，过流信号消失，芯片内部对 Cd 充电的 3.5V 电源被关断，Cd 上的电通过 Rd 放掉，至电压低于 0.3V 时，软启动开始。这样，在过载或短路状态下，芯片周而复始地工作于间歇工作状态。(Rd 应不小于 2V/150μA＝13.3kΩ。Rd 越大，允许过流时间越短，关断时间越长。

(3) CF 定时电容：对地间连接一电容 CF，和 4 脚对地的配合可设定振荡器的开关频率。

(4) RF$_{min}$ 最低振荡频率设置：4 脚提供 2V 基准电压，并且从 4 脚到地接一电阻 RF$_{min}$，用于设置最低振荡频率。从 4 脚接电阻 RF$_{max}$，通过反馈环路控制的光耦接地，将用于调整交换器的振荡频率。RF$_{max}$ 是最高工作频率设置电阻。4 脚－1 脚－GND 间的 RC 网络实现软启动。

(5) STBY 间歇工作模式门限：5 脚受反馈电压控制，和内部的 1.25V 基准电压比较，如果 5 脚电压低于 1.25V 的基准电压，则芯片处于静止状态，并且只有较小的静态工作电流。当 5 脚电压超过基准电压 50mV 时，芯片重新开始工作。这个过程中，软启动并不起作用。如果 5 脚与 4 脚间没有电路关联，则间歇工作模式不被启用。

(6) SIEN 电流检测信号输入端：6 脚通过电阻分流器或容性的电流传感器检测主回路中的电流。这个输入端没有实现逐周控制，因此必须通过滤波获得平均电流信息。当电压超过 0.8V 门限(有 50mV 回差，即一旦越过 0.8V，而后只要不回落到 0.75V 以下，就仍然起作用)，1 脚的软启动电容就对芯片内部放电，工作频率增加以限制功率输出。在主电路短路的情况下，这通常使得电路的峰值电流几乎恒定。考虑到过流时间被 2 脚设置，如果电流继续增大，尽管频率增加，当电压超过另一比较器的基准电压(1.5V)时，驱动器将闭锁关闭，能量损耗几乎回到启动之前的水平。检测信息被闭锁，只有当电源电压 Vcc 低于 UVLO 时，芯片才会被重新启动。如果这个功能不用，则将 4 脚接地。

(7) LINE 输入电压检测：此端由分压电阻取样交流或直流输入电压(在系统和 PFC 之间)进行保护。检测电压低于 1.25V 时，关闭输出(非闭锁)并释放软启动电容，电压高于 1.25V 时重新软启动。这个比较器具有滞后作用：如果检测电压低于 1.25V，内部的 15μA 恒流源被打开。在 7 脚对地间接一只电容，以消除噪声干扰。该脚电压被内部的 6.3V 齐纳二极管所限，6.3V 二极管的导通使得芯片的输出关断。如果该功能不被使用，该脚电压在 1.25V 到 6V 之间。

(8) DIS 为闭锁式驱动关闭：该脚内部连接比较器，当该脚电压超过 1.85V 时，芯片闭锁式关机，只有将芯片工作电压 Vcc 降低到 UVLO 门限之下，才能够重新开始工作。如果不使用此功能，则将该引脚接地。

(9) PFC_STOP 打开 PFC 控制器的控制渠道：这个引脚的开放，是为了停止 PFC 控制器的工作，以达到保护目的或间歇工作模式。当芯片被 DIS > 1.85V、ISEN > 1.5V、LINE > 6V 和 STBY<1.25V 关闭时，9 脚输出被拉低。当 DELAY 端电压超过 2V，且没有回复到 0.3V 之下时，该端也被拉低。在 UVLO(低压闭锁)期间，该引脚是开放的，允许此脚悬空不使用。

(10) GND 芯片地：回路电流为低端门极驱动电流和芯片偏置工作电流之和。所有相关的地都应该和这个脚连通，并且要同脉冲控制回路分开。

(11) LVG 低端门极驱动输出：该脚能够提供 0.3A 的输出电流和 0.8A 的灌入峰值电流驱动半桥电路的低端 MOS 管。在 UVLO 期间，LVG 被拉低到地电平。

(12) Vcc 接一只小的滤波电容(0.1μF)有利于芯片信号电路得到一个干净的偏置电压。

(13) NC 空引脚：用于高电压隔离，增大 Vcc 和 14 脚间的间距。该脚内部没有连接，与高压隔离，并且使得在 PCB 上能够满足安全规程(漏电距离)的要求。

(14) OUT 高端门极驱动的浮地：为高端门极驱动电流提供电流返回回路。应仔细布局以避免出现太大的低于地的毛刺。

(15) HVG 高端悬浮门极驱动输出：该脚能够提供 0.3A 的输出电流和 0.8A 的灌入峰值电流驱动半桥电路的上端 MOS 管。有一只电阻通过芯片内部连接到 14 脚(OUT)以确保在 UVLO 期间不驱动。

(16) VBOOT 高端门极驱动电源：在 16 脚(Vboot)与 14 脚(OUT)间连接一只自举电容 Cboot，被芯片内部的一个自举二极管与低端门极驱动器同步驱动。这个专利结构替换通常使用的外在二极管。

3) 软启动电路的设计

软启动和频率设置电路如图 3.31 所示。软启动 1 脚和 4 脚之间接一个电阻 R_{ss} 与一个接地电容 C_{ss}。软启动电路启动时，光耦关断，C_{ss} 电压为零，处于完全放电状态。参考芯片技术文献，可知

$$f_{\min} = \frac{1}{3C_F R f_{\min}} \tag{3-27}$$

$$I_f = 6 f_{\min} C_F \tag{3-28}$$

$$R_{ss} = \frac{R f_{\min}}{\dfrac{f_{start}}{f_{\min}} - 1} \qquad C_{ss} = \frac{3 \times 10^{-3}}{R_{ss}} \tag{3-29}$$

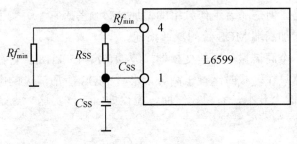

图 3.31　软启动电路

4) 输入分压电阻的设计

7 脚是主电路电压检测脚，通过电阻分压后输入该脚。正常时该脚的电压一般为 1.25～6V 之间。如果低于 1.25V 或高于 7V，则该脚会自动关闭 IC，软启动脚被放电，IC 的能耗减少。在该脚的输入口处加上一个电容，一般选取在 1～100nF，可以更好地进行滤波。

IC 内部设定流过该脚的电流为 15μA，选择合适的电阻可以设定开关机的门槛见式(3-30)、式(3-31)：

$$\frac{U_{in}-1.25}{R_H}=15\times10^{-6}+\frac{1.25}{R_L} \tag{3-30}$$

$$\frac{U_{ml}-1.25}{R_H}=\frac{1.25}{R_L} \tag{3-31}$$

5) 自举部分设计

浮动的高端部分电源由自举电路提供。这个问题的解决办法通常是通过一个高压快恢复二极管给一个自举电容 C_{BOOT} 充电。在 L6599 中使用了一个专利结构来替换这个外部二极管。它通过用一个二极管串联到源极的一个高压 DMOS 管来实现，工作在第三象限并且与低端驱动器(LVG)同步驱动，如图 3.32 所示。

这个二极管可以防止电流从 V_{BOOT} 引脚逆流到 Vcc，可以防止在快速关闭时，自举电容上的电不能被完全放掉。要同步驱动 DMOS，必须有一个高于电源电压 Vcc 的电压。这个电压通过一个内部的充电泵取得(图 3.32)。

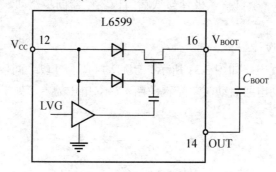

图 3.32　自举电路

当给 C_{BOOT} 充电时，这个自举结构引入一个电压降，随着工作频率和外部功率 MOS 管尺寸的增加而增加。它是导通电阻 r_{DS} 和串联二极管导通压降的总和。在低频下，这个压降非常小，可忽略。但是随着工作频率的增加，必须考虑它。事实上，驱动信号幅度的减小，可能极大地增加高端 MOS 管的导通损耗。

这关系到设计一个高谐振频率的变换器(可表示为＞150kHz)，它在满载时运行于高频状态。否则，变换器只在轻载时运行于高频，半桥 MOS 管所流过的电流更低，因此，一般地，导通电阻 r_{DS} 的上升不是问题。然而，无论如何，核实这一点是明智之举，自举电路的压降由下式计算：

$$U_{Drop}=I_{Charge}r_{(DS)ON}+U_F=\frac{Q_g}{T_{Charge}}R_{(DS)ON}+U_F \tag{3-32}$$

5. 基于 LM358 与 TL431 构成的恒压、恒流控制模块

LED 负载的特殊性能：输出驱动一般需要具有恒流特性，但是恒流驱动具有很多缺点，首先是效率低，在降压电阻上消耗大量电能，甚至有可能超过 LED 所消耗的电能，且无

法提供大电流驱动，因为电流越大，消耗在降压电阻上的电能就越大。用恒压驱动 LED 是可行的，虽然常用的稳压电路存在稳压精度不够和稳流能力较差的缺点，但在某些产品的应用上可能过精确设计，其优势仍然是其他驱动方式无法取代的。本项目在输出上，采取恒压和恒流结合的方式，由 LM358 放大器与精密电压调整器 TL431 构成恒压(CV)、恒流(CC)控制电路，如图 3.33 所示。由 LM358 放大器和精密电压调整器 TL431 构成的恒压、恒流控制电路，变压绕组 N2 感应电压经 D14、D15、$C32$、$C33$、$C34$ 组成电容滤波电路。输出直流电压为+48V。

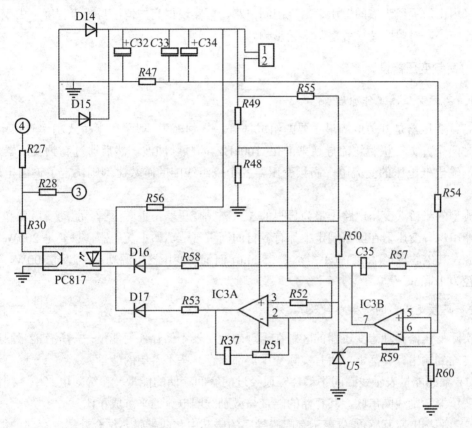

图 3.33　恒压恒流控制电路

　　恒压电路工作原理：LM358 为 IC3(IC3 内包括两个放大器 IC3A、IC3B)，IC3A、$R49$、$R48$、D17、$R53$、$C37$、$R51$、PC817 组成电压控制环路，$U5$(TL431)是精密的电压调整器，阴极 K 与控制极直接短路构成精密的 2.5V 基准电压，$R50$ 是 $U5$ 的限流电阻。2.5V 基准电压由 $R52$ 送到 IC3A 同相输入端 3 脚，而反相输入端 2 脚由 $R49$、$R48$ 的分压比来设定。若输出电压上升，$R48$ 电压上升，该电压与反相输入端 2.5V 基准电压比较，1 脚输出误差信号再经过 $R53$ 和 D17 变成电流信号，流入光耦中 LED，进而经过 R27 通过反馈控制网络控制 L6599 4 脚，从而改变 L6599 3 脚上电容 C_F 的放电频率，进而实现频率的改变。R_{Fmin} 确定谐振器的最小工作频率，当输出电压小于、等于额定电压时，变换器工作在固定的最小开关频率。

恒定电流工作原理：由 IC3B、R47 取样电阻，R54、U5、R57、C35、R59、R60 组成电流控制环路。R47 是输出电流取样电阻，输出电流在 R47 上产生($U=R47\times I_{OUT}$)的电压降。该直流电压直接到 IC3B 反相输入端 6，而 2.5V 基准电压则由 R59、R60 组成分压电路，再将分压电压送到同相输入端 5，输出电压在 R47 上的电压与 2.5V 基准电压进行比较。7 脚输出误差信号，再经过 R58 和 D16 变成电流信号，改变光耦 LED 中的电流，进而通过反馈控制网络控制 PWM 输出占空比，使输出特性呈现恒流特性。R51、C37 和 R57、C35 分别是 IC1A、IC1B 的相位补偿元件。

采用由放大器组成的恒压、恒流控制电路，可实现很高的恒压与恒流程度，由于 R47 阻值比较小，对电路转换效率基本无影响。

3.4.6 高频变压器设计

1. 高频变压器工作原理

高频变压器是开关电源最主要的组成部分。开关电源一般采用半桥式功率转换电路，工作时两个开关三极管轮流导通来产生 100kHz 高频脉冲波，然后通过高频变压器进行降压，输出低电压的交流电，高频变压器各个绕组线圈的匝数比例则决定了输出电压的多少。

典型的半桥式变压电路中最为显眼的 3 只高频变压器：主变压器、驱动变压器和辅助变压器，每种变压器在国家规定中都有各自的衡量规范，如主变压器，只要是 200W 以上的电源，其磁芯直径(高度)就不得小于 35mm，而辅助变压器电源功率不超过 300W，其磁芯直径为 16mm。

2. 高频变压器的寄生参数及其影响

实际变压器与理想变压器的区别在于理想变压器不储存任何能量——所有能量瞬时由输入传输到输出。实际上，所有实际变压器都储存一些不希望的能量。

(1) 漏感能量表示线圈间不耦合磁通经过的空间存储的能量。在等效电路中，漏感与理想变压器激励线圈串联，其存储的能量与激励线圈电流的平方成正比。

(2) 激磁电感(互感)能量表示有限磁导率的磁芯中和两半磁芯结合处气隙存储的能量。在等效电路中，激磁电感与理想变压器初级线圈(负载)并联，存储的能量与加到线圈上每匝伏特有关，与负载电流无关。

漏感阻止开关和整流器电流的瞬态变化。随着负载电流的增加而加剧，使得输出的外特性变化。在多路输出只调节一路输出时，因存在初级漏感，其他开环输出的稳压性能变差。互感和漏感能量在开关转换瞬时引起电压尖峰，是 EMI 的主要来源。为防止电压尖峰造成功率开关与整流器的损坏，电路中应采用缓冲或钳位电路抑制电压尖峰。缓冲和钳位电路虽能抑制尖峰电压，为了可靠，还需选择电压定额器件。如果缓冲和钳位电路损耗过大，还必须应用更复杂的无损耗缓冲电路回收能量。即使这样，缓冲电路中元件也不是无损的，环流损失相当多的能量。总之，漏感和互感降低变换器的效率。因此，通常在设计变压器时，应尽量减少变压器的漏感。

减小漏感有以下措施：减小一次绕组的匝数；增大绕组的宽度；增加绕组的高度与宽度比；减少绕组之间的绝缘层；绕组应按同心方式排列；增大绕组间的耦合程度，高频变压器的优化设计是采用普通高强度漆包线绕制，一次绕组和偏置绕组再用 3 层绝缘线绕制二次绕组，这样可使漏感量大为降低。

3．高频变压器的损耗

1）空载损耗(铁损)

空载损耗又称为铁损，是指变压器一个绕组加上额定电压，其余绕组开路时，在变压器中消耗的功率。变压器空载时，输出功率为零，但要从电源中吸取小部分有功功率，用来补偿变压器内部的功率损耗，这部分功率变为热能散发出去，称为空载损耗，用 P_0 表示。变压器的空载损耗包括三部分：铁损、铜损和附加损耗。

(1) 铁损：是由交变磁通在铁芯中造成的磁滞损耗和涡流损耗。磁滞损耗：由于铁芯在磁化过程中有磁滞现象，并有了损耗，这部分损耗称为磁滞损耗，磁滞损耗占空载损耗的 60%～70%。磁滞损耗的大小取决于硅钢片的质量、铁芯的磁通密度 B 的大小、电源的频率 f。

(2) 涡流损耗：当铁芯中有交变磁通存在时，绕组将产生感应电压，而铁芯本身又是导体，因此就产生了电流和损耗，涡流损耗为有功损耗。涡流损耗的大小与磁通密度 B 成正比，与电源频率的平方 f^2 成正比。减少涡流损耗的方法：采用具有绝缘膜的硅钢片。

(3) 次绕组的铜损：是由空载电流 I_0 流过一次绕组的铜电阻 r 而产生的。

变压器的空载损耗中，空载铜损所占比例很小，可以忽略不计，而正常的变压器空载时铁损也远大于附加损耗，因此变压器的空载损耗可近似等于铁损。变压器的空载损耗很小，不超过额定容量的 1%。空载损耗一般与温度无关，而与运行电压的高低有关，当变压器接有负荷后，变压器的实际铁芯损耗比空载时还要小。

2）负荷损耗(短路损耗或铜损)

负荷损耗是指当变压器一侧加电压，而另一侧短路，使两侧的电流为额定电流(对三绕组变压器，第三个绕组应开路)，变压器从电源吸取的有功功率。按规定，负荷损耗应是折算到参考温度(75℃)下的数值。负荷损耗一般分为两部分：导线的基本损耗和附加损耗。

(1) 导线的基本损耗：由流过一、二次绕组中的电流产生的损耗。

(2) 附加损耗(铁损)：附加损耗包括由漏磁场引起的导线本身的涡流损耗和结构部件(如夹件、油箱等)损耗。附加损耗占导线的基本损耗一定的比例，容量越大，所占比例越大。短路状态下，使短路电流达到额定值的电压很低，表明铁芯中的磁通量很小，铁损很小，可忽略不计。

4. 降低高频变压器损耗的措施

高频变压器的损耗是导致变压器效率降低的关键因素，因此减少变压器的损耗能提高电路的效率，以下是降低损耗的措施。

(1) 直接损耗：为提高效率，应尽量选择较粗的导线，并使电流密度在 $4\sim6A/mm^2$ 内。

(2) 为减少绕组导线上因趋肤效应而产生的损耗，推荐采用多股线道绕出方式来绕制二次绕组。

(3) 选择低损耗的磁芯材料、合适的形状及正确的绕线方法，将漏感降至最低限度，在安装空间允许的条件下，选择较大尺寸的磁芯，有利降低磁芯损耗。

(4) 适当增大一次绕组的电感量 L_p 能提高电源效率，这是因为增大 L_p 之后，可减少一次侧的功率峰值电流 I_p 和有效峰值电流 I_{RM}，使输出整流端和滤波电容上的损耗也随之降低。此外尽量减少储存在高频变压端 L_{P0} 上的能量，该能量与 I^2P 成正比，而且在一次端钳位电路输出每个周期都能消耗掉。

5. 高频变压器的设计

1) 高频变压器的磁芯的选择

(1) 选择软磁性材料。功率铁氧体，高频下材料具有很高电阻率，因而涡流损耗低、价格低是高频变压器磁芯首选材料。但磁导率通常较低，因此磁化电流较大，有时需用缓冲和钳位电路处理。

对于合金材料磁芯，如钴基非晶态合金和微晶合金，这些材料具有较高的电阻率，通常轧成很薄的带料，可以用在较高频率。一般合金材料虽然饱和磁通密度比铁氧体材料大得多，但这通常是无关紧要的，因为磁通密度摆幅严重受涡流损耗限制。在高温和冲击、振动大的地方，需采用合金材料磁芯外，一般变压器磁芯最好采用铁氧体。

(2) 磁芯形状选择。选择磁芯结构时考虑的因数有：降低漏磁和漏感、增加线圈散热面积、有利于屏蔽、线圈绕线容易、装配接线方便等；漏磁和漏感与磁芯结构有直接关系，如果磁芯不需要气隙，则尽可能采用封闭的环形和方框型结构磁芯，图 3.34 所示是 E 型磁芯和 EI 型磁芯。

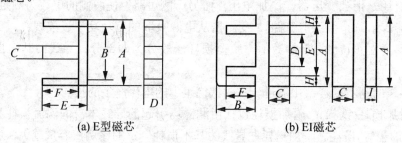

(a) E型磁芯   (b) EI磁芯

图 3.34　两种磁芯

2) 软磁铁氧化磁芯的选择方法

在开关电源中应用最为广泛的是锰锌铁氧体磁芯，而且视其用途不同，材料选择也不相同。用于电源输入滤波器部分的磁芯多为高导磁率磁芯，其材料牌号多为 R4K～R10K，即相对磁导率为 4000～10000 左右的铁氧体磁芯，而用于主变压器、输出滤波器等多为高饱和磁通密度的磁性材料，其 B_s 为 0.5T(即 5000GS)左右。高频变压器最大功率 P_m(W)与磁芯截面积 S_j(m^2)之间存在以下计算公式：

$$S_j = 0.15\sqrt{P_m} \tag{3-33}$$

输出 150W，电源效率 η=70%，则高频变压器的频率输出功率 $P1$=150÷70%=220，实取 250W。代入上式：S_j =1.8cm^2，可选取 E-50(A=50，B=34，C=15，D=15，H=33，S_j=2.2)。根据磁芯厂家提供磁芯输出功率为 100kHz、150W 查表得表 3-4。

表 3-4　磁芯型号

型号	长度/mm	宽/mm	高/mm	精确度
EI-35	37	33	28.5	0.078
EE-35	37	31	54	0.051

铁心磁导率 μ=2000H/m，居里温度 T_c=150℃，电阻率 ρ=1×102Ω·cm，磁饱和时的磁通密度 B_s(Mt)=400，F(A/N)=24，工作频率 f(MHz)=0.5。

6. 开关电源主电路高频变压器设计

本次设计开关电源采用反激式拓扑结构，高频变压器相当于一只储能电感，设计步骤如下。

1) 计算一次侧电感量 L_p

一次侧电感量可按 $L_p = \dfrac{2P_O}{\eta I_R^2 f}$ 计算，η=80%，脉冲电流 I_R 与峰值电流 I_P 的比例系数 K_{RP} 取 0.5，开关电源频率为 100kHz，则

$$I_P = \frac{2P_O}{\eta U_{MIN} D_{MAX}} \tag{3-34}$$

计算脉冲信号最大占空比 D_{MAX}，当电网电压在 200±20% 范围内变化时，就对应于 126～264V，经全波整流和滤波后输入电压最大值、最小值分别为 D_{MAX} = 360V，D_{MIN} = 240V，单端反激式开关电源中可产生的反向电动势 e=170V，绕组漏感造成尖峰电压 U_L =100V，由于 $U_{MAX} \neq e + U_L = 636\,V$，因此开关功率应能承受630V 以上高压。计算脉冲信号最大占空比：

$$D_{MAX} = \frac{e}{e + U_{MIN}} \times 100\% = \frac{170}{170 + 240} \times 100\% = 47.5\% \tag{3-35}$$

在满载时峰值电流为 I_P 有公式

$$I_P = \frac{2P_O}{\eta U_{MIN} D_{MAX}} = \frac{2 \times 150}{0.7 \times 400 \times 0.415} \times 100\% = 47.5\% \tag{3-36}$$

求 D_{MAX} 时取 400V:

$$IP_2 = \frac{IP_1 + U_{in}}{L_P \times (t - t_{p1})} \qquad\qquad t_{p1} < t < t_{p2} \qquad (3-37)$$

式中: IP_2 为开关管导通时相同 t 时刻变压器原边电感电流值; IP_1 为开关管导通时变压器原边电感电流值初始值; t_{p1} 为开关管导通时刻, t_{p2} 为开关管关闭时刻。

可见开关管导通是原边绕组电感电流随时间线性增加,当变压器原边绕组初始电流 t_{p1} =0 时,为电流断续模式,开关管关断瞬间原边绕组电感电流达到峰值:

$$I_{LP} = \frac{U_{in}}{L_P(t_{p2} - t_{p1})} = \frac{U_{in}}{L_P \cdot T_{on}} = U_{in} \cdot \frac{D}{L_P} \zeta \qquad (3-38)$$

式中: I_{LP} 为开关管关断瞬间变压器原边绕组电感量; D 为开关管导通时占空比; ζ 为开关管频率。

2) 开关管脉冲信号的占空比 D 和变压器原边绕组电感量计算

设最大占空比时,当开关导通时,原边电流为 0A(变压器工作在断续模式),基于能量守恒可得

$$0.5 I_{LP} \times D_{MAX} \times U_{MIN} = \frac{P_{OUT}}{\eta} \qquad (3-39)$$

式中: P_{out} 为输出功率; η 为转换效率; U_{MIN} 为直流电压输入最小值(均已知)。

3) 变压器原副匝数比计算

设高压管原边的匝数 N_P 与副边匝数 N_S,比值为 n。根据变压器工作原理,副边电感在开关导通和关断期间,副边绕组电感磁通量变化率平均值为零,则

$$U_{in}T_{on} = n \cdot (U_{out} + U_D) \cdot T_{off} \qquad (3-40)$$

即

$$n = \frac{U_{out} + V_D}{2U_{in} \cdot D} \qquad (3-41)$$

4) 变压器磁芯的选择

磁芯选择可以按照 AP 法初步选择磁芯的型号:

$$AP = A_W A_E = \left(\frac{L_P I_{LP}^2 \cdot 10^4}{B_W K_0 K_j}\right)^{1.14} \qquad (3-42)$$

式中: A_W 为磁芯窗口面积, cm^2; A_E 为磁芯截面积, cm^2; B_W 为磁芯工作磁感应强度, T; K_0 为窗口有效使用因数,取值一般由规格要求和输出参数决定,一般为 0.2~0.4; K_j 为电流密度,一般取 400~500A/ cm^2。

5) 变压器原副线圈匝数及线径的选择

根据求得的 A_W、A_E 值选择合适的磁芯,一般尽量选择窗口、长、宽、厚之比较大的磁芯,这样就可以求得原边匝数:

$$N_P = \frac{U_{in\,min} T_{on}}{A_E B_W \cdot 10^4} = \frac{U_{in\,min}}{f A_E B_W \cdot 10^4} \qquad (3-43)$$

根据式(3-40)求变压器原边匝数比 n 和式(3-43)中工作时变压器原边绕组匝数 N_P，可以得到变压器副边绕组匝数 N_s，若不为整数，取精度大一点的整数线径计算：

$$I_{prms} = I_{PK}\sqrt{D_{max}(\frac{K_{rp}^2}{3} - K_{rp} + 1)} \tag{3-44}$$

$$I_{srms} = I_{sk}\sqrt{(1 - D_{max})(\frac{K_{rp}^2}{3} - K_{rp} + 1)} \tag{3-45}$$

$$d = 1.13\sqrt{\frac{Irw^2}{J}} \tag{3-46}$$

式(3-44)～式(3-46)中：I_{sk} 为变压器原副绕组电流峰值；K_{rp} 为在断续模式下为 1；I_{prms} 为变压器原边绕组电流有效值；I_{srms} 为变压器副边绕组电流有效值；d 为变压器绕组线径。

3.4.7　PFC+LLC+CV、CC 拓扑结构特点与整体电路

1．结构特点

1) 较高功率因数和较小的总谐波失真(THD)

经实验测试，采用 ST 最先进的一种功率因数校正器 L6563H，不但功率因数满足 IEC 规定要求，而且总谐波失真(THD)小于 5%，具有电压前馈，可以补偿增益随 AC 线路电压变化，从而使 PFC 预调器输出不会产生过冲。

2) 转换效率高

采用高压谐振器 L6599 组成的 LLC 半桥谐振电路，实现零电流开关 ZCS 和零电压开关 ZVS，有利于提高变换器的开关频率和效率。由于采用轻负载突发模式操作，可降低在轻载或无负载下的平均频率和相关损耗。

3) 较高可靠性

采用 LM358+CV、CC 恒压、恒流控制回路，提高稳定性。所采用的 L6599 具有两级过流保护 OCP、欠压保护 UCVP、过热保护 OTP、过压保护 OVP，可提高可靠性。

2．整机结构图

图 3.35 所示为 150WHB-LED 驱动电器设计整体电路图。

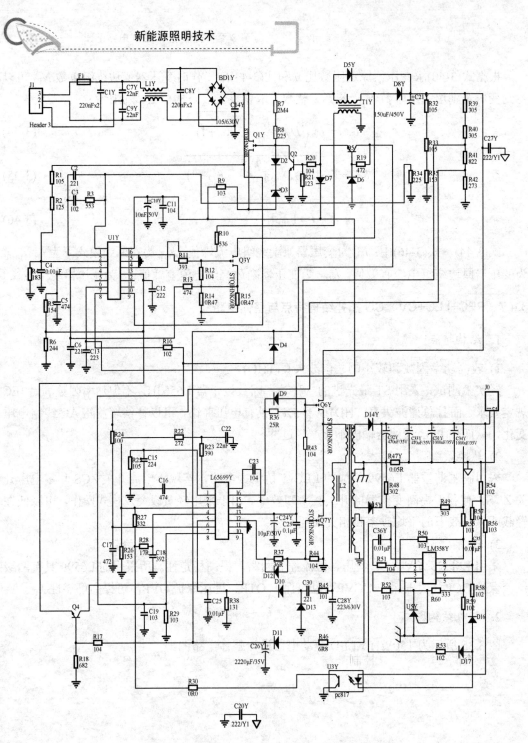

图 3.35　150W HB-LED 驱动电路设计整体电路图

本 章 小 结

本章介绍了 LED 交流驱动器的相关知识，简要介绍了 LED 驱动电源的技术特征及要求，以及 LED 驱动电源中交流变换电路的相关技术及指标，重点介绍了 LED 驱动电路模块化设计的原则及技术要求，并就电路模块化设计的各个部分，如输入回路、整流技术、PFC 技术等都作了详细的介绍。最后，结合 150W 大功率 LED 驱动电路的设计过程及具体的参数计算，进行了实例分析，便于读者对 LED 驱动电路设计过程有一个直观的认识，重点介绍了 LED 驱动电路，便于掌握 LED 驱动电路的系统拓扑结构。

习　题

1．查阅资料，看看目前都有哪些 LED 驱动电源专用 IC 芯片？

2．交流驱动 LED 电路设计在性能上有_____、_____、_____、_____、_____、_____等要求。

3．PFC 按照供电方式分为_____和_____两种类型，按照电路结构又分为_____和_____两大类。

4．下面哪个不属于当前市场上 LED 驱动电源的一般特性？_____

    A．结构简单

    B．性能较稳定

    C．功率因数高达 0.99

    D．有一些过流或过压保护功能

5．整流是利用了二极管的_____性。

6．LED 交流驱动电路一般包括以下哪些电路结构？_____(多选)

    A．输入整流滤波

    B．功率因数校正电路

    C．保护电路

    D．放大电路

    E．A/D 转换电路

    F．功率变换电路

7．设计一个 8V/1.5A(2W) AC/DC 式 LED 驱动电源，交流输入电压是 85-265V，要求 =85%。

8．查阅常用的 PFC 控制芯片，并选择一种对其性能作简要介绍。

9．什么是电磁干扰？什么是电磁兼容性？

10．一个耗电 100W 的电器，输入采用 220V 交流电直接整流输出，请问，应该采用多大额定电流的整流管？

11．什么是总谐波失真？

12．LLC 半桥谐振变换器的基本原理是什么？半桥谐振变换器有什么特点？

13．在输入电压为 85V～265V 时，试计算应选择额定电压为多少 V 的电解电容器？

第**4**章

交流驱动器开关电源保护电路的设计

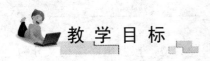

教学目标

掌握常见的开关电源保护电路；

了解开关电源保护电路的意义；

重点掌握过流保护电路、过压保护电路的组成和结构；

能够合理地选择开关管；

查阅资料，了解常见的过压、过流保护专用芯片及其使用方法。

教学要求

知识要点	能力要求	相关知识
开关电源保护电路分类	了解常用的开关电源保护电路	
开关电源保护电路技术	(1) 掌握过压保护电路原理、结构 (2) 掌握过流保护电路原理、结构 (3) 掌握组合保护电路原理、结构	各种电路的结构及典型器件应用
功率驱动电路	(1) 了解功率驱动电路的作用 (2) 了解功率驱动电路的构成 (3) 能根据实际需要进行开关管的选择	推挽电路、抗饱和电路及隔离驱动的结构；晶体管、场效应管、IGBT 的作用及选用原则
应用举例	初步掌握 LED 驱动电源的保护电路设计	

推荐阅读资料

[1] 沙占友. LED 照明驱动电源优化设计[M]. 北京：中国电力出版社，2010.

[2] 代志平. LED 照明驱动电路设计方法与实例[M]. 北京：中国电力出版社，2011.

[3] 周志敏. LED 驱动电路设计要点与电路实例[M]. 北京：化学工业出版社，2012.

引例

案例一:

Aeon Lighting Technology Inc.(ALT)公司的 LED 照明产品 PAR30 系列灯具(图 4.1)日前通过了 UL 认证,这也是中国台湾地区少数能够同时拥有符合美国、日本等发达国家安全规范认可的高效能 LED 照明产品。

图 4.1　东莞浩然科技推出的 PAR30 系列 LED 灯

浩然科技一直以来致力于提升高功率 LED 照明之安全品质及发光效率,新推出的 PAR30 系列 LED 灯不仅接连通过高标准的 PSE 及 UL 认证,更有别于一般国际 LED 照明厂商小于 10W 的低瓦数设计,20W 的灯具提供 2000 流明的光通量。

浩然科技的 PAR 系列 LED 灯可用于取代传统的 120~150W 卤素灯,节能效益可达 87%。产品适用于室内展示橱窗、商场、酒店、展览厅等场所,针对户外使用情况,PAR30 系列 LED 灯提供了 IP65 的防护等级,采用了科锐的 LED 芯片,独家的纯铝散热鳍片,展现出兼具优美外形及业界最大散热面积,搭配优异的电源模组设计,创造出持续点亮不闪烁的光源。

案例二:

近期发改委联合六部委联合发布《半导体照明节能产业规划》,系统阐述了十二五期间中国 LED 行业的发展目标、主要任务、重点工程和扶持措施;其中关键性目标包括:2015 年 LED 行业总产值 4500 亿元(其中照明产品 1800 亿元),2011—2015 年复合增速 30%,LED 照明产品渗透率达到 20%(主要替代传统白炽灯,节能灯渗透率保持 70% 不变),芯片国产化率达到 80% 以上。

同时明确了政策扶持的重点目标。

(1) 照明应用领域:重点推广公用照明(如路灯)和室内商用照明(如筒灯、射灯、灯管),适时进入家居照明(如球泡灯)。

(2) 关键技术领域：4 寸以上衬底、外延芯片制备、3D/晶圆级集成封装、驱动电源。

(3) 装备和材料领域：工艺和检测设备，MO 气源、荧光粉、封装散热材料。

未来地方政府的 LED 政策扶持更加有章可循，在宏观经济复苏的背景下，LED 产业链整体景气度有望企稳回升；预计 LED 照明应用板块短期受益程度最高。

国家《半导体照明节能产业规划》认定的 LED 核心材料、装备和关键技术，符合下列技术方向的企业和产品才有望获得政府从研发到市场的政策扶持。

LED 照明用衬底制备技术：新型衬底材料及大尺寸衬底技术与工艺。

核心装备制造：多片式 MOCVD 等生产型设备国产化关键技术。

大尺寸衬底高效蓝光 LED 外延、芯片技术：高效绿光、红光及黄光 LED 外延、芯片技术；结合集成电路工艺的芯片级光源技术。

封装及系统集成技术：高效白光 LED 器件封装关键技术、设计与配套材料开发；多功能系统集成封装技术；荧光粉涂覆技术。

高效、低成本 LED 驱动技术：高效、高可靠、低成本的 LED 驱动电源开发(含驱动电源芯片)。

室内外照明产品集成技术：高品质、低成本、多功能 LED 模组、光源、灯具标准化、系列化研究；结构、散热、光学系统设计；新型散热材料开发。

智能化照明系统关键技术：控制协议与标准开发；基于互联网、物联网及云计算技术的智能化、多功能照明管理系统开发。

LED 创新应用技术：现代农业、养殖、医疗、通信等特殊领域应用技术及系统开发；超越传统照明形式的系统解决方案。

OLED 照明关键技术：高效、高可靠性、低成本 OLED 材料开发；白光 OLED 器件及大尺寸 OLED 照明面板开发；高效、长寿命 OLED 灯具的设计开发。

 引言

电源作为一切电子产品的供电设备，除了性能要满足供电产品的要求外，其自身的保护措施也非常重要，如过压、过流、过热保护等。开关电源保护功能属于电源装置电气性能要求的附加功能，在恶劣条件及意外事故条件下，保护电路是否完善并能否按预定设置工作，对电源装置的安全性和可靠性至关重要。

目前国内外对照明产品各种规范和认证的指标也比较多，如 UL 认证、CE 认证等，LED 照明产品要进入不同的领域，对这些认证的要求也是比较高的(案例一)。就我国而言，随着能源问题的日益突出和节能意识的提高，国家对 LED 照明产品的关注和投入也比较多(案例二)，在未来几年内，对 LED 开关电源的设计也提出了更高的要求。标准开关电源的保护方案和电路结构具有多样性，常见的有过流保护、过压保护等。本章将对这些保护电路进行相应介绍。

4.1　过流保护电路

一旦电子产品出现故障时，如电子产品输入侧短路或输出侧开路时，则电源必须关闭其输出电压，才能保护功率 MOSFET 和输出侧设备等不被烧毁，否则可能引起电子产品的进一步损坏，甚至引起操作人员的触电及火灾等现象，因此，开关电源的过流保护功能一定要完善。

过流保护即当电源负载超出规定值和电源输出线路出现零负载(即短路)时对电路进行过流保护。常见的过流保护电路有桥式过流保护电路、单管过流保护电路和运算放大器组成的过流保护电路。

1. 桥式过流保护电路

桥式过流保护电路的电路原理如图 4.2 所示。

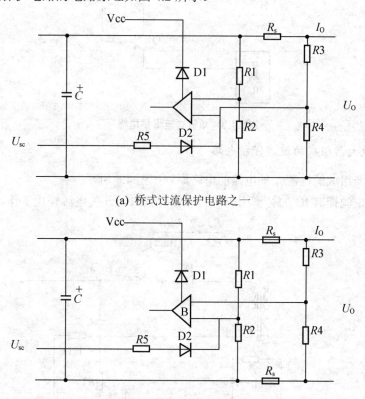

(a) 桥式过流保护电路之一

(b) 桥式过流保护电路之二

图 4.2　桥式过流保护电路

利用电桥检测，由 $R1$、$R2$、Rs 和负载构成桥式电路，反馈放大器的增益较高时，只要输出电流稍过载，输出电压就急剧下降。即使 $R4$ 为无穷大，$R3=0$，输出电压为零，过流保护工作点也为零。U_{ST} 是启动电压，用于防止电流启动时出现故障。U_{ST} 值的设定要求启动二极管 D2 必须截止，对过流设定值 I_m 没有任何影响，不影响过流保护。

图(b)中启动电压 U_{ST} 大小决定输出短路电流 I_s。

$$I_S = \frac{U_{ST}}{V_s} \cdot \left(\frac{R1}{R1+R5} \right) \tag{4-1}$$

2. 单管过流保护电路

单管过流保护电路的电路原理如图 4.3 所示。

当负载短路引起过流时，VT1 导通，由 IC 控制整个开关电流停止工作，实现过流保护。

$$R = 0.7V / I_O(\max)$$

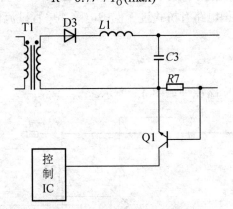

图 4.3　单管过流保护电路

3. 运算放大器组成的过流保护电路

运算放大器组成的过流保护电路的电路原理如图 4.4 所示。

过流时，电源控制 IC 的补偿引脚，将有信号输入，开关电源停止工作。

$$R = \frac{R3}{R2} \cdot \frac{u_{rep}}{I_O(\max)} \tag{4-2}$$

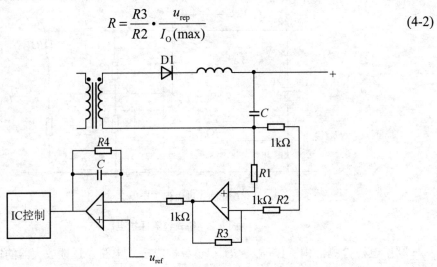

图 4.4　运算放大器组成的过流保护电路

【例 4.1】　如图 4.5 所示，分析由 LTC4213 组成的过流保护电路中的各项参数。

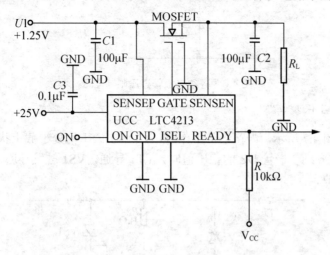

图 4.5　由 LTC4213 组成的过流保护电路

原理：LTC4231 是 LT 公司推出的电子电路断路器，适合对低压供电的 LED 驱动器进行过流保护。它是通过外部 MOSFET 的通态电阻 $R_{DS(ON)}$ 来检测负载电流的，因此不需要检测电阻。这不仅可以降低功耗，而且可以降低成本，简化电路设计，对低压供电系统尤为重要。LTC4213 采用 2.3～6V 工作电压，能直接驱动外部 N 沟道场效应管，可将负载电压控制在 0～6V。当断路器处于待命中断时，READY 引脚可发出信号。它有 3 种可供选择的断路阈值，具有双电平[UCB，UCB(FAST)]及双响应时间的过电流保护功能，能区分轻度过载和严重过载(短路过载)这两种故障。

分析：$U1$ 通过场效应管接负载 R_L。$C1$、$C2$ 分别为输入端、输出端的旁路电容。当 ON 端接高电平时，LTC4213 正常工作。电路中采用 Si 4410DY 型场效应管，R 为 READY 端的上拉电阻。$R_{DS}(ON)=0.015\Omega$(典型值)。当 ISEL 端接地时，$U_{CB}=25mV$。由此可以计算出，轻度过载时电流阈值为 ILIMIT$=$UCB/RDS(ON)$=25mV/0.015\Omega=1.67A$。严重过载时电流阈值为 ILIMIT$=U_{CB}(FAST)/R_{DS}(ON)=100mV/0.015\Omega =6.67A$。负载电流的正常值为 1A。

4.2　过压保护电路

过压保护坚持 OVP(Overvoltage Protection)，LED 驱动器内部一般没有过压保护电路。为防止因电压过高而损坏电路，可增设过压保护电路。过压保护是防止瞬间高压对开关管冲击，造成开关管损坏。常用的过压保护电路有下面几种。

1. 齐纳二极管过压限制电路

电路原理如图 4.6 所示。一旦输出电压超过齐纳二极管的稳压值时，输出电压就会被钳位在稳压二极管的稳压值上，从而实现过压限制作用 UDZ$=1.2U_O$，功率 P_Z 应大于 1W。

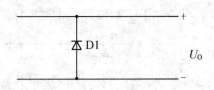

图 4.6　齐纳二极管过压限制电路

2. 晶闸管过压保护电路

电路原理如图 4.7 所示。电路正常工作时，VT1 与 VS1 均处于截止状态，一旦输出电压 U_O 过压，超过齐纳二极管 DZ 的稳压值时，VT1 导通，VS1 触发导通，使保险丝熔断，从而实现过压保护。

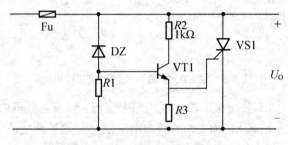

图 4.7　晶闸管过压保护电路

3. 专用 MC3425 过压保护电路

电路原理如图 4.8 所示。正常时①无输出，VS1 断开、过压时，R1、R2 分压加至 MC3425，③使①输出高电平，触发 VS1 导通，熔断器断开，从而实现过压保护。

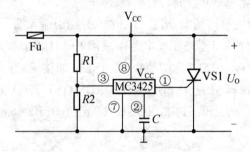

图 4.8　MC3425 过压保护电路

4. 尖峰脉冲抑制电路

开关电源产生噪声的主要部位是功率变换和输出整流滤波电路，包括开关管、整流管、变压器，还有输出扼流线圈等。不采取任何措施时，输出电压的峰值可能是输出基波的数十倍，主要出现在开关脉冲的上升沿和下降沿，即开关管的导通和截止，常见的尖峰脉冲抑制电路如图 4.9 所示。

1) 组成和作用

尖峰脉冲抑制电路的主要组成为 R、C、D1，其作用主要是在 VT1 关断时，释放储能变压器的反馈电压以保护 VT1 不被损坏。

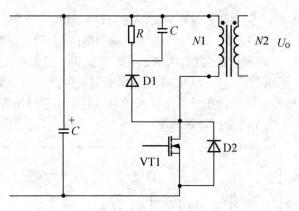

图 4.9　尖峰脉冲抑制电路

当电容 C 取值较大，电容上电压缓慢上升时，二次侧反激过冲小，变压器一次侧能量不能迅速传递到二次侧。

RC 合适时，C 上电压在开关管截止瞬间充上去，然后 D1 截止，C 通过 R 放电，到 VT1 开通瞬间，C 上电压应放电到接近 $(N1/N2)U_O$。

R、C 值偏小时，C 上电压在开关管截止瞬间充上去，然后由于 RC 时间常数小，C 上的电压很快放到等于 $(N1/N2)U_O$，此时尖峰脉冲抑制电路将成为开关电路的死负载，消耗存在变压器中的能量，使开关电流的变换效率下降。

2) RC 值的合理选择

功率管截止时，漏感能量等于钳位电容 C 吸收的能量。

$$C = \frac{L_{IK} \cdot I_{IP}^2}{(u_{DS} - u_{in})^2 - u_{reset}} \tag{4-3}$$

式中：L_{TK} 为一次侧绕组电感量；I_{IP} 为一次线圈电感电流峰值；u_{DS} 为开关管最大漏源极间电压；u_{reset} 为电容 C 初始电压；u_{in} 为输入直流电压。

嵌位电容 C 上的电压只是在功率管关断的一瞬间冲上去，嵌位电容上电压不应放电到低于 $(N1/N2)U_O$，否则二极管 D1 导通，使尖峰电压抑制电路成为死负载，所以 R 应满足条件

$$(u_{DS} - u_{in})e^{\frac{T_{off}}{RC}} \geqslant \frac{N1}{N2}U_O \tag{4-4}$$

式中：T_{off} 为开关管关断时周期；D1 为二极管工作电流，也就是一次线圈电感中流过的峰值电流 I_{IP}。D1 的选择应考虑耐压和允许流过的峰值电流，D1 的耐压可由下式估算：

$$D1 = u_{in} + (N1/N2) \cdot U_O \tag{4-5}$$

【例 4.2】由 MC3423 组成的过压保护电路如图 4.10 所示，试分析其原理。

原理：MC3423 是安森美公司生产的专供驱动晶闸管的集成过压电压检测电路，它具有过电压阈值可编程、触发延迟时间可编程、带指示输出端、可远程控制通/断、抗干扰能力强等特点。MC3423 的电源电压范围是 +4.5～40V，输出电流可达 300 mA，上升速率为 400mA/μs。被监测电压 U_{CC} 经过 $R1$、$R2$ 分压后，接至第 2 脚(Sense1)。第 3 脚(Sense2)应

与电流源输出端(第 4 脚)短接，再经过电容 C 接地，C 为延时电容器。不使用远程通/断控制端(5 脚)时，该端应接 UEE 端(7 脚)。$R3$ 为指示输出端(6 脚)的上拉电阻。从驱动输出端输出的驱动信号经 RG 接晶闸管的门极。图中 U_{CC} 即为被监测 LED 驱动器的输出电压(U_O)，它也是 MC3423 的电源电压。U_{CF} 为 MC3423 输出的触发脉冲，用于驱动晶闸管的门极。U_{IO} 为过电压指示端的输出电压，触发晶闸管时的延迟时间由延时电容 C 设定。利用这段延迟时间可防止噪声干扰而将晶闸管误触发。

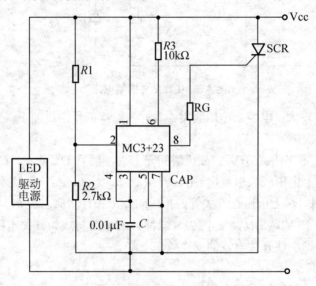

图 4.10　由 MC3423 组成的过压保护电路

分析：延迟时间的计算公式为

$$t_D = \frac{U_{REF}}{I_S} C \tag{4-6}$$

式中：I_s 为内部电流源的输出电流，典型值为 0.2 mA；C 为延时电容器，单位是微法。将 $U_{REF}=2.5V$、$I_s=0.2mA$ 和 $C=0.01\mu F$ 一并代入式中得到 $t_D=0.125ms$，在此时间内噪声干扰不起作用。

设过电压阈值为 U_{CC}(OVP)，$R1$、$R2$ 的阻值由下式确定：

$$\frac{R1}{R2} = \frac{U_{CC(OVP)}}{U_{REF}} - 1 \tag{4-7}$$

式中，$R2$ 的典型值为 2.7kΩ。一旦 U_{CC} 大于或等于 U_{CC}(OVP)，MC3423 即可触发晶闸管。显然，通过改变 $R1$、$R2$ 的电阻比来设定 U_{CC}(OVP)，可完成一次触发。

4.3　组合保护电路

1. 新型直流恒流恒压电源设计方案

随着电源技术的发展，用户要求电源稳定性高，输出功率大，效率高，电源兼容性好，还要求较短的开发周期和功能的多样化。本节讨论的是恒压恒流电源。依据电压、电流给定的不同，可工作在恒流限压模式或恒压限流模式下，系统方框如图 4.11 所示。

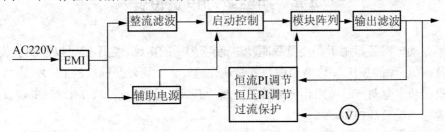

图 4.11　直流恒流恒压电源设计方案框图

2. 电压闭环和电流闭环

电压闭环和电流闭环具有相似的电路结构，都采用 PI 调节来实现恒压恒流给定调节无误差。电路结构如图 4.12 所示。

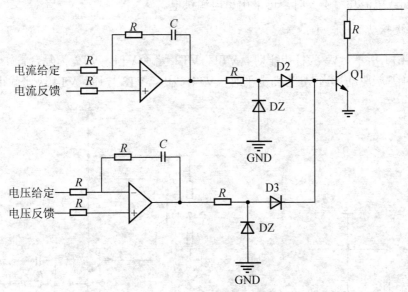

图 4.12　电压闭环和电流闭环电路结构图

电压反馈的采样电压取自模块 u，电压采样采用反馈变压器。

电流闭环，采样取值在主回路，采用霍尔传感器采样。

恒流、恒压模式的自动转换：按负载需要的电流、电压值调整电流、电压。电源将按设定的电压、电流，根据负载的需要自动转换。当负载短路时，采用恒流特性，正常时采用恒压特性。两个反馈量各用一个 PI 调节器，PI 调节器的参数可根据不同的负载进行在线设定。

结论：该电源根据电压和电流设定以及负载需要可工作在恒压恒流模式或恒流限压模式，限压或限流点可灵活设定。

4.4　功率驱动电路设计

功率驱动电路是指用于需要负载驱动/控制应用中的电路，它不仅可以控制负载，而且可用于负载/IC 保护和状态/诊断通信。就性质而言，负载可以是简单的 LED，也可以是复杂的电机。功率驱动产品可用作低边开关、高边开关、H 桥驱动器、MOSFET 前置驱动器及电机驱动器的负载控制。

功率驱动电路一般有两种驱动方式，一种是直流驱动，另一种是隔离驱动。直流驱动有单管基极驱动、推挽驱动和抗饱和驱动等，下面简要介绍一下。

1. 简单驱动

如图 4.13 所示，Ve 为驱动信号，采用双电源供电，以建立快速关断反向电流。若速度要求不高或电流功率不大时，可采用单电源供电。

2. 推挽驱动

如图 4.14 所示，Ve 为低电平时，VT1、VT2 导通(VT1、VT2 为复合管)，经 R、$C2$ 微分，VT4 基极驱动；当 Ve 为高电平时，VT1 截止，VT3 导通，VT4 快速截止。

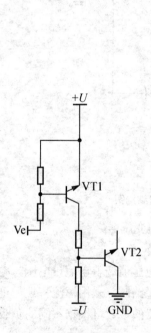

图 4.13　简单基极驱动

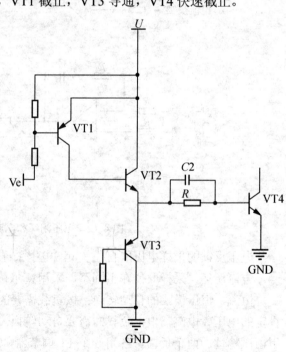

图 4.14　推挽驱动

3. 抗饱和驱动

如图 4.15 所示，D2 和稳压二极管 DZ 使 VT4 工作于准饱和状态，从而提高电路的工作速度，也为冲击峰值电压起到分压保护作用。

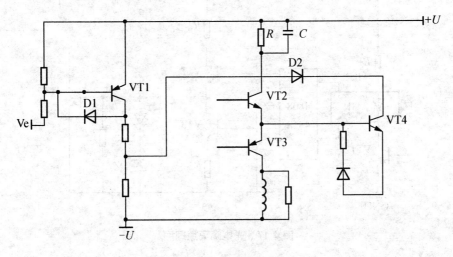

图 4.15 抗饱和驱动

4. 隔离驱动

隔离驱动有脉冲变压器隔离和光电耦合隔离方式。

图 4.16 所示为变压器隔离方式的原理图。VT1 关断时，二次侧感应电压脉冲电流流向 VT2，VT1 由关断快速转向导通。

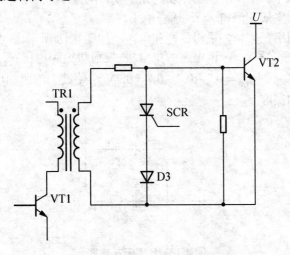

图 4.16 变压器隔离方式原理图

图 4.17 所示为光电耦合方式的原理图。因光电耦合传递毫安级电流，不能驱动 VT4，必须在控制脉冲作用下加进 VT2、VT3 构成功率放大电路。

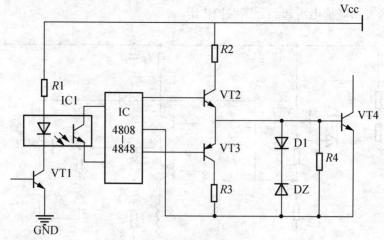

图 4.17　光电隔离原理图

4.5　开关管及其主要元件选择

功率开关管主要有 3 种,即双极性晶体管(BJT)、场效应管(FET)和绝缘栅-双极性晶体管(IGBT)。下面进行简要介绍。

(1) BJT。因有两种载流子(电子和空穴)流过晶体管,故称双极型,属电流驱动功率器件。耐压值在 1kV 以下,工作电流在几安到几毫安。优点:价格便宜。缺点:放大系数低,驱动电流大,开关频率低(几十千赫),适合中小功率。

为了快速关断功率开关管,采用抗饱和电路,如图 4.18 所示,D1、D2 为两只硅二极管,导通压降分别为 u_{F1} 和 u_{F2}。该电路的集电极-发射极饱和电压 $u_{CE} = u_{F1} + u_{BE} - u_{F2}$,令 $u_{F1} = u_{BE} = u_{F2} = 0.7V$,则 $u_{CE} = 0.7 + 0.7 - 0.7 = 0.7V$,使过大的驱动电流通过集电极,可降低功率开关管饱和深度。

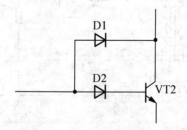

图 4.18　BJT 开关电路

(2) 场效应功率开关管。场效应管分为结型场效应管(JFET)和绝缘栅场效应管(MOS 管)两大类。 按导电方式又分为耗尽型与增强型,结型场效应管均为耗尽型;绝缘栅型场效应管既有耗尽型的,也有增强型的。场效应管按导电沟道又分为 P 沟道和 N 沟道型,因 P 沟道动态电阻大,速度比 N 沟道慢,因此常用 N 沟道场效应管。

场效应管属于电压驱动功率器件,输入阻抗高,开关频率高,动态电阻低,高耐压,低成本。最大耐压为 1kV。工作电流为几安至几百安。动态电阻比双极型低,所以常用。

(3) IGBT(Insulated Gate Bipolar Transistor)，绝缘栅-双极型晶体管，是由 BJT 和 MOSFET(绝缘栅型场效应管)组成的复合全控型电压驱动式功率半导体器件，兼有 MOSFET 的高输入阻抗和巨型晶体管 GTR 的低导通压降两方面的优点。GTR 饱和压降低，载流密度大，但驱动电流较大；MOSFET 驱动功率很小，开关速度快，但导通压降大，载流密度小。IGBT 综合了以上两种器件的优点，驱动功率小而饱和压降低，耐压 500V 以上，工作电流为几百安培，峰值电流达几千安培，最高工作效率为 20～30kHz。IGBT 非常适合应用于直流电压为 600V 及以上的变流系统，如交流电机、变频器、开关电源、照明电路、牵引传动等领域。其典型应用如图 4.19 所示。

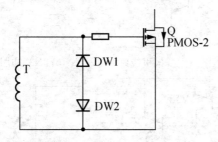

图 4.19　加速 TR 关断驱动电路

DW1、DW2 反向串联在一起，用于对 VT 的栅漏极进行嵌位，防止驱动电压 VGS 过高而使 VT 击穿。

零功率控制电路，当栅极驱动电压突然降到门限电压时，VT1 由导通变为截止，三极管 VT2 加速 ID 的跌落，为 VT1 起到加速作用。图 4.20 所示为功率驱动电路。

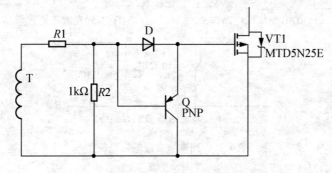

图 4.20　功率驱动电路

选择开关管时应注意管子的导通压降(或导通电阻)和开关速度。导通压降和开关速度与额定电压有关，额定电压越高，导通压降越大，开关速度越慢，因此在满足额定电压为实际工作电压 1.2～1.5 倍的条件下，应尽量选择低压功率开关管。

4.6　开关电源其他主要元件选择

1. 光电耦合器

光电耦合器实现电-光-电功能转换，也就是隔离信号传递。主要优点：单向信号传输，输入端和输出端完全实现隔离，不受其他任何电气干扰和电磁干扰。因为它是一种发光体，用低电平电源供电，使用寿命长，传输效率高，体积小，在开关电源中利用光耦合器构成反馈回路控制输出电压。

1) 光电耦合器的分类

光电耦合器的分类如图 4.21 所示。

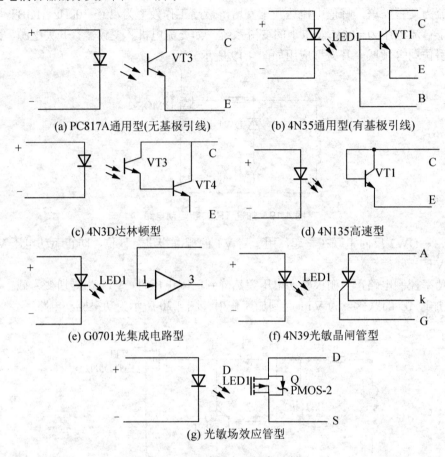

(a) PC817A通用型(无基极引线)　　　　(b) 4N35通用型(有基极引线)

(c) 4N3D达林顿型　　　　(d) 4N135高速型

(e) G0701光集成电路型　　　　(f) 4N39光敏晶闸管型

(g) 光敏场效应管型

图 4.21　光电耦合器的常见类型

2) 光电耦合器的主要参数

光电耦合器的主要参数具体如下。

(1) 电流输出比：用输入直流 I_c 与输出直流 I_F 的百分比表示。通常用 CTR 表示：

$$CTR = \frac{I_c}{I_F} \times 100\% \tag{4-8}$$

要求 CTR>100%，常用型号 4N35 为 20%～300%，PC817 为 80%～150%，达林顿型 4N30 为 100%～5000%。

(2) 几个电压、电流参数要求：绝缘电压要求 U_{DC}>1550V，最大正向正电流 I_{FM}>60mA，反向击穿电压 $U_{BR(CEO)}$>30V，饱和压降 U_{CES}<0.3V，暗电流 I_R 为 50μA。

对光电耦合器的检测用万用表实现，取万用表的 R×1K 档测出发光二极管正反电阻

2kΩ，反向无穷大。接收管 C-E 无穷大，绝缘电阻可用 2500V，ZC11-5 兆欧表测，大于
1050Ω，证明质量好。

2. 快速恢复及超快速恢复二极管

这类二极管的性能具体如下。

(1) 反向恢复时间 t_r：通过二极管的电流由零点正向转反向后，再由反向转换到规定
值的时间。

(2) 平均整流电流 I_d：选用管子的整流电流是设计输出电流的 3 倍以上。

(3) 有 3 种结构：单管、共阴对管和共阳对管。共阴、共阳是指两只二极管接法不同。

3. 肖特基二极管

反向恢复时间极短，只有几纳秒。肖特基二极管正向压降是 0.3V，超快速恢复二极管
正向压降是 0.6V，反向工作电压不超过 100V，它适合低电压、大电流开关电源中。

4. 瞬态电压抑制器

TVS 是稳压二极管，是一种电压保护器件，TVS 由单向瞬态电压抑制和双向瞬态电
压抑制。技术指标有：反向击穿电压(首先要考虑的参数)、脉冲电流(如果选小了，TVS
将会击穿)、恢复时间(越短越好)，如果反向电压达不到，可以用两只或三只 TVS 串联起
来使用。

5. 自动恢复开关(RS)

自动恢复开关又称自动恢复保险丝，它是一种过流保护器件。它开关特性好，使用安
全，不需维护，自动恢复，可反复使用。在常态下，只有 0.2Ω，工作电流通过开关时功耗
很小，产生热量很少。当电流超过最大设计值或发生短路时，电流增加，原来束缚的导电
链自动分离断裂，内阻迅速增加至数千欧，使电路进入开路状态，切断电路，起到保护作
用。当故障排除后，它又恢复到低电阻状态。

注意：

自动恢复开关只能进行低压过流保护，而不能接 220V 或 110V 交流电压。

6. 热敏电阻

它是由锰钴镍的氧化物烧结成的半导体陶瓷器件，具有负温度系数，随温度升高，电
阻值降低。热敏电阻在开关电源中起过温保护和软启动的作用。过温保护时将热敏电阻并
接在输入电路中，刚启动时温度低，电阻值高，相当于开路；如果输入电压超高，热敏电
阻会发热，其电阻值降低，对输入电流分流；当发热越过极限时，整流后的输出电压降低，
开关电源高频振荡停振。

7. TL 431 精密稳压源

TL431 是一个有良好的热稳定性能的三端可调分流基准源。它的输出电压用两个电阻

就可以任意地设置到从 U_{ref}(2.5V)到 36V 范围内的任何值。该器件的典型动态阻抗为 0.2Ω，在很多应用中用它代替齐纳二极管，例如，数字电压表、运放电路、可调压电源、开关电源等。

1) 性能特点

TL431 具有的特点为：动态阻抗低，典型值为 0.2Ω；输出噪声低；阴极工作电压范围是 2.5～36V，极限值为 37V；阴极工作电流 I_{AK}=1～100mA，极限值为 150mA；额定功率为 1W，$T_A > 25℃$ 时，则按 8.0mW/℃规律递减。

2) 工作原理

TL431 的引脚及等效电路如图 4.22 所示。

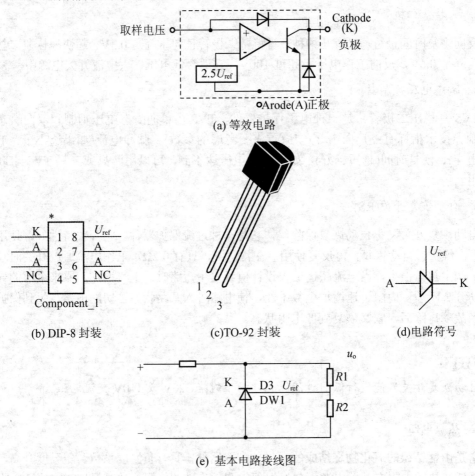

(a) 等效电路

(b) DIP-8 封装　　(c)TO-92 封装　　(d)电路符号

(e) 基本电路接线图

图 4.22　TL 431 精密稳压源引脚及等效电路图

从等效电路可知，TL431 包括以下几个部分。

(1) 误差放大器 A，其同相输入端按从电阻分压器上得到的取样电压，反相输入端则接内部 2.5V 基准电压 U_{ref}。

(2) 内部的 2.5V 的基准源。

(3) NPN 晶体管 VT，调节负载作用。

（4）保护二极管 D，可防止 K-A 间电源极性接反从而损害芯片。

从 TL431 基本接线可知，它相当于一只可调节的齐纳二极管，输出电压由外部的 $R1$ 和 $R2$ 来设定。

$$U_O = U_{KA} = \left(1 + \frac{R1}{R2}\right) \cdot U_{ref} \tag{4-9}$$

检测方法，从等效电路图 TL 431 实际上是一只二极管。测试的时候若黑笔接 K 且红表接 A，为无穷大。调换表笔后，测出电阻大概 5kΩ，黑笔接 U_{ref} 且红笔接 K，则电阻在 7.5kΩ左右。

8. 压敏电阻

在某一个特定的电压范围内，随着电压增加，电流急剧增大的敏感元件。它常并接在两根交流电压输入线之间，置于保险丝之后的输入回路中。

压敏电阻的特性：在一定电压范围内，阻抗接近于开路状态。当电压达到一定值后，通过压敏电阻的电流陡然增大。在交流输入电压一旦因电网附近的电感性开关或雷电等原因产生高压尖峰脉冲，具有可变电阻作用的压敏电阻就从高阻关断状态立即转入低阻导通状态，瞬间流过大电流，将高压尖峰脉冲吸收，削波和限幅，从而使输入电压达到安全值。

4.7　基于 PT4107 的 LED 驱动电路设计举例

利用 Buck 电路制作离线式无隔离的 LED 驱动应该是一个很好的选择，它可以为 LED 提供连续的供电电流，同时整体的系统成本与其他电路形式相比也是非常低的。PT4107 提供了一个峰值电流检测，可构成为 LED 提供连续电流的连续模的 Buck 变换器。它具有两种调光功能，即低频的 PWM 信号调光和线性可变电阻调光；另外提供了温度检测功能，通过一个热敏电阻检测整个系统的环境温度，为整个系统的可靠工作提供了安全的保证。PT4107 提供了方便的低成本的大功率 LED 驱动解决方案，是大功率 LED 驱动的最好选择。基于 PT4107 制作以 Buck 电路为基础的 LED 驱动的电路原理图如图 4.23 所示。

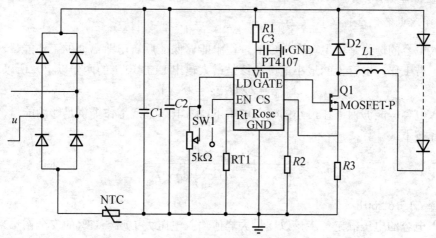

图 4.23　基于 PT4107 的 LED 驱动电路

AC 输入电压为：$U_{nom,ac}$=220V；$U_{min,ac}$=176V；$U_{max,ac}$=264V，f_{req}=50Hz，LED 串电压为：U_{omin}=10V，$U_{o,max}$=24V，LED 电流为：$I_{o,max}$=350mA，LED 效率为：η=90%。

1. 确定开关频率

开关频率的大小决定了电感 $L1$ 和输入滤波电容 $C1$ 的尺寸。开关频率越高，可以选用更小的体积的电感和电容，节省了系统的成本，但同时 MOSFET 的开关损耗将大大增加，会造成效率的降低。对于 220VAC 的交流输入来说，综合考虑选用 50kHz 的振荡频率比较合适。相应地，振荡频率的电阻 $R2$ 由下面的公式计算得到：

$$f = \frac{25000}{R}(\text{kHz}) \Rightarrow R = \frac{25000}{f}(\text{k}\Omega) \tag{4-10}$$

取 $R2$ 为 500kΩ，计算出振荡频率为 50kHz。

2. 选择输入电流桥(D1)和热敏电阻 NTC

输入整流桥的额定电压的确定是根据交流输入电压的最大值选择的；额定电流的选择是根据系统正常工作时的输入平均电流决定的。

$$U_{bridge} = 1.5 \times \left(\sqrt{2} U_{max,ac} \right) \tag{4-11}$$

$$I_{bridge} = \frac{U_{o,max} \times I_{o,max}}{U_{min,doc} \times \eta} \tag{4-12}$$

式(4-11)中的 1.5 的系数是一个安全裕量，在这个设计中选择 600V，1A 的整流桥。

在输入端放置一个压敏电阻，这是限制输入冲击电流的大小。当冲击电流要求较高时，相应的热敏电阻的数值就要取得较大，这样就会产生较大的损耗。当压敏电阻选择得较小时，会提高整个系统的效率，但对整流桥的冲击电流就会比较大，这就要求选择更高的额定电流的整流桥。综合考虑的情况下，一般按下面的公式来选择压敏电阻的阻值：

$$R_{cold} = \frac{U_{bridge}}{5 \times I_{bridge}} \tag{4-13}$$

选用 300Ω(25℃)、电力设定值不小于 0.2A 的热敏电阻。

3. 输入电容的选择($C1$、$C2$)

输入电容的选择是使电容在放电的过程中能够保证后端电路需要的工作能量。要保证系统的正常工作，电容上的最小电压应该是最大输出 LED 电压的两倍以上，所以

$$U_{min,dc} = 2 \times U_{o,max} = 48(\text{V}) \tag{4-14}$$

输入电容应能够保证在最小的输入电压下，为电路正常工作提供足够的能量，所以电容的选择按下式计算：

$$C1 \geqslant \frac{2 \times U_{o,max} \times I_{o,max}}{\left(2 \times U_{min,ac}^2 - U_{min,dc}^2 \right) \times \eta \times f_{req}} \tag{4-15}$$

选择 $C1 \geqslant 6.26\mu F$。

输入电容的电压额定值应该以比最大峰值输入电压大 10%～12% 的安全裕量来选择，按下式计算：

$$U_{\text{max,cap}} \geqslant (1.1 \sim 1.2)\sqrt{2} \times U_{\text{max,ac}} \geqslant 410.6(\text{V}) \tag{4-16}$$

选择 450V、10μF 的电解电容。

由于电解电容存在相当大的 ESR，不能吸收高频纹波，所以还要另外在电解电容上并联一个多层瓷片电容(MLCC)来吸收高频纹波，对于高频电容可按下式选择：

$$C2 = \frac{I_{\text{o,max}} \times 0.25}{f_{\text{s}} \times \left(0.05 \times U_{\text{min,dc}}\right)} \tag{4-17}$$

选择 1μF、450V 的瓷片电容。

4. 输出电感的选择

电感的大小决定了 LED 中的脉动电流，一个±10%(总的 20%的峰峰值脉动)的脉动电流对于 LED 来说是比较合适的，更大的脉动电流虽然会减小电感的尺寸和降低系统的成本，但同时也会降低 LED 的使用寿命。对于电感的选择可按下式计算：

$$L1 = \frac{U_{\text{o,max}} \times \left(1 - \dfrac{U_{\text{o,max}}}{\sqrt{2} \times I_{\text{ac,nom}}}\right)}{0.2 \times I_{\text{o,max}} \times f_{\text{s}}} \tag{4-18}$$

选择 $L1$=6.5mH。

电感的峰值额定电流按下式选择：

$$IP = 0.35 \times 1.1 = 0.39(\text{A})$$

电感的平均电流就是 20%的脉动电流的平均电流，它为系统输出的平均电流。选择 6.8mH、峰值电流为 0.5A、平均电流为 0.35A 的功率电感。

5. 开关 MOSFET 管(Q1)和续流二极管的选择

开关管的峰值电压等于最大的输入电压，选择时应放大 50%的安全裕量，按下式选择：

$$U_{\text{FET}} = 1.5 \times \left(\sqrt{2} \times U_{\text{ac,max}}\right) \tag{4-19}$$

开关管的最大平均电流就是最小输入电压、最大占空比情况下通过的电流：

$$I_{\text{FET}} \approx I_{\text{o,max}} \times \sqrt{D_{\text{max}}} \tag{4-20}$$

实际选择开关管的额定电流时均放大两倍的裕量，就是选择 3 倍的 IFET，选择 600V、小于 1A 的 MOSFET。对于 MOSFET 的选择并不是越大越好，要综合考虑额定电压、额定电流以及损耗等多方面的因素，以达到最小的能量损失目的。

续流二极管的额定电压等于 MOSFET 的额定电压。续流二极管的平均电流按下式选择：

$$I_{\text{diode}} = 0.5 \times I_{\text{o,max}} = 0.175(\text{A}) \tag{4-21}$$

选择 600V、1A 的快恢复整流二极管。

6. LED 限流电阻的选择($R3$)

LED 限流电阻最按下式选择：

$$R3 = \frac{0.25}{1.1 \times I_{o,max}} \tag{4-22}$$

电阻的额定功率按下式计算选择：

$$P_{R3} = I_{o,max}^2 \times R3 \tag{4-23}$$

选择 0.62Ω、0.1W 的限流电阻。

7. VDD 限流电阻(R1)和保持电容(C3)的选择

限流电阻 R1 的选择决定于芯片的工作电流和芯片驱动 MOSFET 所需的电流之和。具体可按下式选择：

$$R1 = \frac{\sqrt{2}U_{ac,nom} - U_{DD,nom}}{I_{in}} \tag{4-24}$$

选择 I_{in} 为 5mA，得出 R1 的数值为 60kΩ。电阻的功率按下式确定：

$$P_{R1} = I_{in,max}^2 \times R1 \tag{4-25}$$

式中：$I_{in,max}$=(1.414×264)/(63.2×1000)=5.9mA，此例中 R1 的功率为 2W，保持电容 C3 的选择一样：

$$C3 \geqslant \frac{2 \times U_{in,max} \times I_{in,max}}{(2 \times U_{min,dc}^2 - U_{in,max}^2) \times f_{req}} \tag{4-26}$$

选择 35V、1μF 的电解电容。

8. 热敏电阻 RT1 的选择

热敏电阻 RT1 的选择取决于系统的温度保护点。芯片的端口保护电压设置为 1V，芯片内部将有一个 30μA 的恒流源对 RT1 热敏电阻提供电流。随着系统温度的升高，NTC 热敏电阻会变小，当 30μA 的电流源在热敏电阻上形成的压降小于、等于 1V 的保护点时，系统将由于温度过高而停止工作，所以选择热敏电阻时要根据热敏电阻的温度特性、系统的合适保护点进行合理选择。本例选择 50kΩ 的热敏电阻。

本 章 小 结

本章介绍了 LED 交流驱动器开关电源保护电路的相关知识，简要介绍了开关电源保护电路的必要性、技术特征及要求，并重点介绍了常见的开关电源保护电路的类型，如过流保护、过压保护、组合保护等，并介绍了功率驱动电路的类型及功率管的选择。最后，结合典型器件 PT4107 的使用，介绍了相应的 LED 驱动电路的设计过程及具体的参数计算。通过实例分析，便于读者对 LED 驱动器保护电路的设计过程有一个直观的认识。

习 题

1. 查阅资料，看看有哪些开关电源保护电路专用芯片。

2. 常见的过流保护电路有_____电路、_____电路和_____电路。

3. 常见的过压保护电路有_____电路、_____电路、_____电路和_____电路。

4. 下面哪几种属于功率开关管？_____(多选)

　　A. BJT　　　　　B. FET　　　　　C. LED　　　　D. DIODE　　　　E. IGBT

5. IGBT 的优点不包括_____。

　　A. 输入阻抗高　　　　　　　B. 驱动电流大

　　C. 导通电压低　　　　　　　D. 开关速度快

6. 光电耦合器的优点主要包括_____。(多选)

　　A. 信号传输方向单一　　　　B. 有效屏蔽干扰

　　C. 电路复杂　　　　　　　　D. 传输效率高

7. 已知 TL431 组成的稳压电路如图 4.24 所示，已知 U_{REF} 为 2.5V，$R1$=10K，R2=5.1K，求 UO 的值是多少。

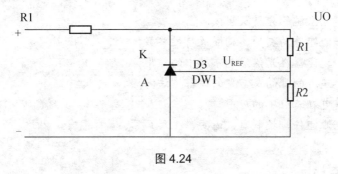

图 4.24

8. 分析抗饱和驱动电路的工作原理。

9. 过压保护电路如图 4.25 所示，要求 UO=5V，试问稳压管 D1 的稳压值应该为多少 V？

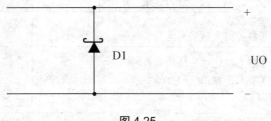

图 4.25

10. 热敏电阻作为开关电源的主要元件，试阐述其工作原理。

11. 查阅资料，看看有哪些快速恢复及超快速恢复二极管，并说出其型号。

12. 查阅 PT4107 资料，并对其性能进行阐述。

13. 参照图 4.19：基于 PT4107 的 LED 驱动电路原理，要求设计一个 LED 驱动电路，要求 AC 输入电压为 220V，Vmin(ac)=176V，Vmax(ac)=264V，freq=50HZ，LED 串电压为：Vomin=12V，Vomax=24V，LED 电流为：Iomax=400mA，LED 效率为：η=90%。试计算开关频率，输入整流桥的参数、输入电容参数以及输出电感参数。

第 5 章
太阳能光伏发电

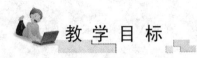

教学目标

了解太阳能发电系统的分类及组成;
重点掌握太阳能组件的类型、构成及特性参数;
理解控制器、逆变器在光伏发电系统中的作用;
理解最大功率追踪的目的及常见的追踪方法;
了解太阳能发电在工程中的应用;
了解太阳能电池组件、控制器、逆变器生产厂家。

教 学 要 求

知识要点	能力要求	相关知识
太阳能发电系统	(1) 掌握独立光伏太阳能发电系统组成 (2) 了解并网太阳能发电系统的组成	
太阳能组件	(1) 了解太阳能组件的构成 (2) 掌握太阳能组件的特性参数及标准测试条件、测试方法、影响因素等	等效电路; $I\text{-}V$ 特性(开路电压、短路电流、输出功率、填充因数); 日照强度、工作温度特性
控制器	(1) 了解控制器的功能 (2) 初步理解控制器的工作原理 (3) 理解最大功率追踪及常用方法	MPPT 方法: CVT、功率扰动观察法、增量电导法、最有梯度法等
蓄电池	理解蓄电池在光伏发电系统中的作用	具体内容见第 6 章
逆变器	(1) 了解光伏发电系统逆变器的作用及主要技术指标 (2) 理解逆变器的工作原理	额定输出电压、电压稳定度、波形失真度、额定输出频率、负载功率因数、额定输出容量、逆变器效率等指标
光伏应用举例	了解目前我国主要的光伏生产厂家, 能依据要求找到合适的产品	

推荐阅读资料

[1] 周志敏，纪爱华，等．太阳能光伏发电系统设计与应用[M]．北京：电子工业出版社，2011．

[2] 冯垛生，张淼，等．太阳能发电技术及应用[M]．北京：人民邮电出版社，2009．

[3] 中国太阳能光伏网 http://www.solar-pv.cn/

引例

随着光伏技术的不断发展以及光伏组件成本的不断下降，光伏技术的应用已不再局限于为边远无电地区提供电力，而是逐步渗透到人们日常生产、生活的各个方面，小到太阳能庭院灯、太阳能路灯、太阳能喷泉，大至太阳能汽车、太阳能制氢等，无一不体现着光伏技术对生产力的促进作用。

案例一：

图 5.1 所示为北京日月升太阳能科技发展有限公司展示的太阳能围墙灯及其型号、特点、技术参数说明等相关资料，链接网站为：http://www.bjrys.com/Product-267.shtml。

图 5.1　太阳能围墙灯

产品名称：太阳能围墙灯。

产品型号：RYS—W01。

太阳能围墙灯是以太阳能作为电能供给用以夜间亮化照明的，采用高效 LED 照明光源设计，是科技与时尚的完美组合。

特点：

(1) 利用太阳能电池板配上专用微计算机智能控制器，将光能转换为电能，无须挖沟拉线，安装方便，环保。

(2) 微计算机智能控制器采用先进集成电路制造，转换效率高，具有防过充、过放、自动调整充电电流，极性反接及输出短路保护功能，大大延长了蓄电池使用寿命，安全可靠，使用方便。

(3) 高效免维护蓄电池，经久耐用。

(4) 时间控制器为自动跟踪式，随着各季节不同的光照时间自动调整开灯时间，并采用智能节能控制，夜深人静时自动关闭路灯，延长照明时间。

技术参数：

太阳能电池组件：3Wp。

光源：多颗多色超高亮 LED。

蓄电池：1600mA Ni—MH(Ni-MH Batteries，镍氢电池)，免维护。

控制器：太阳能灯具专用控制器。

工作时间：每晚 8～10h，3～5 个阴雨天。

规格材质：高 35cm，铸铝，喷塑。

案例二：

图 5.2(a)、(b)所示为义乌市腾骏工艺品厂展示的部分产品，其性能特点、外形尺寸及参数见图后说明，网站链接为：http://www.k8.cn/company/viewproduct/31078/productId_826679.html。

(a) 太阳能庭院灯 (b) 太阳能立杆灯

图 5.2　太阳能景观灯

类型：太阳能庭院灯。

光源类型：LED，超高亮白光 15000～18000mcd。

额定功率：0.3W；电压：1.2V。

日照时间：7～8h。

外形尺寸：155×215×170(mm)。

电池板：2V 50mA 太阳能板。

蓄电池：1.2V AA 600mAh，Ni-Cd 可充电电池(Ni-Cd Batteries，镍镉电池)。

太阳能立杆三连蝴蝶灯的说明：2 V 50mA 太阳能电池板，1.2V 600mA AA Ni-Cd 可充电电池，LED 光源。

用途：园林装饰。

案例三：

图 5.3 为北京日月升太阳能科技发展有限公司网站展示的太阳能电站专用配电箱，链接网站为：http://www.bjrys.com/Product-300.shtml，产品相关说明如下。

图 5.3　2400W 太阳能光伏电站

产品名称：市电互补太阳能光伏发电站。

产品型号：RYS—DZ66。

额定输出功率：2400W。

组件类型：高效率多晶硅太阳能电池组件。

额定功率：3600W$_p$。

平均日照：5h。

电站控制系统：过充、过放电、输出过载、短路全自动智能化保护。

太阳能专用蓄电池：免维护蓄电池 12V/150Ah，10 块。

高效率逆变器：3000W 大功率 DC 24V/AC 220V 自动切换。

机箱：镀锌喷塑。

市电互补系统：AC 220V/DC 24V 自动切换。

 引言

自从实用型硅太阳能电池问世以来，太阳能光伏发电很快在全球得到应用，也使得光伏发电在世界能源消费中占据了越来越重要的席位。而随着第三代半导体材料氮化镓制备技术的突破和蓝、绿、白光发光二极管的问世，被誉为"照亮未来的技术"的 LED 逐渐走进了人们的日常生活。太阳能发电技术与 LED 光源的完美结合将成为人类照明的发展方向，为人类"绿色照明工程"开辟了广阔的道路，对人类社会生活品质产生重大影响。

目前，我国太阳能光电应用产品主要是太阳能室外(装饰)照明(灯具)——如案例一、案例二、家用发电系统(户用电源)、交通警示标志、通信后备电源及电站(案例三)等。

本章节主要讲解太阳能光伏发电的基本原理、光伏发电系统的分类及组成，并对发电系统的每一个组成环节作简明扼要的分析说明。

5.1 太阳能发电系统

5.1.1 太阳能在能源结构中的地位和特点

1. 能源的分类

1）按成因分类

(1) 一次能源。一次能源是指直接取自自然界，没有经过加工转换的各种能量和资源。如天然气、原油、无烟煤、太阳能。

(2) 二次能源。二次能源是指为了满足生产和生活的需要，由一次能源经过加工以后得到的能源产品。如电力、蒸汽、煤气、汽油、柴油、酒精、沼气、焦炭、潮汐发电、波浪发电等。

2）按其形成和来源分类

(1) 来自太阳辐射的能量。如太阳能、煤、石油、天然气、风能、生物能等。

(2) 来自地球内部的能量。如核能、地热能。

(3) 天体引力能。如潮汐能。

3）按开发利用状况分类

(1) 常规能源。常规能源是指经过相当长的历史时期已经被人类长期广泛利用的能源。它包括一次能源中可再生的水力资源和不可再生的煤炭、石油、天然气、水能、生物能等资源。

(2) 新能源。新能源是指采用新的科学技术才能开发和利用并有发展潜力的能源，包括太阳能、风能、地热能、水能、生物质能、核能、化学能等，结构如图 5.4 所示。

图 5.4 新能源结构示意图

4) 按属性分类

(1) 可再生能源。可再生能源是指在自然界中可不断再生并可以持续利用的资源，它主要包括：太阳能、地热、水能、风能、生物质能、海洋能等。

(2) 非可再生能源。非再生能源是指经过亿万年的、短期内无法恢复的能源。随着人们的使用，它会变得越来越少，直至枯竭，在自然界中它们将不会再生，包括：原煤、原油、天然气、油页岩、核能等。

新能源和可再生能源的概念和含义是 1981 年联合国在内罗华召开的新能源和可再生能源会议上确定的，它不同于常规化石能源之处在于它们可以持续发展，几乎是用之不竭，对环境无多大损害，有利于生态环境的良性循环。目前，联合国开发计划署(UNDP)将新能源和可再生能源分为 3 类：大中型水电，新可再生能源(包括小水电、太阳能、风能、现代生物质能、地热、海洋能)，传统生物质能。在我国，新能源和可再生能源是指除常规化石能源和大中型水力发电、核裂变发电之外的生物质能、太阳能、风能、小水电、地热能以及海洋能等。这些能源资源丰富，可以再生，清洁干净，是最有前景的替代能源，将成为未来世界能源的基石。

2. 太阳能等可再生能源的发展前景

由于人类能源消费活动主要是化石燃料的燃烧，会造成环境污染，导致地球气候变暖，冰山融化，海平面上升，沙漠化日益扩大，自然灾害频繁发生，因此，保护生态环境，防止环境污染刻不容缓。如何治理大气环境，减少温室气体排放，已经是全球面临的最严重的挑战之一。

为保障能源和环境可持续发展，特别是保证一次能源的供给是我国面临的重大战略问题。可再生能源将逐步替代化石能源，成为人类可持续发展的能源。在可再生能源中，潜力最大的是太阳能，到 21 世纪中期，太阳能将成为电力能源中的重要组成部分，而到 21 世纪末将成为电力能源中的主要部分。

丰富的太阳能资源是中华民族赖以生存的最宝贵的资源。光伏发电技术目前已经成熟，发展势头迅猛，正在努力突破高成本的制约瓶颈，有望在 30 年左右的时段内成为重要的电力能源之一。在今后 10～20 年，我国的光伏发电将主要应用于下述方面：农村离网供电，分布电源、大规模荒漠电站以及其他商业应用。国家现在正在加强光伏发电各项能力建设，包括资源普查和评估、研发能力建设、培训体系建设、质量监督服务体系建设，并积极开展国际合作，引进技术、人才和资金，为我国光伏发电的健康、可持续发展奠定坚实的基础。

3. 太阳能的特点

1) 太阳能的优点

(1) 普遍性。太阳辐射的面积散布在地球大部分角落，仅有因入射角不同而造成的光能差异。可以就地开发利用，不存在运输问题，尤其对交通不发达的农村、海岛和边远地区更具利用价值。

(2) 永久性。太阳的能量极其巨大，据估计，在过去漫长的 11 亿年中，太阳消耗了它本身能量的 2%，它给地面照射 15min 的能量，就足够全世界使用一年。今后足以供给地球人类使用几十亿年，可谓是取之不尽，用之不竭。

(3) 清洁性。在开发利用时，不会产生废渣、废水、废气，也没有噪声，更不会影响生态平衡，不会造成污染和公害。

(4) 安全性。例如，核能发电会有核泄漏的危险，一旦核泄漏了便会造成极大的生态危机，而太阳能绝对没有这种情况，是十分可靠的。

2) 太阳能的缺点

(1) 能量密度较低。日照较好时，地面上 $1m^2$ 的面积所接受的能量只有 1kW 左右。往往需要相当大的采光集热面才能满足使用要求，从而使装置占地面积大、用料多，成本增加。

(2) 稳定性差。由于受晴阴云雨、昼夜变化、季节、地区气候、海拔高度、地理经纬度等自然条件和随机因素的限制，到达某一地面的太阳辐射能量既间断又不稳定，随机性大，给使用带来不少困难。因此必须有贮能装置，这不仅增加了技术上的困难，也使造价增加。目前虽然已经制成多种贮存系统，但总是不够理想，具体应用也有一定困难。

(3) 装置成本过高。虽然到达整个地面的太阳能非常巨大，但这种能量非常分散，作为能源，它的密度太低了。因此，如(1)中所述，太阳能的利用装置必须具有相当大的面积，才能收集到足够的功率。面积大，造价就会高，初始投资就比较高。只有当采集能量装置表面的单位造价相当便宜时，才能经济合算地使用太阳能。

5.1.2 太阳能利用途径及太阳能发展状况

1. 太阳能利用途径

太阳是一个巨大的能源宝库，但又是一个非常分散的低级能源，每平方米的采光面上平均只有 1kW 的能量，并且因太阳的辐射量的分散性和间断性，给利用工作带来极大困难，目前绝大多数太阳能利用设备都只能在晴天使用，转换效率也很低，一般的光热转换只在 30%～40%；光电转换效率就更低，大部分太阳能电池的效率只在约 8%～10%。因此，目前太阳能利用研究的关键就是如何提高效率、降低造价，使之在经济上达到实际应用的水平。现将这些课题的研究概况进行简要叙述。

1) 光热转换

把吸收的太阳辐射光能直接转换为热能。如：热水器、开水器、干燥器、采暖、温室与太阳房、太阳灶和高温炉、海水淡化装置、水泵、热力发电装置及太阳能医疗器具。

2) 光电转换

利用某些器件把收集的太阳能转换为电能，主要基于光伏效应、各种规格类型的太阳电池板和供电系统。

目前使用的太阳能电池大都是硅电池，原料是单晶硅，制造工艺复杂，成本高，效率低，近年来在提高电池效率、改进工艺、降低成本和发展硅以外的新型电池上都有很大进展，出现了薄膜电池、硫化镉电池、多晶硅电池等。

3) 光化学利用

利用光化学作用收集与储存太阳能。太阳光化学转换包括：光合作用、光电化学作用、光敏化学作用及光分解反应，目前该技术领域尚处在实验研究阶段。

4) 贮能技术

贮能问题是太阳能利用中的一个重大问题，只有经济地解决了贮能问题，太阳能的利用才真正有了实际意义。对于太阳能电站的蓄能问题，小型太阳光发电多用蓄电池蓄能，太阳能热发电则有蒸汽蓄能、抽水蓄能、制氢蓄能及超导蓄能等技术的研究，其中抽水蓄能效率可达 70%～75%，是一种有效的方法。

5) 集能器的研究

集能器是太阳能利用的关键技术，目前大致可分成 3 类。

(1) 非聚光型集能器。无须跟踪设备，不起聚光作用，目前在技术上已比较成熟。相对说来价格也较便宜，不少国家已有批量生产。

(2) 聚光型集能器。该类目前正在发展和实验中，用于需要中高温的太阳能利用装置上，其中有聚光比较低的菲涅尔透镜，通常用有机玻璃制成，能挤压成型，便于批量生产，造价较低，因而受到重视，有可能用于空调和采暖。

(3) 定日镜(平面反射镜)。主要用于塔式太阳能电站的跟踪机构，要求能随时准确对准太阳。这类集能器亦可与聚光镜配合使用以进一步提高温度。

2. 评价太阳能性质的物理量

1) 日照强度

因为地球接收的太阳光是一个随时间变化的量，因此，用太阳能电池进行发电，其输出电量也将随着太阳光的强度不同而改变。日照强度是一个基本的物理量，是指单位面积、单位时间表示的能量密度。单位：mW/cm^2 或者 $J/cm^2 \cdot min$。在光热利用中，通常用 $cal/cm^2 \cdot min$、$kcal/cm^2 \cdot h$；两种单位的换算关系为 $1kW/m^2 = 1.433cal/cm^2 \cdot min$。

2) 日照量

日照测量是指为规划管理日照分析提供测绘数据的测量活动。为了求取日照量，必须对日照强度进行连续测量，并在对应的时间段内进行逐日和逐月记录，据此算出不同月份的日照量平均值。其单位一般可以表示为：$kcal/m^2 \cdot d$(千卡/米^2·日)。

3) 日照时间

根据世界气象组织(WMO)1981 年规定，把直接日照强度为 $0.12kW/m^2$ 作为一个阈值，在晴天或者多云天气，超过此阈值时测定日照量并计算出日和月的日照时间。

4) 直射光和散射光

太阳光通过大气层直接到达地面的太阳光为直射光。太阳光由大气层散射和反射称为散射光。全天日射强度、直接日射强度、散乱日射强度之间的关系如下：

$$I_g = I_d \cdot \sin\theta + I_s \tag{5-1}$$

式中：I_g 为全天日射强度，I_d 为直接日射强度，I_s 为散乱日射强度。

5) 太阳光强度与波长的关系

因为太阳能电池属于量子领域的能量变换技术(光电效应),即光子的能量与波长有很大关系,太阳能的光伏变换与波长之间存在光感度特性,因此,有必要了解太阳光强度与波长的关系,见表5-1。

表5-1　太阳光强度与波长的关系

光波类型	波长/nm	照射强度/(mW/m^2)	转化为热能比例
紫外线	<0.4	109.81	8%
可　见	0.39~0.77	634.4	46%
红外线	>0.77	634.4	46%

3. 太阳能发电的状况和趋势

1) 太阳能发电的历史

1800年,发现光伏效应。

1954年,美国贝尔实验室,单晶硅太阳能电池发明,效率只有6%。

1958年,美国先锋1号卫星上应用太阳能电池,成功运行8年。

1976年,非晶硅太阳能电池发明,美国CA分公司的卡特发明。

1984年,美国7MW太阳能发电站建成。

1985年,日本1MW太阳能发电站建成。

1991年,德国制定再生新能源发电站与其电力网并网法规。

1999年,日本超过美国,并长期保持领先地位。2010年总电量达$5×10^9$W。

2007年,中国迅速崛起,太阳能电池产量超过日本。

2) 太阳能电池不同材料的分布状况

单晶硅29%,多晶硅、有机薄膜太阳电池55%,非晶硅5%,其他11%。

3) 我国发展状况

(1) 1958年开始研制太阳能电池;1959年第一个有实用价值的太阳能电池在中科院半导体研究所研制成功。

(2) 1971年3月,太阳能电池首次应用于我国第二颗人造卫星(科学实验卫星)实践1号上天,由天津电源所研制。

(3) 1973年太阳能电池首次应用于天津港的浮标灯上——天津电源所研制。

(4) 1979年单晶硅电池—半导体器件厂成立。

(5) 20世纪80年代后期引进太阳能电池生产技术,生产能力达4.5MW,我国太阳能电池产量初步形成。

近阶段无锡Suntech(尚德)、宁波太阳能、保定天威英利处于领先地位。

4) 我国的光电项目

(1) 利用风电、光电解决2300万户无电居民道路、微波通信等网电。2010年达300MW,投资100亿元,10年时间。

(2) GEF项目,用5年时间安装10MW光伏系统,解决无电居民用电。

(3) 西部 7 省无电乡，通电工程 15MW，18 亿元。

(4) 其他项目：中科院电工所，在青海敦煌 8MW。

上海交大太阳能研究所：10 万太阳能屋顶计划。广州中山大学，1 万个屋顶计划。

5) 我国光伏应用平均预测

(1) 成本预期：实验室光伏效率已达 21%，商业化达 14%～15%，一般为 10%～13%。

(2) 太阳能电池价格：2000 年 40 元/W，2004 年 27 元/W，2030 年达 1.3 元/W。可靠性和寿命：15～20 年增加到 30～35 年，效率从 10%～15%提高到 18%～20%。到 2040 年降低到与届时煤电成本相等。

5.1.3　太阳能发电系统的分类及组成

1. 光伏系统的一般分类及比较

一般将光伏系统分为独立系统、并网系统和混合系统。其结构分别如图 5.5(a)、(b)、(c)、(d)所示。

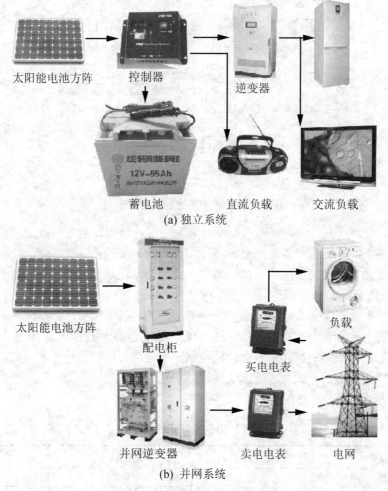

(a) 独立系统

(b) 并网系统

图 5.5　光伏发电系统的基本类型

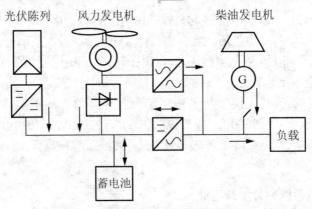

(c) 交直流母线混合互补发电系统示意图

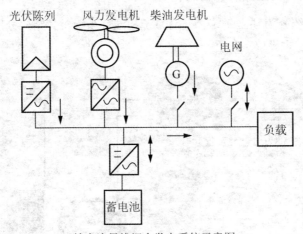

(d) 纯交流母线混合发电系统示意图

图 5.5　光伏发电系统的基本类型(续)

图 5.5(c)中，在交直流母线混合互补发电系统中，风力发电单元或通过整流单元变换为直流电对蓄电池充电或直接通过电力电子装置变换为交流电。交直流混合母线系统是介于纯直流母线系统和纯交流母线系统之间的一种混合发电系统的架构形式，还存在着纯直流母线系统的不足。

图 5.5(d)所示为纯交流母线混合发电系统，光伏发电单元和风力发电单元均通过电力电子变换装置直接变换为交流电并入交流电网；柴油发电机组在外部信号控制下发电后并入交流母线；蓄电池储能单元通过充放电控制器不仅可以以独立逆变的方式提供弱电网，而且还可以以充放电的方式并入交流电网。

3 种光伏系统的比较见表 5-2。

表 5-2　3 种光伏系统的比较

内容	独立光伏系列	并网光伏系列	混合供电系统
初始成本	高	最低	高
运营成本	高	低	高

续表

内容	独立光伏系列	并网光伏系列	混合供电系统
备用电源(蓄电池)	有	无	有
维护	需要维护	几乎免维护	维护较多
负载匹配	差	较好	较好
噪声	无	无	有
污染	有	无	有

2. 光伏系统的详细分类及比较

如果根据太阳能光伏系统的应用形式、应用规模和负载的类型，对光伏供电系统进行比较细致的划分，还可以将光伏系统细分为如下几种类型：小型太阳能供电系统(Small DC)；简单直流系统(Simple DC)；大型太阳能发电系统(Large DC)；交流、直流供电系统(AC/DC)；并网系统(Utility Grid Connect)；混合供电系统(Hybrid)；并网混合系统。下面就每种系统的特点进行简要说明。

1) 小型太阳能供电系统

该系统的特点是系统中只有直流负载，而且负载功率比较小，整个系统结构简单，操作简便。其主要用途是一般的家庭户用系统、各种民用的直流产品以及相关的娱乐设备。如在我国西部地区就大面积推广使用了这种类型的光伏系统，负载为直流灯，用来解决无电地区的家庭照明问题。

2) 简单直流系统

该系统的特点是系统中的负载为直流负载，而且对负载的使用时间没有特别的要求。负载主要是在白天使用，所以系统中没有使用蓄电池，也不需要使用控制器，系统结构简单。直接使用光伏组件给负载供电，省去了能量在蓄电池中的储存和释放过程以及控制器中的能量损失，提高了能量利用效率，常用于 PV(Photo Voltaic，太阳能发电、太阳光电)水泵系统、一些白天临时设备用电和一些旅游设施中。图 5.6 显示的就是一个简单直流的 PV 水泵系统。这种系统在发展中国家的无纯净自来水供饮地区得到了广泛的应用，产生了良好的社会效益。

图 5.6　简单直流系统

3) 大型太阳能供电系统

与上述两种光伏系统相比，这种光伏系统仍然适用于直流电源系统，但是这种太阳能光伏系统通常负载功率较大，为了保证可靠地给负载提供稳定的电力供应，其相应的系统规模也较大，需要配备较大的光伏组件阵列以及较大的太阳能蓄电池组。其常见的应用形式有通信、遥测、监测设备电源、农村的集中供电、航标灯塔、路灯等。例如，我国在西部一些无电地区建设的部分乡村光伏电站就是采用这种形式，中国移动公司和中国联通公司在偏僻无电网地区建设的通讯基站有一部分是采用这种光伏系统供电的。

4) 交流、直流供电系统

图 5.7 所示为交流、直流供电系统，这种光伏系统能够同时为直流和交流负载提供电力，在系统结构上比上述 3 种光伏系统多了逆变器，用于将直流电转换为交流电以满足交流负载的需求。通常这种系统的负载耗电量也比较大，从而系统规模也较大。在一些同时具有交流和直流负载的通信基站和其他一些含有交、直流负载的光伏电站中得到应用。

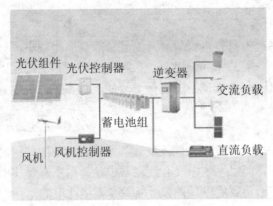

图 5.7　交流、直流供电系统

5) 并网系统

并网系统最大的特点就是光伏阵列产生的直流电经过并网逆变器转换成符合市电电网要求的交流电之后直接接入市电网络，并网系统中 PV 方阵所产生电力除了供给交流负载外，多余的电力反馈给电网。这种系统通常能够并行使用市电和太阳能光伏组件阵列作为本地交流负载的电源，降低了整个系统的负载缺电率，而且并网 PV 系统可以对公用电网起到调峰作用。但是，并网光伏供电系统作为一种分散式发电系统，对传统的集中供电系统的电网会产生一些不良的影响，如谐波污染、孤岛效应等。

6) 混合供电系统

使用混合供电系统的目的就是为了综合利用各种发电技术的优点，避免各自的缺点。例如，虽然独立光伏系统维护少，但能量的输出依赖于天气，不稳定。而综合使用柴油发电机和光伏阵列的混合供电系统和单一能源的独立系统相比，可以提供不依赖于天气的能源，具有较高的系统实用性。另外，在独立系统中因为可再生能源的变化和不稳定会导致系统出现供电不能满足负载需求的情况，即存在负载缺电情况，若使用混合系统则会大大地降低负载缺电率，负载匹配具有更佳的灵活性。

不过，混合系统也有其自身的缺点。

(1) 控制比较复杂。因为使用了多种能源，所以系统需要监控每种能源的工作情况，处理各个子能源系统之间的相互影响，协调整个系统的运作，这样就导致其控制系统比独立系统复杂，现在多使用微处理芯片进行系统管理。

(2) 初期工程较大。混合系统的设计、安装，施工工程都比独立工程要大。

(3) 比独立系统需要更多的维护。

很多在偏远无电地区的通信和民航导航设备，因为对电源的要求很高，都是采用混合系统供电的，以求达到最好的性价比。我国新疆、云南建设的很多乡村光伏电站就是采用光/柴混合系统。

7) 并网混合供电系统

随着太阳能光电子产业的发展，出现了可以综合利用太阳能的光伏组件阵列、市电和备用油机的并网混合供电系统。这种系统通常是控制器和逆变器集成一体化，使用电脑芯片全面控制整个系统的运行，综合利用各种能源达到最佳的工作状态，还可以使用蓄电池进一步提高系统的负载供电保障率，如 AES 的 SMD 逆变器系统。该系统可以为本地负载提供合格的电源，并可以作为一个在线的 UPS(不间断电源)工作，还可以向电网供电或者从电网获得电力。系统的工作方式通常是将市电和太阳能电源并行工作，对于本地负载而言，如果光伏组件产生的电能足够负载使用，它将直接使用光伏组件产生的电能供给负载的需求。如果光伏组件产生的电能超过负载的需求，则还能将多余的电能返回到电网；如果光伏组件产生的电能不够用，则将自动启用市电，使用市电供给本地负载的需求，而且，当本地负载的功率消耗小于 SMD 逆变器额定市电容量的 60%时，市电就会自动给蓄电池充电，保证蓄电池长期处于浮充状态；如果市电产生故障，即市电停电或者市电的品质不合格，系统就会自动地断开市电，转成独立工作模式，由蓄电池和逆变器提供负载所需的交流电能。一旦市电恢复正常，即电压和频率都恢复到上述的正常状态以内，系统就会断开蓄电池，改为并网模式工作，由市电供电。有的并网混合供电系统中还可以将系统监控、控制和数据采集功能集成在控制芯片中。这种系统的核心器件是控制器和逆变器。

3. 太阳能光伏系统组成

由案例一、案例二、案例三及图 5.5 所示光伏发电系统的基本类型可知，光伏系统主要由以下五部分组成：太阳能电池组件、控制器、蓄电池组、逆变器、直流负载或交流负载。

太阳能电池组件是太阳能发电系统中的核心部分，作用是在阳光照射下产生光伏电压和光生电流，将太阳辐射能量转换为电能，这些电能或推动负载工作，或送往蓄电池中存储起来。

控制器是能自动防止蓄电池组过充、过放并具有简单测量功能的电子设备，控制整个系统的工作状态，并对蓄电池起到输出短路保护、过载保护、反接保护等作用。光伏系统的性能好坏与控制器有重大关系。按照开关器件在电路中的位置，可分为串联控制型和分流控制型。按照控制方式，可分为普通开关控制型(含单路和多路开关控制)和 PWM 脉宽调制控制型(含最大功率跟踪控制器)。

蓄电池是光伏系统的储能装置。白天，太阳能被光电池转化为电能，通过给蓄电池充电，电能又转化为化学能。到了晚上，太阳能电池停止发电和充电，蓄电池开始对负载放电，化学能又转化为电能供给光源工作。现在的蓄电池一般为免维护铅酸蓄电池或胶体电池。小微型系统中也可用镍氢电池、镍镉电池或锂电池。

逆变器指把直流电能逆变为交流电能的电力电子设备。太阳能组件的直接输出一般都是 12V DC、24V DC、48V DC。为了能向 220V AC 的电器供电，需要将太阳能发电系统所发出的直流电能转换成交流电能及提高电压，因此要使用 DC-AC 逆变器。逆变器按运行方式，可分为独立运行逆变器和并网逆变器。独立运行逆变器用于独立运行的太阳能电池发电系统，为独立负载供电。并网逆变器用于并网运行的太阳能电池发电系统，将发出的电能馈入电网。

负载：系统中用电装置的总称，有直流负载和交流负载。

5.2 太阳能电池

5.2.1 太阳能电池的发电原理、分类

1. 太阳能电池的发电原理

太阳能电池是一种直接将光能转换为电能的光电器件。太阳电池发电的原理是基于半导体的光生伏特效应。光生伏特效应是指半导体在受到光照射时产生电动势的现象。

如图 5.8 所示，光线照射在太阳能电池上并且在界面层被吸收，具有足够能量的光子能够在 P 型硅和 N 型硅中将电子从共价键中激发出来，产生电子－空穴对，界面层附近的电子和空穴在复合之前，将通过空间电荷产生的内电场作用被相互分离。电子向带正电的 N 区运动，空穴向带负电的 P 区运动。通过界面层的电荷分离，在 P 区和 N 区之间产生一个向外的可测试的电压，即光生电动势。

对晶体硅太阳能电池来说，开路电压的典型数值为 0.5～0.6V。界面层吸收的光能越多，在界面层产生的电子－空穴对就越多，太阳能电池中形成的电流也越大。

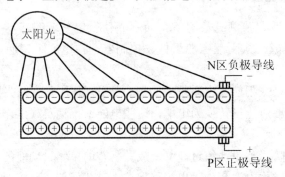

图 5.8　光生伏特效应示意图

2. 太阳能电池的分类

1) 按材料分类及特点

按材料不同分类如图 5.9 所示。

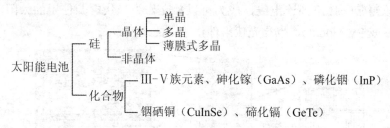

图 5.9　太阳电池按材料分类

单晶硅电池颜色多为黑色或深色，厚度约 300μm，质硬，不可卷曲，表面有梳齿晶状电极，光学、电学和力学性能均匀一致，效率为 15%～17%，特别适合切割成小片制作小型消费产品，如太阳能庭院灯等，也常用于光伏电站，特别是通信电站、航空器电源、聚焦光伏发电系统。

单晶硅电池在实验室实现的转换效率可达到 24.7%。代表性的单晶硅电池商品主要有荷兰 shell solar、西班牙 Isofoton、印度 Microsol 等厂家。

多晶硅电池颜色多为深蓝色，厚度约 300μm，外形多样化，在制作电池组件时有很高的填充率，效率为 12%～14%。因生产工艺简单，可大规模生产，所以多晶硅电池的产量和市场占有率为最大，主要用于光伏电站建设，作为光伏建筑材料，如光伏幕墙和屋顶光伏系统。

非晶硅电池颜色多为暗红色，厚度在 1μm 以下，可以弯曲，表面印制透明电极，效率为 6%～10%。这种电池早期存在劣化特性，即在太阳光的照射下，初期存在转换效率下降的现象，但后期稳定，可大批量生产。目前，非晶硅电池在计算机、钟表等行业已被广泛应用。

薄膜型电池颜色多为黑色，对于不同太阳光谱照射均可适应，它有一个突出的优势，即耐宇宙射线，可用于宇宙光伏电池，目前，在通信卫星和科学考察卫星上，砷化镓光伏电池已实用化。

2) 按结构分类

(1) 同质结电池。由同一种半导体材料构成一个或多个的电池。如硅电池、锗电池、砷化镓电池、锑化镓电池等。

(2) 异质结电池。用两种不同的半导体材料，在相接的界面上构成一个异质结电池。如锑化镓/砷化镓、铟镓砷/铟磷。如果两种异质材料晶格结构相近，界面处的晶格匹配较好，则称异质面电池。

5.2.2　太阳能电池组件

1. 电池组件概念

太阳能组件是指具有外部封装及内部连接、能单独提供直流电输出的最小不可分割的太阳能电池组合装置,即多个单体太阳能电池互联封装后成为组件。

单个太阳能电池往往因为输出电压太低,输出电流不合适,晶体硅太阳能电池本身又比较脆,不能独立抵御外界恶劣条件,因而在实际使用中需要将单体太阳能电池进行串、并联,并加以封装,接出外连电线,成为可以独立作为光伏电源使用的太阳能电池组件 (Solar Module 或 PV Module,也称光伏组件),如图 5.10 所示。

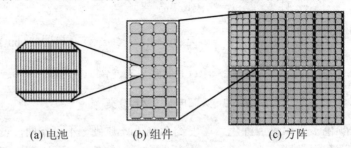

(a) 电池   (b) 组件   (c) 方阵

图 5.10 太阳能电池组件

2. 太阳能电池组结构

太阳电池组结构如图 5.11 所示,各部分的作用具体如下。

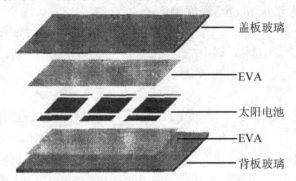

盖板玻璃

EVA

太阳电池

EVA

背板玻璃

图 5.11 双面玻璃太阳电池组件结构

(1) 盖板玻璃,是一块透光率高达 90%以上的厚约 3mm 的透光玻璃。此层玻璃一是为了保护电池串,防止其受风吹雨打并隔开灰土污染,二是为接受太阳能。

(2) EVA,是一种热融胶粘剂,常温下无粘性而具抗粘性,能在 150℃固化温度下交联,采用挤压成型工艺形成稳定胶层,并变得完全透明。固化后的 EVA 能承受大气变化且具有弹性,并和上层保护材料(玻璃)、下层保护材料(玻璃、聚氟乙烯复合膜等),将晶体硅片组成"上盖下垫"的结构。利用真空层压技术粘合为一体,它和玻璃黏合后能提高玻璃的透光率,起着增透的作用,对太阳电池组件的输出有增益作用。

(3) 后面板,一般为钢化玻璃、铝合金、有机玻璃、TPF 等。目前较多应用的是 TPF 复合膜,要求具有良好的耐气候性能,层压温度下不起任何变化,与粘接材料结合牢固。

(4) 框架,平板组件必须有边框以保护组件和组件与方阵的连接固定。主要材料有不锈钢、铝合金、橡胶、增强塑料等。

5.2.3 太阳能电池的等效电路及性能参数

1. 太阳能电池的等效电路

当受光照的光伏电池接上负载时，光生电流经过负载，并在负载两端建立起端电压，这时候光电池的工作情况可用图 5.12 来等效。图中把光电池看成能稳定输出光电流的电流源 I_{ph}(照射到光电池上的光源要稳定)与一只正向二极管并联。R_s 为等效体电阻，主要由半导体材料的体电阻、金属电极接触电阻、扩散层横向电阻构成，通常小于 1Ω。R_{sh} 主要是由电池表面污染、半导体缺陷、边缘漏电产生的等效电阻，一般为几千欧。

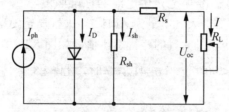

图 5.12　单个太阳能电池等效电路模型

由图可知

$$I = I_{ph} - I_D - I_{sh} \tag{5-2}$$

式中：I 为光伏电池的输出电流，单位为 A；I_{ph} 为光生电流，单位为 A；I_D 为流过二极管的电流，单位为 A；I_{sh} 为流过内部并联电阻 R_{sh} 的电流，单位为 A。

$$U_{OC} = \frac{AKT}{q} l_n\left(\frac{I_{ph}}{I_0} + 1\right) \tag{5-3}$$

其中

$$I_{ph} = \lambda\left[I_{phr} + K_1(T - 298)\right] \tag{5-4}$$

式中：λ 为光照强度，单位为 kW/m^2；I_{phr} 为标准测试条件光照强度($1kW/m^2$)，环境温度为 298K 时所测得的光生短路电流；K_1 为短路电流温度系数，STP0950S-36 在标准测试条件下的参数为 2.06mA/℃。

$$I_D = I_0\left\{\exp\left[\frac{q(u + IR_s)}{AKT}\right] - 1\right\} \tag{5-5}$$

式中：I_0 为二极管反向饱和电流(一般而言，其数量级为 10^{-4}A)；u 为输出电压，单位为 V；K 为玻尔兹曼常数，$K=1.38\times10^{-23}$J/K；R_S 为电阻的阻值，单位是 Ω；T 为光伏电池绝对温度，单位为 K；A 为二极管的理想因子，当温度 $T=300$K 时，取值 2.8；q 为电子电荷电量，$q=1.6\times10^{-19}$ 库仑。

$$I_r = \frac{u + R_S I}{R_{sh}} \tag{5-6}$$

式中：R_{sh} 为电阻的阻值，单位为 Ω。

将式(5-5)、式(5-6)代入式(5-2)即可得光伏电池的输出电流表达式。

对于式(5-3)，在外部负载短路的情况下，即 $U_{oc}=0$，此时，光伏电流 I_{ph} 全部流向外部的短路负载，短路电流 I_{phr} 几乎等于光电流，有 $I_{phr}=I_{ph}$；在开路工作状态时，$I=0$，光电流全部流经二极管，此时的开路电压即为 U_{oc} 表达式。

设光伏阵列由 N_s 块光伏电池串联为电池组件和 N_P 个该电池组件并联而成，则光伏阵列输出电压、电流的表达式为

$$U_{array} = N_s(U_d - IR_s) \tag{5-7}$$

$$I_{array} = N_p I \tag{5-8}$$

2. 太阳能电池的测量条件

欧洲委员会的 101 号标准规定光伏电池的标准照度测试条件：太阳能辐射通量为 1000W/m² 、环境温度为 25℃、大气质量为 AM1.5。大气质量(AM)是指太阳光线通过大气的路程与太阳在天顶时光线通过大气的路程之比值，如图 5.13 所示。

$$AM = \frac{1}{\sin\alpha}，0° < \alpha < 90°。当 \alpha=41.81° 时，AM=1.5。$$

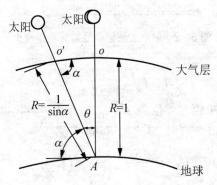

图 5.13　太阳光线在大气层的入射路径

测量仪日光装置：标准太阳电池，电流表，取样电阻，0～10kΩ 负载电阻，温度计。

测试项目：开路电压 U_{oc}，短路电流 I_{sc}，最佳工作电压 U_m，最佳工作电流 I_m，最大输出功率 P_m，光电转换效率 η，短路电流温度系数 α，开路电压温度系数 β，内部串联电阻 R_s，内部并联电阻 R_{sh}。

3. 太阳能电池的性能参数

光伏电池的特性一般包括光伏电池的输入输出特性(伏安特性)、照度特性以及温度特性。

1) 伏安特性

太阳电池的 I-U 特性是指在某个确定的日照强度和温度下，太阳电池的输出电流和输出电压之间的关系，可以用图 5.14 表示。从图可以看出，伏安特性曲线具有明显的非线性。它既非恒压源，也非恒流源，也不可能为负载提供任意大的功率，而是一种非线性直流电源，其输出电流在大部分工作电压范围内近似恒定，在接近开路电压时，电流下降率很大。

主要性能参数有：短路电流、开路电压、峰值电流、峰值电压、峰值功率、填充因子和转换效率等。

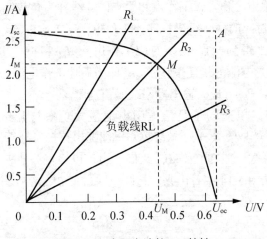

图 5.14　太阳电池的 $I\text{-}V$ 特性

(1) 短路电流 I_{SC}。当将太阳能电池的正负极短路，使 $U=0$ 时，此时的电流就是电池的短路电流，短路电流的单位 A，短路电流随着光强的变化而变化。测定该电流随光强度按比例增加。

(2) 开路电压 U_{OC}。当太阳能电池两端断开负载时正负极间的电压就是开路电压，单位是伏特(V)。该值随光强度按指数函数规律增加。

(3) 峰值电流 I_M：峰值电流也称最大工作电流或最佳工作电流。峰值电流是指太阳能电池组件输出最大功率时的工作电流，单位是 A。

(4) 峰值电压 U_M。峰值电压也称最大工作电压或最佳工作电压。峰值电压是指太阳能电池片输出最大功率时的工作电压，单位是 V。组件的峰值电压随电池片串联数量的增减而变化，36 片电池片串联的组件峰值电压为 17～17.5V。

(5) 峰值功率 P_M。峰值功率也称最大输出功率或最佳输出功率。峰值功率是指太阳能电池组件在正常工作或测试条件下的最大输出功率，也就是峰值电流与峰值电压的乘积，$P_M=I_M \times V_M$。峰值功率的单位是 W。

【例 5.1】 某地区每天有效日照时间为 5h，假设灯具功率为 25W，每天要求平均工作时间为 12h，考虑到太阳能电池组件的充电效率和充电过程中的损耗，假设太阳能方阵的实际使用功率系数为 0.7，蓄电池转换效率为 0.85，驱动器效率为 0.9。

求：所选太阳能电池峰值功率为多少瓦？

解：

P_K=灯具功率×每日使用时间/(每天有效时间×太阳能电池方阵实际使用功率系数×蓄电池转换效率×驱动器效率)

$$P_K=25W \times 12h/(5h \times 0.7 \times 0.85 \times 0.9)=112.05W$$

太阳能电池组件的峰值功率取决于太阳辐照度、太阳光谱分布和组件的工作温度，因此太阳能电池组件的测量要在标准条件下进行。

当负载 R_L 从零变到无穷大时，就可以得到如图 5.14 所示光伏电池的负载特性曲线。

曲线上的任意一点都称为工作点，工作点和原点的连线称为负载线，负载线的斜率的倒数即等于 R_L，与工作点对应的横、纵坐标即为工作电压和工作电流。调整负载电阻 R_L 到某一值 R_M 时，在曲线上得到一点 M，对应工作电流 I_M 和工作电压 U_M 之积最大，即 $P_M=I_M\times U_M$，该点称为光电池的最佳工作点，I_M 即为最佳工作电流，U_M 即为最佳工作电压，R_M 即为最佳负载电阻，P_M 为最大输出功率或峰值功率。

(6) 填充因子 FF。填充因子是指太阳电池最大功率与开路电压和短路电流乘积 ($I_{sc}\times U_{oc}$)的比值，通常用 FF 表示，是衡量光电池输出特性好坏的重要指标之一。太阳能电池组件的填充因子系数一般在 0.5～0.8 之间，也可以用百分数表示。

填充因数也可以从图 5.14 中看出，是两个四边形 $0I_MMU_M$ 与 $0I_{sc}AU_{oc}$ 的面积比。表达式为

$$FF = \frac{P_M}{U_{oc}I_{sc}} = \frac{U_M I_M}{U_{oc}I_{sc}} \tag{5-9}$$

填充因数表征光电池的优劣，在一定光照下，填充因数愈大曲线愈方，输出功率愈高，电池的转换效率越高。影响太阳电池输出特性的内部因素中，串、并联电阻对填充因子的影响最大：串联电阻越大，并联电阻越小，填充因子则随之变小。而外部因素中对太阳电池输出特性影响最大的是日照强度。填充因子随日照强度的变化目前还未有清晰的表述。另外，在工程实际中，已经注意到日照强度对太阳电池输出特性的影响：短路电流和最大功率点电流与日照强度成正比，开路电压和最大功率点电压则与日照强度的自然对数成正比。此外，禁带宽度较高的半导体材料可得到较高的开路电压，因此填充因子较高。填充因子还与入射光光强、反向饱和电流都密切相关。

(7) 转换效率。转换效率用来表示照射在电池上的光能量转换成电能的大小，它是衡量电池性能的另一个重要指标。但对于同一块电池来说，电池负载的变化会导致光伏电池的转换效率发生变化。为统一标准，一般用公称效率来表示电池的转换效率。即对在地面上使用的电池，用在太阳能辐射通量为 1000W/m² 、大气质量为 AM1.5、环境温度为 25℃ 条件下的输出值与负载条件变化时的最大电气输出之比的百分数来表示。

2) 照度特性

如图 5.15 所示，可以看出实际太阳电池的短路电流因光照强度不同而产生的差异非常明显，这是因为太阳电池的光生电流远远大于其反向饱和电流($I_{ph} \gg I_0$)，根据太阳电池短路电流的表达式：

$$I_{sc} = I_{ph} - I_0\left[\exp\left(\frac{I_{sc}R_S}{nU_{th}}-1\right)\right] - \frac{I_{sc}R_S}{R_{Sh}} \tag{5-10}$$

式(5-10)中，n 为二极管理想因子，$U_{th}=KT/q$ 为温度电势。由于 $R_{Sh} \gg R_S$，所以实际太阳电池短路电流的表达式可简化为 $I_{SC} \approx I_{ph}$。因为光生电流正比于光照强度，所以，太阳电池短路电流近似正比于光照强度。由图也可看出，光照强度越大，太阳电池的开路电压也越大，低照度时仍能保持一定的开路电压。

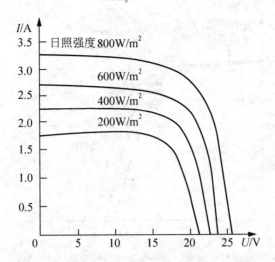

图 5.15　日照强度对开路电压和短路电流的影响

图 5.16 所示为日照强度对太阳电池 $P\text{-}U$ 特性的影响，由图可知，随着光照强度的增大，太阳电池的输出功率也随之增大。

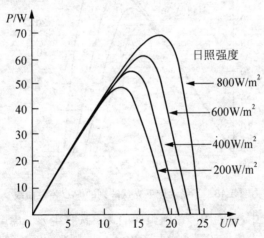

图 5.16　日照强度对太阳电池 $P\text{-}U$ 特性的影响

3) 温度特性

光伏电池的特性随温度的变化而变化，图 5.17 所示为日照强度一定(1000W/m^2)时不同温度下的伏安特性曲线，图 5.18 为不同温度下光伏阵列的 $P\text{-}U$ 特性曲线。由图可知，随着温度的上升，电流、电压略有变化，短路电流 I_{sc} 增大，而开路电压 U_{oc} 减小，转换效率下降。一般说来，对于常用的晶体硅太阳电池，影响系数如下。

开路电压 U_{oc} 随温度的变化：$(-0.37\sim-0.4\%)U_{oc(25℃)}/℃$；

短路电流 I_{sc} 随温度的变化：$(+0.09\sim+0.1\%)I_{sc(25℃)}/℃$；

光伏阵列输出功率 P 随温度变化而呈现出衰减特征，衰减率约 $0.5\%P_{(25℃)}/℃$。

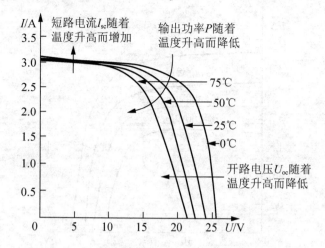

图 5.17　温度对太阳电池特性的影响(*I-U* 特性)

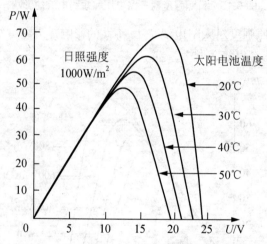

图 5.18　不同温度下光伏阵列的 *P-U* 特性曲线

在实际的系统设计中，对太阳能电池组件的功率选择主要考虑用电地区的气候条件、用电要求、利用率等，当然，还要考虑与蓄电池、控制器的匹配等因素。

【例5.2】　7W 太阳能 LED 庭院灯设计。

设计条件：

灯高 2.8m，使用时间每天工作 10h，连续阴雨天 5 天，阴雨天间隔 30 天，LED 庭院灯光源功率 7W。工作电压为 12V。假设蓄电池的转换效率和自身损失为 80%。太阳能电池组件的发电量和负载利用率的对应比例关系为 75%，当地平均日照时间为 4.5 小时。

解：

(1) 计算蓄电池的容量：

$$C = \frac{7W \times 10h \times 6}{12V} \div 80\% = 35Ah \div 80\% = 43.7Ah$$

其中：6 为连续阴雨天加前一天。

(2) 太阳能组件设计。

① 计算没有阴雨天时太阳能组件功率。

负载：$P = 7\text{W} \times 10\text{h} = 70\text{Wh}$

太阳能组件每天需：$W_1 = 70\text{Wh} \div 75\% = 93\text{Wh}$

因当地平均日照时间为 4.5 小时，所以太阳能电池组件功率为：

$$P_1 = 93\text{Wh} \div 4.5\text{h} = 20.6\text{W}$$

所以，在没有阴雨天时，太阳能组件可选取 20W。

② 计算 5 天阴雨天，间隔 30 天太阳能组件。

5 天阴雨天间隔 30 天，即 30 天要储存 5 天的用电量。

$$W_2 = \frac{6\text{天} \times 7\text{W} \times 10h}{30\text{天}} = 14\text{Wh}$$

计算损失前太阳能组件：$W_2' = 14\text{Wh} \div 0.75 = 19\text{Wh}$。

按每天 4.5 小时日照时间，则太阳能组件功率：$P_2 = 19\text{Wh} \div 4.5 = 4.2\text{W}$。

③ 由以上两步骤的粗略计算可得太阳能组件的总功率为

$$P_\text{总} = 20.6\text{W} + 4.2\text{W} = 24.8\text{W}$$

加上其他没有考虑到的因素，太阳能组件可采用 30 瓦较好。

综上所述：7W 太阳能 LED 庭院灯的基本配置，太阳能组件 30W，蓄电池为 43Ah，配 12V/5A 的控制器。

5.3 太阳能控制器

控制器是光伏发电系统的核心部分。一般应具有如下功能：蓄电池的充放电控制。控制器根据当前光伏电池方阵输出电能的情况和蓄电池的荷电状态，以高效、快速的充电方式进行充电，以保护蓄电池；从能量最优化考虑，实现太阳能光伏电池板的输出最大功率点跟踪控制(Maximum Power Point Tracker)，最大化利用太阳能光伏电池板的能量；监控太阳能电池板的工作状态，检测和显示太阳能电池板的电压、电流等参数，确定电池极板的工作状态，保护太阳能电池；跟踪太阳方位和高度。其中，对蓄电池的保护和对充放电的控制是必备的功能，其他功能在复杂的高端控制器中才有。还有的控制器能把光伏系统的数据传输给远程的设备，具有通信功能。下面进行简要介绍。

5.3.1 充放电控制器的基本类型及工作原理

1. 并联型充放电控制器

并联型充放电控制器框图如图 5.19 所示。并联型充放电控制器充电回路中的开关器件 T1 并联在太阳电池方阵的输出端，用以解决串联型充电控制器中开关元件的功率损耗。当蓄电池电压大于"充满切离电压"时，开关器件 T1 导通，同时二极管 D1 截止，则太阳电池方阵的输出电流直接通过 T1 短路泄放，不再对蓄电池进行充电，从而保证蓄电池不会出现过充电，起到"过充电保护"作用。

D1 为"防反充二极管"，只有当太阳电池方阵输出电压大于蓄电池电压时，D1 才能导通，反之截止，从而保证夜晚或阴雨天气时不会出现蓄电池向太阳电池方阵反向充电的现象，起到防反向充电保护作用。

开关器件 T2 为蓄电池放电开关，当负载电流大于额定电流，出现过载或负载短路时，T2 关断，起到"输出过载保护"和"输出短路保护"作用。同时，当蓄电池电压小于"过放电压"时，T2 也关断，进行"过放电保护"。

D2 为"防反接二极管"，当蓄电池极性接反时，D2 导通使蓄电池通过 D2 短路放电，产生很大电流快速将保险丝 BX 烧断，起到"防蓄电池反接保护"作用。

检测控制电路随时对蓄电池电压进行检测，当电压大于"充满切离电压"时使 T1 导通进行"过充电保护"；当电压小于"过放电压"时使 T2 关断进行"过放电保护"。

并联型充电控制器可以使用继电器作为开关，目前多使用固体继电器和晶闸管等。

并联型充电控制器优点是线路设计简单，价格便宜，充电回路损耗小，控制器的效率高，但是当保护电路动作时，开关元件要承受光伏组件输出的最大电流，所以需选用功率较大的开关元件。为了提高光伏电池的利用率，也可以在并联分流回路中接入耗能负载。简单的旁路充电控制器主要用于风力发电系统和小型光伏发电系统。这种控制器虽然采用旁路泄放的方式来调节对蓄电池的充电，但从起控点的设置方式和充电控制形式来讲，它仍然属于接通/断开式控制器。

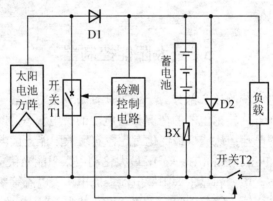

图 5.19 并联型充放电控制器框图

2. 串联型充放电控制器

串联型充放电控制器框图如 5.20 所示，和并联型充放电控制器电路结构相似，唯一区别在于开关器件 T1 的接法不同，并联型 T1 并联在太阳电池方阵输出端，而串联型 T1 是串联在充电回路中。当蓄电池电压大于"充满切离电压"时，T1 关断，使太阳电池不再对蓄电池进行充电，起到"过充电保护"作用。

串联型充电控制器可以使用继电器作为开关，目前多使用固体继电器、功率场效应管(MOSFET)、晶闸管(IGBT)等。设计得体的串联型充电控制器中的开关元件还可以替代防反二极管，起到防止夜间"反向泄露"的作用。

其他元件的作用和串联型充放电控制器相同,此处不再赘述。

3. PWM 型充电控制器

脉宽调制(PWM)充电控制器是近年来为了有效地防止过充电,充分利用太阳能对蓄电池的充电而发展起来的。PWM 型控制器具有智能模块,可以根据光伏电池电压、蓄电池电压和环境温度调整充电方式,既实现光伏电能利用的最大化,又能最大限度地减少充电过程中对蓄电池的损耗,最终能够实现延长蓄电池使用寿命的目的。另外,PWM 控制器还可以实现光伏系统的最大功率跟踪功能。因此,脉宽调制控制器也常用于大型的光伏发电系统。

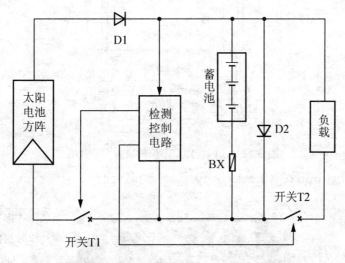

图 5.20 并联型充放电控制器框图

PWM 充电控制器是以脉冲方式进行控制的,当蓄电池趋向充满时,随着其端电压的逐渐升高,脉冲的频率或占空比发生变化,使导通时间缩短,充电电流逐渐趋近于零。当蓄电池电压由充满点下降时,充电电流又会逐渐增大。

相对于前述两种充电控制方式而言,PWM 充电方式没有特定的过充断开点和恢复点。但通常要求在蓄电池端电压达到设定的充满断开值附近时,其充电电流要趋近于零。

脉宽调制充电保护电路以并联型保护电路方式为主,其工作原理可以参考图 5.21。缺点是脉宽调制控制器自身带来大约 4%～8%的损耗。

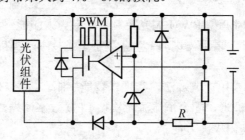

图 5.21 并联型 PWM 控制器工作原理

【**例 5.3**】 现在以一个太阳能路灯系统的解决方案为例说明控制器在简单光伏系统中的应用。

如图 5.22 所示太阳能路灯系统组成示意图，其中，SR-LP 为深圳硕日新能源科技有限公司提供的 PWM 调光控制器，SR-SCP 智能调光型 LED 恒流驱动电源，标号"1"为太阳能电池，标号"2"为蓄电池，标号"3"为 LED 负载。

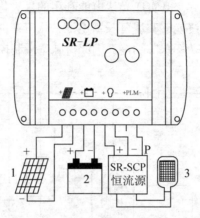

图 5.22　太阳能路灯系统解决方案示意图

现对 SR-LP 型 PWM 调光控制器 SR-LP 做详细介绍。

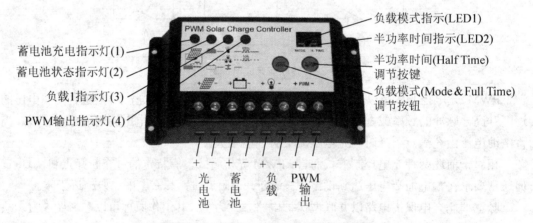

图 5.23　SR-LP 型 PWM 调光控制器面板

如图 5.23 所示为 SR-LP 型 PWM 调光控制器，专为太阳能直流 LED 路灯系统、庭院灯等需要调光的场合设计，采用先进的 PWM 数字调光技术，可提供高质量的调光方案。

主要特点：

(1) 使用微处理器和专用控制算法，实现了智能控制。

(2) 一路输出 PWM 波形，配合恒流源可实现 LED 数字调光，并且可以单独设置全功率和半功率工作时间，使用极其方便。

(3) 五种负载工作模式：纯光控、光控+定时、手动、调试模式、自定义模式，其中自定义模式支持 8 时段任意调光控制。

(4) 科学的蓄电池管理方式，当出现过放时，对电池进行提升电压充电，进行一次补偿维护，正常使用时，使用直充充电和浮充结合的充电方式，每 7 天进行一次提升充电，防止电池硫化，大大延长了蓄电池使用寿命；同时具有高精度温度补偿。

(5) 参数设置具有掉电保存功能，即系统模式和控制参数等重要数据均保存在芯片内部，掉电后不丢失，使系统工作更可靠。

(6) 充电回路采用双 MOS 串联式控制回路，使回路电压损失较使用二极管的电路降低近一半，充电采用 PWM 模糊控制，使充电效率大幅提高，用电时间大大增加。

(7) LED 直观显示太阳能电池、蓄电池和负载的状态，数码管显示调节参数，让用户实时了解系统运行状况，并且具有丰富的参数设置，用户可以根据不同使用环境设置相应的工作模式。

(8) 具有过充、过放、过载保护以及独特电子短路保护与防反接保护，所有保护均不损害任何部件，不烧保险；具有 TVS 防雷保护，无跳线设计，可提高系统的可靠性、耐用性。

(9) 双位数字 LED 显示，双按键操作，使用方便直观。

主要参数见表 5-3：

表 5-3　SR-LP 系列控制器参数表

控制器参数名称	SR-LP 系列控制器参数大小	
额定充电电流	□5A　□10A　□15A　□20A	
额定放电电流	□5A　□10A　□15A　□20A	
系统电压	□12V；　□24V　□12V/24V Auto	
空载损耗	<5mA；	
充电回路压降	不大于 0.20V；	
放电回路压降	不大于 0.15V；	
超压保护	17V；×2/24V；	
提升充电电压	14.6V；×2/24V(维持时间：30min)(当出现过放电时调用，或每 7 天调用一次)	
直充充电电压	14.4V；×2/24V(维持时间：30min)	
浮充电压	13.6V；×2/24V(维持时间：直至降到充电返回电压动作)	
充电返回电压	13.2V；×2/24V	
过放返回电压	12.5V；×2/24V	
欠压电压	12.0V；×2/24V	
过放电压	11.1V；×2/24V	
温度补偿	-4.0mv/℃/2V(提升、直充、浮充、充电返回电压补偿)；	
控制方式	充电：PWM 脉宽调制；	
PWM 输出	PWM @ 250Hz，占空比可调	
工作温度	-35℃至+65℃；	
过载、短路保护	1.25 倍额定电流 30 秒；1.5 倍额定电流 5 秒过载保护动作；≥3 倍额定电流短路保护。	
保护电路	过充、过放、过载和短路保护	所有保护均不损害任何部件，不烧保险；保险丝只做终极保护作用。
	太阳能电池、蓄电池反接保护	

安装与使用说明:

(1) 控制器安装尺寸

外形尺寸(mm) 133.5×70×34

安装尺寸(mm) 126×50

(2) 导线的准备:使用与电流相匹配的电缆,计划好长度,将接控制器一侧的接线头剥去 5mm 的绝缘,尽可能减少连接线长度,以减少电损耗。

(3) 连接蓄电池:注意+、-极不要接反,如果正负极接正确,蓄电池指示灯会亮,否则,需要检查连接是否正确。

(4) 连接太阳能板:注意+、-极不要接反,如果正负极接正确,太阳能板指示灯会亮,否则,需要检查连接是否正确。

(5) 连接负载:将负载连接线接入控制器负载,电流不能超过控制器额定电流,并注意+、-极不要接反,以免损坏设备。

(6) 控制线连接:将恒流源的控制线接到 PWM 输出端的"-"极即可,如图 5.24 所示,当 PWM 有输出时,控制信号线为低电平,控制 LED 灯亮。

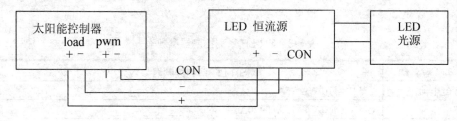

图 5.24　控制线接法

常见问题及处理方法见表 5-4:

表 5-4　SR-LP 系列控制器问题及处理方法

现　象	问题及处理方法
有阳光时,电池板指示灯(1)不亮	请检查光电池连接线是否正确,接触是否可靠
电池板充电指示灯(1)快闪	系统超压,请检查蓄电池是否连接可靠,或是蓄电池电压过高
蓄电池指示灯(2)不亮	蓄电池供电故障,请检测蓄电池连接是否正确
蓄电池指示灯(2)快闪,无输出	蓄电池过放,充足后自动恢复
负载指示灯(3)慢闪,无输出	负载功率超过额定功率,减少用电设备后,长按键一次恢复
负载指示灯(3)快闪,无输出	负载短路,故障排除后,长按键一次或第二天自动恢复
负载指示灯(3)常亮,无输出	请检查用电设备是否连接正确、可靠

5.3.2　最大功率点跟踪控制

1. MPPT 控制的基本原理

由于光伏器件的输出功率随外部环境变化而变化,因此光伏发电系统普遍采用 MPPT 电路和相应的控制方法提高对光伏器件的利用效率。假定电池的结温不变,不同日照情况

下光伏器件的 *I-U* 特性曲线如图 5.25 所示。图中 *A*、*B* 分别为 600W/m² 和 800W/m² 日照情况下光伏器件的最大输出功率点，负载 1、负载 2 为两条负载曲线。当光伏器件工作在 *A* 点时，日照突然加强，由于负载没有改变，光伏器件的工作点转移到 *A'* 点。从图中可以看出，为了使光伏器件在 800W/m² 特性曲线仍能输出最大功率，就要使光伏器件工作在特性曲线上的 *B* 点，也就是说，必须对光伏器件的外部电路进行控制，使其负载特性变为负载曲线 2，实现与光伏器件的功率匹配，从而使光伏器件输出最大功率。

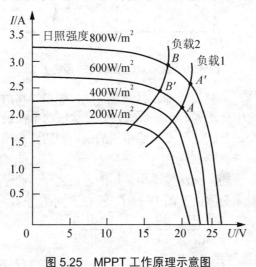

图 5.25　MPPT 工作原理示意图

2. MPPT 控制的几种不同算法

1) 恒定电压控制法(CVT)

恒定电压控制法的原理是：在光伏电池温度一定时，光伏电池的输出 *P-U* 曲线上最大功率点电压几乎分布在一个固定电压值的两侧。因此，CVT 控制法思路即是将光伏电池输出电压控制在该电压处，此时，光伏电池在整个工作过程中将近似工作在最大功率点处。

采用 CVT 控制的优点是控制简单且易实现，系统工作电压具有良好的稳定性。缺点是 MPPT 精度差，系统工作电压的设置对系统工作效率影响大，控制的适应性差，即当系统外界环境条件改变时，对最大功率点变化适应性差。

2) 功率扰动观察法

扰动观测法是目前实现 MPPT 常用的方法之一。其原理是通过叠加光伏阵列输出电压的扰动来改变阵列输出功率，从而以输出功率的变化来判断电压扰动方向的正确性。

图 5.26 所示为扰动观测法工作过程：首先，假定系统工作点在功率上升曲线 A 点，此时电压叠加一个扰动，即Δ*U*。则下一个 MPPT 周期的光伏阵列输出电压为 $U_B=U_A+\Delta U$，判断此时的输出功率，如果输出功率 $P_B>P_A$，则说明电压扰动方向正确，继续保持原方向扰动。同理，工作点再从 B 点扰动到 C 点，如果 $P_C>P_B$，则继续保持原扰动方向。工作点从 C 扰动到 D 时，此时功率点在下降曲线上。由于 $P_D>P_C$，则说明电压扰动方向为输出

功率下降方向，则扰动方向为反向，即 $U_C = U_D - \Delta U$，工作点再从 D 扰动回 C 点。同理，系统工作点在 B、C、D 之间徘徊，保持寻优过程。

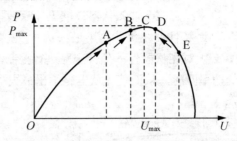

图 5.26　扰动观察法 MPPT 原理图

　　扰动观察法的最大优点是结构简单，测量参数少，控制思路清晰，易于实现，算法简单。但是，光伏系统在使用扰动观察法工作时，阵列输出功率在最大功率点附近容易发生振荡，导致部分功率损失，且初始值及跟踪步长的给定对跟踪精度和速度有较大影响。

　　3) 增量电导法

　　电导增量法是实现最大功率跟踪控制中常用的方法之一。通过太阳电池阵列功率电压曲线可知最大值点处的斜率为零，又因 $P=U\times I$，所以 P 对 U 求导得

$$\frac{dP}{dU} = \frac{dIU}{dU} = I + U\frac{dI}{dU} \tag{5-11}$$

从图 5.23 的 $P\text{-}U$ 曲线可知

当 $\dfrac{dP}{dU}>0$ 时，$U<U_{max}$；当 $\dfrac{dP}{dU}<0$ 时，$U>U_{max}$；当 $\dfrac{dP}{dU}=0$ 时，$U=U_{max}$。

将 3 种情况代入式(5-11)得：当 $\dfrac{dI}{dU}>-\dfrac{I}{U}$ 时，$U<U_{max}$；当 $\dfrac{dI}{dU}<-\dfrac{I}{U}$ 时，$U>U_{max}$；当 $\dfrac{dI}{dU}=-\dfrac{I}{U}$ 时，$U=U_{max}$。

　　由上式可知，当输出电导的变化量等于输出电导的负值时，光伏电池组工作于最大功率点，满足最大功率点所需的条件。

　　(1) $dU=0$，$dI=0$，找最大功率点，不需调查。

　　(2) $dU=0$，$dI\neq0$，依据 dI 的正负来调整参数电压。

　　(3) $dU\neq0$，根据 $\dfrac{dI}{dU}=-\dfrac{I}{U}$ 之间关系调整工作点电压，获取最大功率点跟踪。

　　其工作过程为：检测当前太阳能电池的电压值 U、电流值 I 与上次电压、电流的差值，即太阳能电池的增量值 ΔU 和 ΔI。在电压增量 ΔU 为零时，式(5-11)不成立，此时应改为判断电流的增量 ΔI，如果 ΔI 也为零，说明此时系统正工作在最大功率点上。当 ΔI 大于零时，减小指令电流；当 ΔI 小于零时，增大指令电流。当电压增量 ΔU 为非零值时，判断式(5-11)的大小，若式(5-11)为零，也表示系统正工作在最大功率点，则继续保持系统的电流指令不变，以维持系统的占空比保持不变；若式(5-11)大于零，表示在功率—电压曲线的上升阶段，减小指令电流；若式(5-11)小于零，则在功率—电压曲线的下降阶段，增大指令电流。

此跟踪法最大的优点在于避免扰动观察法的盲目性，当日照温度变化时，电池输出电压以平衡的方式追随其变化，晃动较扰动观察法小。但其算法较为复杂，对系统响应速度有一定的要求。

4) 滞环比较法

因扰动法的缺点，在扰动观察的基础上提出滞环比较法。它的优点是：根据日照量快速变化(如有云经过)时，并不立即跟随并快速移动工作点(可避免干扰或误判错误)，而是等到日照量较稳定时再跟踪到最大功率点，以减少扰动损耗。

其原理如下：在太阳能电池 $P\text{-}U$ 特性曲线顶点附近从左至右依次取 A、B、C 三点，设变化标志 Flag，P_A、P_B、P_C 对应于 A、B、C 三点的功率，规定当 $P_B \leqslant P_C$ 时，Flag=1；$P_B > P_C$ 时，Flag=-1；当 $P_A < P_B$ 时，Flag=1；当 $P_A \geqslant P_B$ 时，Flag=-1。这样根据 Flag 的值就可以做出扰动方向的判断。

Flag=2，$P_A < P_B \& P_B \leqslant P_C$

增加扰动量；

Flag=0，$P_A < P_B \& P_B > P_C$

达到最大点；

Flag=-2，$P_A \geqslant P_B \& P_B > P_C$

减小扰动量。

当日照快速变化(有云经过)时，也会出现 $P_A \geqslant P_B \& P_B \leqslant P_C$ 的情况，由于此时 Flag= 0，可以将其归入达到最大点的情况，即工作点不作改变，从而避免了因日照快速变化而导致的误判。

5) 模糊逻辑控制法

模糊控制法是一类人工智能，最大的特点是将专家经验和知识表示成语言控制规则，再用这些规则去控制系统，不需要建立控制对象精确的数学模型，它的核心部分是模糊控制器。

模糊控制器：微机采样获取被控制量的精确值，然后将此量与给定值进行比较得到误差信号 E。作为输入量，将 E 的精确量变成模糊量，用模糊语言表示。得到模糊语言集合子集 e，再由 e 和模糊控制规则 R(模糊关系)推理合成模糊量 U，$U=eR$。

此方法的实现可以分为 3 个步骤：模糊化、控制规则评价、解模糊。模糊控制器的输入通常为误差 E 和误差变量 ΔE。由于在最大功率点处，在光伏发电系统中其输入变量 E 和误差变量 ΔE 可以用式(5-12)和式(5-13)表示：

$$E(n) = \frac{P(n) - P(n-1)}{U(n) - U(n-1)} \tag{5-12}$$

$$\Delta E = E(n) - E(n-1) \tag{5-13}$$

由式(5-13)可知，光伏阵列工作在最大功率点时，误差 $E(n)=0$。为了满足计算的精度要求，输入变量的模糊子集数量可以灵活选择。由于最终需要的是一个精确的控制量，最后需要通过隶属函数将模糊输出变换为精确输出，即解模糊的过程。但定义模糊集、确定隶属函数的形状及制定规则表这些关键的设计环节需要设计人员具有更多的直觉和经验。

模糊控制跟踪迅速，达到最大功率点后基本没有波动，即具有较好的动态和稳态性能。

用于光伏器件最大功率的追踪控制，只着眼于功率实际大小，不管日照量有多大的变动，都能高速地跟踪最大功率点，具有较好的动态特性和控制精度，应用前景广阔。

6) 神经网络法

神经网络法是基于神经网络的 MPPT 控制算法。最普通和常用的多层神经网络结构有 3 层神经元：输入层、隐含层和输出层。应用于光伏阵列时，输入信号可以是外界环境的参数，光伏阵列的参数如开路电压、短路电流，也可以是上述参数的合成量。输出信号可以是经过优化后的输出电压、变流器的占空比信号等。

为了精确地获得光伏阵列的最大功率点，神经网络的训练必须使用大量的输入、输出样本，而大多数的光伏阵列的参数不同，因此对于不同的光伏阵列，需要进行针对性的训练，而这个训练过程耗时很长。在训练结束后，该网络可以使输入输出的训练样本完全匹配，这是简单的查表功能多不能实现的，也是神经网络法的优势所在。

7) 最优梯度法

太阳能电池的 $P\text{-}U$ 特性曲线可视为一个非线性函数，而最大功率跟踪法的目的是要在 $P\text{-}U$ 特性曲线上求得曲线的最大值。最优梯度法是一种以梯度法(Gradient Method)为基础的多维无约束最优化问题的数值计算法。它的基本思想是选取目标函数的负梯度方向(对于光伏系统，应选择正梯度方向)作为每步迭代的搜索方向，逐步逼近函数的最小值(对于光伏系统为最大值)。梯度法是一种传统且被广泛运用于求取函数极值的方法，该方法运算简单，有着令人满意的分析结果，所以使用最优梯度法可以实现 MPPT。

最优梯度法的定义如下：若一欧式空间 n 维函数 $f\left(f:E^{n}\right)$ 为连续且可微分一次，故 $\nabla f(X)$ 存在且为一个 n 维的列向量，定义一个 n 维的行向量 $g(X) = \nabla f(X)'$，为方便表示，定义 g_K 为

$$g_K = \nabla f(X)'\tag{5-14}$$

定义梯度法之迭代算法如式(5-15)：

$$X_{K+1} = X_K + a_K \times g_K\tag{5-15}$$

其中 a_K 为某非负值的常数，搜索函数的最大点是沿着正梯度 g_K 的方向搜索。由太阳能电池的特性可知，若忽略串联电阻的效应，可得如下电压和功率之间的关系：

$$P_{PV} = \left\{ I_{sc} - I_0 \left[\exp\left(\frac{qU_{PV}}{AKT} \right) - 1 \right] \right\} \times U_{PV}\tag{5-16}$$

式(5-16)中，函数 $P_{PV}\left(U_{PV}\right)$ 是一个非线性函数，且为连续可一次微分函数，又因为式(5-16)中函数 P_{PV} 是以电压 U_{PV} 作为唯一的变量。故此时

$$g_K = g\left(U_K\right) = \frac{\mathrm{d}P_{PV}\left(U_{PV}\right)}{\mathrm{d}U_{PV}}\tag{5-17}$$

利用梯度法进行 MPPT，保留了扰动观察法的各种优点，同时借由一个类似动态的扰动量可以改变在太阳能电池输出功率曲线上的电压的收敛速度，如图 5.27 所示，当工作点位于最大功率点左侧时，电压以一个较大的幅度增加；当工作点位于最大功率点附近时，由于此时斜率较小，则提供一个较小的扰动量；反之，当工作点位于最大功率点

右侧时，电压以一个较大的幅度减少，如此一来便可改善于最大功率输出点附近振荡追逐的缺点。

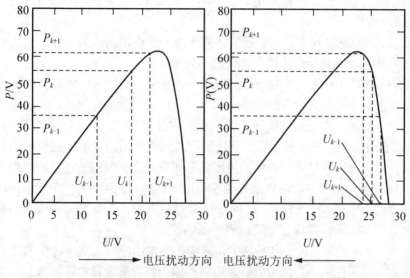

图 5.27 最优梯度法进行 MPPT 的搜索过程

5.4 太阳能逆变器

太阳能电池在阳光照射下产生直流电，然而以直流电形式供电的系统有很大的局限性。例如，日光灯、电视机、电冰箱、电风扇等均不能直接用直流电源供电，绝大多数动力机械亦如此。此外，当供电系统需要升压或降压时，交流系统只需加一个变压器即可，而在直流系统中升降压技术与装置则要复杂得多。因此，除特殊用户外，在光伏发电系统中都需要配备逆变器。

逆变器不仅具有直交流变换功能，还具有最大限度地发挥太阳电池性能的功能和系统故障保护功能。归纳起来有自动运行和停机功能、最大功率跟踪控制功能、防单独运行功能(并网系统用)、自动电压调整功能(并网系统用)、直流检测功能(并网系统用)、直流接地检测功能(并网系统用)等。

由此可知，逆变器已成为光伏发电系统中不可缺少的重要配套设备。本节主要讲解光伏逆变器的技术指标、工作原理及分类、主要生产厂家等相关知识。

5.4.1 光伏发电系统逆变器的概念及主要技术指标

通常，把将直流电能变换成交流电能的过程称为逆变，把完成逆变功能的电路称为逆变电路，而把实现逆变过程的电力电子设备称为逆变设备或逆变器。

逆变器又称电源调整器，一般由升压回路和逆变桥式回路构成。升压回路把太阳电池的直流电压升压到逆变器输出控制所需的直流电压，逆变桥式回路则把升压后的直流电压等价地转换成常用频率的交流电压。

1. 光伏发电系统对逆变器的技术要求

逆变器是交流电力输出光伏发电系统中的关键部件。光伏发电系统对逆变器的技术要求如下。

(1) 具有较高的逆变效率。由于目前太阳电池的价格偏高，为了最大限度地利用太阳电池，提高系统效率，必须设法提高逆变器的效率。

(2) 具有较高的可靠性。目前光伏发电系统主要用于边远地区，许多电站无人值守和维护，这就要求逆变器具有合理的电路结构，以及严格的元器件筛选，并要求逆变器具备各种保护功能，如输入直流极性接反保护、交流输出短路保护、过热、过载保护等。

(3) 要求直流输入电压具有较宽的适应范围。太阳电池的端电压随负载和日照强度的变化而变化，虽然蓄电池对太阳电池的电压具有钳位作用，但由于蓄电池的电压随蓄电池剩余容量和内阻的变化而波动，特别是当蓄电池老化时其端电压的变化范围很大(如 12V 蓄电池，其端电压可在 10.8～14.4V 之间变化)，这就要求逆变器必须在较大的直流输入电压范围内保证正常工作，并保证交流输出电压的稳定。

(4) 在中、大容量的光伏发电系统中，逆变器的输出应为失真度较小的正弦波。这是由于在中、大容量系统中，若采用方波供电，则输出将含有较多的谐波分量，高次谐波将产生附加损耗，许多光伏发电系统的负载为通信或仪表设备，这些设备对供电品质有较高的要求。另外，当中、大容量的光伏发电系统并网运行时，为避免对公共电网的电力污染，也要求逆变器输出失真度是满足要求的正弦波形。

2. 逆变器的主要技术性能指标

1) 额定输出电压

在规定的输入直流电压允许波动范围内，它表示逆变器应能输出的额定电压值。对输出额定电压值的稳定精度有如下规定。

(1) 在稳态运行时，电压波动范围应有一个限定，例如，其偏差不超过额定值的±3%或±5%。

(2) 在负载突变或有其他干扰因素影响动态情况下，其输出电压偏差不应超过额定值的±8%或±10%。

2) 输出电压稳定度

在光伏系统中，太阳电池发出的电能先由蓄电池储存起来，然后经过逆变器逆变成220V 或 380V 的交流电。但是蓄电池受自身充放电的影响，其输出电压的变化范围较大，如标称 12V 的蓄电池，其电压值可在 10.8～14.4V 之间变动。

输出电压稳定度表征逆变器输出电压的稳压能力。多数逆变器产品给出的是输入直流电压在允许波动范围内该逆变器输出电压的偏差百分数，通常称为电压调整率。高性能的逆变器应同时给出当负载由 0%→100%变化时，该逆变器输出电压的偏差百分数，通常称为负载调整率。性能良好的逆变器的电压调整率应≤±3%，负载调整率应≤±6%。

3) 输出电压的波形失真度

由于逆变器输出的高次谐波电流会在感性负载上产生涡流等附加损耗，如果逆变器波形失真度过大，会导致负载部件严重发热，不利于电气设备的安全，并且严重影响系统的运行效率。当逆变器输出电压为正弦波时，应规定允许的最大波形失真度(或谐波含量)。通常以输出电压的总波形失真度表示，其值应不超过 5%(单相输出允许 10%)。

4) 额定输出频率

因为对于包含电机之类的负载，如洗衣机、电冰箱等，由于其电机最佳工作点频率为 50Hz，频率过高或者过低都会造成设备发热，降低系统运行效率和使用寿命，所以逆变器输出交流电压的频率应是一个相对稳定的值，通常为工频 50Hz。正常工作条件下其偏差应在±1%以内。

5) 负载功率因数

负载功率因数表征逆变器带感性负载或容性负载的能力。在正弦波条件下，负载功率因数为 0.7～0.9(滞后)，额定值为 0.9。在负载功率一定的情况下，如果逆变器的功率因数较低，则所需逆变器的容量就要增大，一方面造成成本增加，另一方面光伏系统交流回路的视在功率增大，回路电流增大，损耗必然增加，系统效率也会随之降低。

6) 额定输出容量

逆变器的额定容量是当输出功率因数为 1(即纯阻性负载)时，额定输出电压与额定输出电流的乘积，单位以 VA 或 kVA 表示，表征逆变器向负载供电的能力。额定输出容量值高的逆变器可带更多的用电负载，以满足最大负荷下设备对电功率的需求。但当逆变器的负载不是纯阻性时，也就是输出功率因数小于 1 时，逆变器的负载能力将小于所给出的额定输出容量值。

有些逆变器产品给出的是额定输出电流，额定输出电流表示在规定的负载功率因数范围内逆变器的额定输出电流。

7) 逆变器额定输出效率

逆变器的额定输出效率是指在规定的工作条件下，逆变器输出功率与输入功率的比值。表征自身功率损耗的大小，通常以百分数表示。

一般情况下，光伏逆变器的标称效率是指纯电阻性负载，80%负载情况下的效率。

由于光伏系统总体成本较高，因此应该最大限度地提高光伏逆变器的效率，降低系统成本，提高光伏系统的性价比。例如，10kW 级的通用型逆变器实际效率只有 70%～80%，将其用于光伏发电系统时将带来总发电量 20%～30%的电能损耗。而对光伏发电专用逆变器在整机效率方面的要求较高：千瓦级以下逆变器额定负荷效率≥80%～85%，低负荷效率≥65%～75%；10kW 级逆变器额定负荷效率≥85%～90%，低负荷效率≥70%～80%。因此，光伏发电系统专用逆变器在设计中应特别注意减少自身功率损耗，提高整机效率，这是提高光伏发电系统技术经济指标的一项重要措施。

目前主流逆变器标称效率在 80%～95%之间，对小功率逆变器，要求其效率不低于 85%。

8) 保护措施

光伏发电系统正常运行过程中，因负载故障、人员误操作及外界干扰等原因而出现各种异常情况在所难免，因此，一款性能优良的逆变器还应具备完备的保护功能或措施，以应对在实际使用过程中的突发状况，使逆变器本身及系统其他部件免受损伤。

(1) 输入欠压保护：当输入端电压低于额定电压的 85%时，逆变器应有保护和显示。

(2) 输入过压保护：当输入端电压高于额定电压的 130%时，逆变器应有保护和显示。

(3) 过电流保护：逆变器的过电流保护，应能保证在负载发生短路或电流超过允许值时及时动作，使其免受浪涌电流的损伤。当工作电流超过额定的 150%时，逆变器应能自动保护。

(4) 输出短路保护：逆变器短路保护动作时间应不超过 0.5s。

(5) 输入反接保护：当输入端正、负极接反时，逆变器应有防护功能和显示。

(6) 防雷保护。

(7) 过温保护。

9) 启动特性

启动特性表征逆变器带负载启动的能力和动态工作时的性能。逆变器应保证在额定负载下可靠启动。高性能的逆变器可做到连续多次满负荷启动而不损坏功率器件。为了自身安全，小型逆变器有时采用软启动或限流启动。

10) 噪声

电力电子设备中的变压器、滤波电感、电磁开关及风扇等部件均会产生噪声。逆变器正常运行时，其噪声不应超过 80dB，小型逆变器的噪声不应超过 65dB。

5.4.2 逆变器的工作原理

1. 主电路的电路拓扑结构

在光伏并网逆变器中，根据逆变器输出与电网结合方式的不同，主要可分为两类，一类是通过工频变压器隔离升压的模式，如图 5.28 所示；另一类是通过高频 DC/DC 升压环节后将升压后的直流电直接逆变输出与电网相连的模式，如图 5.29 所示。因第二类模式中的高频环节可提高逆变侧的直流电压等级，使得逆变器输出电压与电网电压相当，不需要工频变压器升压，从而省去了笨重的工频变压器，减小了逆变器的体积，本节将对其作进一步的讲述。

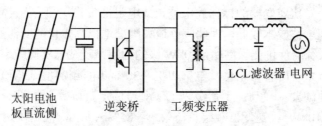

图 5.28　工频变压器隔离升压的结构图

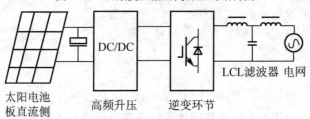

图 5.29　带高频升压环节的结构图

高频 DC/DC 环节有诸如 Boost 变换、Buck-Boost 变换、推挽变换等多种拓扑结构，在此介绍一种正激推挽电路，如图 5.30 所示。高频变压器原边的两个开关管 S1 和 S2 分别与两个绕组 T1、T2 串联，D1 和 D2 是开关管的反并联二极管，在桥臂之间接入电容 C1。变压器副边采用全桥整流。与普通的推挽电路相比，该电路仅在两个开关管之间串接了一个漏感能量储存电容高频无感电容 C1，具有抑制变压器的磁芯偏磁、变压器磁芯双向磁化、抑制开关管两端的关断电压尖峰等优点，是低压大电流应用场合极具优势的电路拓扑。

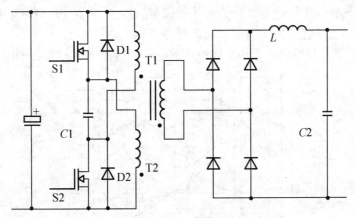

图 5.30　正激推挽电路结构

逆变电路根据直流侧电源性质的不同可分为两种：直流侧是电压源的称为电压型逆变电路，直流侧接有大电容，直流回路呈现低阻抗特性；直流侧是电流源的称为电流型逆变电路，直流侧接有大电感，直流回路呈现高阻抗特性。

由于电流型逆变电路所需的电感体积大、成本高，此处逆变电源采用电压型全桥逆变电路，电路结构如图 5.31 所示，该电路由直流侧电容、逆交桥和输出 LC 滤波器构成。

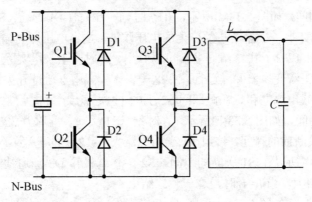

图 5.31　全桥逆变电路结构

2. 主电路的工作时序分析

由图 5.29 可知，带高频升压环节的并网逆变电源可以分为直流升压(DC/DC)和交流逆变(DC/AC)两部分。DC/DC 变换器的主要任务是将光伏电池板侧变化的低压直流变换成所需要的稳定高压直流；DC/AC 变换器的主要任务是将直流电逆变成高品质的正弦波交流电，独立运行时输出标准正弦交流电压，并网运行时输出与电网电压同频同相的正弦波电流。下面从电路结构角度分别介绍直流升压与交流逆变两部分的工作过程。

1) DC/DC 主电路工作状态分析

正激推挽电路的电路拓扑结构如图 5.30 所示，它由两个 MOSFET、一个箝位电容和一个隔离变压器组成，无论哪个开关管导通，电容 C1 都将和其中一个原边绕组并联，电容 C1 上的电压 U_C 始终维持极性"下正上负"，大小近似等于输入电压，其稳态运行时的波形如图 5.32 所示，其中 G_{S1}、G_{S2} 为开关管的驱动信号；i_1、i_2 分别为变压器原边 T1 和 T2 上的电流；U_{ds1}、U_{ds2} 分别为开关管漏源极电压。

图 5.32 为正激推挽电路的工作原理波形图，下面结合时序图来分析电路的工作过程。

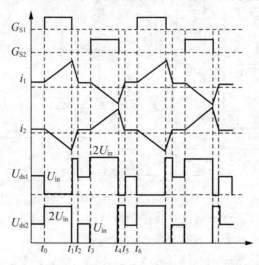

图 5.32　正激推挽电路的工作原理波形图

(1) 在 $t_0 \sim t_1$ 期间，如图 5.33(a)所示，在 t_0 时刻，开关管 S1 导通，S2 关断。电源电压通过 S1 加在绕组 T2 上。若忽略电容 C 上的电压纹波，电容电压即为输入电压。电容电压也通过 S1 加在绕组 T2 上，由绕组同名端可以看出，此时两个绕组实际上是并联给负载供电的，相当于两个正激变换器并联运行。在这一工作模式中，通过开关管的电流为漏感电流、励磁电流和负载电流之和。在此期间 S2 上的电压应力为 $2U_{in}$。

(2) 在 $t_1 \sim t_2$ 期间，如图 5.33(b)所示，t_1 时刻，S1 关断，此时开关管 S1 和 S2 都处于关断状态。在 S1 关断前的瞬间，绕组 T1 上的电流大于 T2 上的电流 i_2，由于电感的作用，绕组电流不能突变，所以在 S1 关断的瞬间，S2 的体二极管 D2 导通续流。在这一模式过程中，i_1 减小，i_2 增大，当 $i_1 = i_2$ 时，这一模式结束。

(3) 在 $t_2 \sim t_3$ 期间，如图 5.33(c)所示，在此模式中，S1 和 S2 仍然处于关断状态。电源、T1、C1、T2 组成回路。由于箝位电容 C1 的电压等于电源电压，所以 T1 和 T2 中的电流保持不变。此模式一直持续到开关管 S2 导通。

(4) 在 $t_3 \sim t_4$ 间如图 5.33(d)所示，t_4 时刻，开关管 S2 导通。此时电源电压通过 S2 加到绕组 T1 上。电容 C 上的电压则通过 S2 加在绕组 T2 上，两个绕组并联给负载供电。

(5) 在 $t_4 \sim t_5$ 期间，如图 5.33(e)所示，t_5 时刻，开关管 S2 关断。此时开关管 S1 和 S2

均处于关断状态。由于在 S2 关断前瞬间，T2 上的电流 i_2 大于 T1 上的电流 i_1，且电感上的电流不能突变，所以 S2 关断瞬间，S1 的体二极管 D1 导通续流。在这一模式中，i_2 减小而 i_1 增加，当 $i_2 = i_1$ 时，此模式结束。

(6) 在 $t_5 \sim t_6$ 期间，如图 5.33(f)所示，S1 和 S2 均处于关断状态。T1 和 T2 上的电流均保持不变直至 S1 导通。当 S1 导通时，电路进入下一个工作周期。

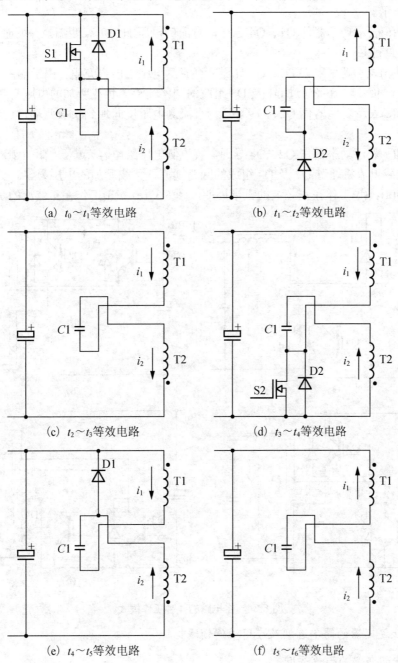

图 5.33　正激推挽电路的各个工作状态

2) DC/AC 主电路工作状态分析

图 5.31 所示为单相全桥逆变电路,与半桥逆变电路相比,它可以达到最大功率输出,且具有较好的逆变输出波形,常被用于中大功率电源中,按其功能可划分为有源逆变和无源逆变两种,其中独立运行对应于无源逆变,并网运行对应于有源逆变。在此采用带有电压/电流瞬时值反馈的单极性 SPWM 控制方案,其主电路的功率器件共有 4 种工作模式,如图 5.34 所示。

图 5.34(a)表示功率器件 Q1、Q4 导通,直流侧电压加到负载两端,并网时电流增大,输出电感存储能量。

图 5.34(b)表示功率器件 Q1、Q3 导通,直流侧电压给电容充电,由于输出电感中的电流不能突变,负载电流将通过 Q1 及 D3 组成的回路续流,负载所加的电压为零。

图 5.34(c)表示功率器件 Q2、Q3 导通,直流侧电压反向加到负载两端,负半周时反向电流增大。

图 5.34(d)表示功率器件 Q2、Q4 导通,直流侧电压给电容充电,输出电感中的电流不能突变,负载电流将通过 Q2 及 D4 组成的回路续流,负载所加的电压为零。

图 5.34(a)、(b)工作在正弦波的正半周期,图 5.31(c)、(d)工作在正弦波的负半周期。

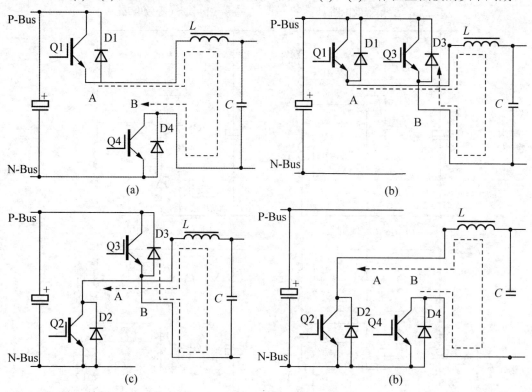

图 5.34 主电路的 4 种工作模式

3. 光伏逆变器的简单选型及应用举例领域

1) 光伏逆变器的简单选型

首先要考虑具有足够的额定容量,以满足最大负荷下设备对电功率的要求。一般而言,当用电设备为纯阻性负载或功率因数大于 0.9 时，选取逆变器的额定容量为用电设备容量的 1.1～1.15 倍，同时具有一定的抗容性和感性负载冲击能力。当用电设备为电感性负载时，如电机、冰箱、空调、洗衣机、大功率水泵等，因这类设备在启动时瞬时功率可能是其额定功率的 5～6 倍，因此，逆变器将要承受很大的瞬时浪涌，针对此类系统，逆变器的额定容量应留有充分的余量，以保证负载能可靠启动。高性能的逆变器可做到连续多次满负荷启动而不损坏功率器件。小型逆变器为了自身安全，有时需采用软启动或限流启动的方式。

例如：光伏系统中主要负载是 150W 的电冰箱，正常工作时选择额定容量为 180W 的交流逆变器即能可靠工作，但是由于电冰箱是感性负载，在启动瞬间其功率消耗可达额定功率的 5～6 倍之多，因此逆变器的输出功率在负载启动时可达到 800W。考虑到逆变器的过载能力，选用 500W 逆变器即能可靠工作。

当系统中存在多个负载时，逆变器容量的选取还应考虑几个用电负载同时工作的可能性，即"负载同时系数"。

另外，逆变器还要有一定的过载能力。当输入电压与输出功率为额定值，环境温度为 25℃时，逆变器连续可靠工作时间应不低于 4h。当输入电压为额定值，输出功率为额定值的 125%时，逆变器安全工作时间应不低于 1min。当输入电压为额定值，输出功率为额定值的 150%时，逆变器安全工作时间应不低于 10s。

2) 光伏逆变器应用领域举例

光伏逆变器应用领域见表 5-5。

表 5-5　伏逆变器应用领域举例

类　　别	应用领域
光伏并网逆变器	西部荒漠大型光伏并网发电站
	国家"金天阳"工程
	光伏建筑 BIPV 发电系统
	政府绿色、环保示范项目
	家庭屋顶小型发电站，自发自用
	小型分布式发电系统
光伏离网逆变器	独立太阳能光伏电站
	风光油蓄互补发电系统
	户用太阳能电源系统
	通信基站，无人值守边防、岛屿、海岛等
	微网发电系统
	景观照明、路灯工程
	高速公路、无人区域的照明、摄像、通信电话
	油田采油设备的供电

4. 国外主要的光伏逆变器生产商

目前全球龙头 SMA 占据市场份额达 44%。第二梯队 4 个厂商合计占据 32%市场，包括 Fronius、Kaco、PowerOne、Sputnik。其余较有影响力的厂商包括：西门子、施耐德、爱默生、ABB 等。

国内主要的光伏逆变器生产商如下。

(1) 古瑞瓦特新能源，Growatt，是现在世界范围内最有影响力的中国光伏逆变器企业。2011 年以 3 亿元销售额成为中国第一大光伏逆变器出口商。2012 年获得了红杉资本和招商局科技的投资，应该说是目前中国光伏业内最具成长力的企业。公司主要产品为 1.5～500k 光伏逆变器。产品在技术创新、转化效率方面都走在了国内逆变器企业最前面，最早获得国际 photon 实验室 A+评定，同时也成为在澳洲、欧洲、美洲等主要光伏市场最大的中国逆变器供应商。

(2) 阳光电源，Sungrow，是中国目前最大的光伏逆变器制造商，于 2011 年在深圳创业融资上市。主要产品有光伏逆变器、风能变流器、电力系统电源等，并提供项目咨询、系统设计和技术支持等服务。其光伏逆变器产品主要以适合国内市场的大机为主，在海外市场及小机市场并无明显优势。

(3) 南京冠亚，Guanya，以生产适合大型电站使用的大型光伏逆变器为主，是在大型机方面非常有竞争力的国内企业之一。主要产品有光伏/风机并网逆变电源、光伏/风机离网型逆变电源、光伏/风机控制器、户用电源，是集研制、开发、生产及销售为一体的高新技术企业。

另外，国内其他主要的或者能够成规模的光伏逆变器制造企业有正泰电气、中达电通、台达、特变电工、科华恒盛、南瑞电气、许继电气、京仪绿能、颐和新能源、伏科太阳能、追日电气、聚能科技、索英电气等。

5.5 太阳能发电在工程中应用举例及主要生产厂家

1. 太阳能发电在工程中的应用举例

上海世博园区中国公馆和主题公馆设计安装总容量为 3127kW，其中，中国馆安装容量 302kW，面积 2554m²，主题馆容量 2825kW，安装总面积 21362m²。中国馆主要采用单晶硅电池组件，结构形式分为普通型和双面玻璃封装透光型两种，其中 68 米屋顶层安装容量 221kW，66.6m² 观景平台安装 81kW。主题馆主要采用多晶硅组件，多晶硅为 2597kW，双面玻璃多晶硅 228 kW。

2. 我国主要光伏生产厂家

(1) 中轻太阳能电池有限公司(光伏电池及组件)。

(2) 北京市中关村科技园通州园，光机电一体化产业基地兴光 3 街 3 号。

(3) 天津市津能电池科技有限公司(光伏电池)。

(4) 宁波(光伏电池及组件)。

(5) 无锡尚德太阳能电力有限公司(多晶硅光伏电池及组件)。

(6) 江西赛维 LDK 太阳能高科技有限公司(光伏电池片)。

(7) 保定英利新能源有限公司(光伏电池)。

3．我国主要的光伏电源厂家

(1) 南京冠业电源设备有限公司(光伏电源控制器、逆变器)。
(2) 北京怡蔚丰达电子技术有限公司(光伏电源、控制器、逆变器)。
(3) 合肥阳光电源有限公司(光伏电源、控制器、逆变器)。
(4) 昆明拓日科技有限公司(组件及电源)。
(5) 青岛伏科太阳能有限公司(节能直流灯、充放电控制器)。
(6) 北京京合绿能电子技术有限公司(光伏水泵、充电器、电源、灯具)。
(7) 北京索英电气技术有限公司(并网逆变器系列)。

本 章 小 结

本章主要讲解了太阳能发电系统的组成：太阳能组件、控制器、蓄电池、逆变器、负载。在太阳能组件一节中，应重点掌握太阳能组件的特性参数及标准测试条件，理解 *I-V* 特性(开路电压、短路电流、输出功率、填充因子)、日照特性及工作温度特性。对于太阳能控制器，主要讲解了太阳能控制器的作用、工作原理等，并对光伏系统的最大功率追踪方法作了阐述。在太阳能逆变器一节，主要介绍了光伏发电系统逆变器的作用及主要技术指标，如额定输出电压、电压稳定度、波形失真度、额定输出频率、负载功率因数、额定输出容量、逆变器效率等。最后，介绍了主要的逆变器及光伏生产厂家。

习 题

1．能源如何划分？太阳能属于哪一类能源？
2．太阳能的利用有哪些优势和不足之处？
3．下列不属于太阳能的优点的是_____。
　　A．安全性　　　　　B．普遍性　　　　　C．能量密度大　　　D．清洁性
4．下列不属于太阳能的常规应用途径的是_____。
　　A．光电转换　　　　B．光热转换　　　　C．储能技术　　　　D．加热引爆技术
5．叙述太阳能电池发光原理。
6．画出太阳能电池等效电路并列出流过负载的电流方程式。
7．光伏电池的特性一般包括_____、_____、_____、_____。
8．为了使太阳能电池阵列带任意电阻负载时，太阳能电池阵列都能工作在最大功率点，必须要对其进行最大功率点跟踪控制，目前常用的方法有_____、_____、_____、_____、_____、_____等。
9．7W 太阳能 LED 庭院灯设计。

设计条件：灯高 2.8m，使用时间每天工作 8h，连续阴雨天 3 天，阴雨天间隔 30 天，LED 庭院灯光源功率 7W。工作电压为 12V。假设蓄电池的转换效率和自身损失为 80%。太阳能电池组件的发电量和负载利用率的对应比例关系为 75%，当地平均日照时间为 5 小时。

10．30W 太阳能 LED 路灯设计。

设计条件：

太阳能 LED 路灯光源功率 P=30W，额定工作电压 V=12V，要求路灯每天工作时间为 8h，保证连续 7 个阴雨天能正常工作。

当地地域条件：东经 113°，北纬 23°，年平均太阳辐射为 $3.82KWh/m^2$，年平均月气温为 20.5℃，两个连续阴雨天间隔时间长度为 20 天。

设太阳能充电综合损失系数为 1.05，蓄电池充电效率为 0.85，蓄电池放电深度为 0.75，蓄电池安全系数为 1.1，控制器效率为 0.9。

（注：关于蓄电池的一些参数，要提前预习第 6 章）

第**6**章
太阳能光伏发电储能装置

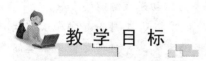
教学目标

了解蓄电池的种类及其在太阳能光伏发电中的作用；

掌握蓄电池的组成，特别是铅酸电池的组成及各部件的作用；

重点掌握蓄电池的电特性，包括充、放电过程中的端电压、蓄电状态、放电深度、放电速率、自放电现象、功率与效率等；

了解蓄电池充电和放电时的管理；

掌握影响蓄电池寿命的因素及其在光伏系统中的特殊要求；

查阅资料，了解市面上现有的光伏储能产品。

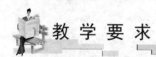
教学要求

知识要点	能力要求	相关知识
蓄电池的种类和作用	了解蓄电池的种类及其在太阳能光伏发电中的作用	
蓄电池的组成及电特性	(1) 掌握铅酸电池的组成及各部件的作用 (2) 掌握蓄电池的主要电特性	充、放电过程中的端电压，蓄电状态，放电深度，放电速率，自放电现象，功率与效率
充电和放电时的管理	了解蓄电池充电和放电时的管理	
蓄电池寿命	了解影响蓄电池寿命的因素	放电深度、过充电程度和温度的影响
光伏系统中充电控制	(1) 了解光伏系统中对蓄电池的特殊要求 (2) 掌握光伏系统中对蓄电池的充电策略	

推荐阅读资料

[1] 滨川圭弘. 太阳能光伏电池及其应用[M]. 张红梅，崔晓华，译. 北京：科学出版社，2008.

[2] 熊绍珍，朱美芳. 太阳能电池基础与应用[M]. 北京：科学出版社，2009.

[3] 太阳能人才网 http://www.solar001.com/infomation/showinfo.aspx?id=17817

[4] 魏建新，路一平，秦景. 独立太阳能光伏发电系统储能单元设计[J]. 电源技术研究与设计. 2010，34(7).

 引例

案例一：

摘自 http://www.solarzoom.com/article-23631-1.html，由陶蓓华编译、StephanieT 发布的一则报道。

德国联邦光伏产业协会 BSW 日前宣布，德国政府将大力推动光伏储能的发展。

据德国当地媒体《法兰克福评论报》报道，德国政府似乎将从 4 月份起向光伏储能系统提供补贴。这项耗资上百万的项目计划鼓励储能技术的发展，并且将之作为小型储能系统的"跳板"。德国环境部长 Peter Altmaier 已做出承诺，补贴总额至少达到 5000 万欧元。

拥有储能系统之后，普通家庭可时常进行解耦控制，并使用自家产生的太阳能电力。自从光伏上网电价补贴大幅削减之后，储能系统变得至关重要。据当地媒体报道，相关的资金将由国家银行 KfW 提供，预计每座发电系统可获得 2000 欧元的补助。

人们对储能系统给予了很高的期望，并且它将得到市场补贴项目的支持。布伦瑞克技术大学的电网专家 Dr. Bernd Engel 教授解释道，光伏储能系统可缓解电网的压力，在发电时进行解耦控制。此外，储能系统能有效维持电压恒定以及电网的频率，因此它承担了电网管理的重要任务。图 6.1 所示为光伏路灯。

蓄电池储能系统并入电网之后，峰值发电量最高可削减 40%。此外，电网容量也可增加 66%，并且无须进一步扩张电网。以上这些数据均由德国弗朗霍夫太阳能系统研究所(Fraunhofer ISE)经过实地研究后得出。图 6.2 所示为蓄电池。

德国光伏产业协会 BSW 运营总监 Jörg Mayer 补充道，拥有储能系统之后，电流馈入量的降低将降低新建电网的需求，同时自我消纳的光伏电力也无须补贴，因此这在很大程度上将减轻绿色能源基金的资金压力。

图 6.1　光伏路灯

图 6.2　蓄电池

引言

太阳能发电系统输出功率不稳定，天气对任何太阳能系统的功率输出都有很大影响。太阳能光伏发电装置的实际输出功率随光照强度的变化而变化，白天光照强度最强时，发电装置输出功率最大，夜晚几乎无光照，输出功率基本为零。因此，除设备故障因素以外，发电装置输出功率随日照、天气、季节、温度等自然因素变化，输出功率极不稳定。为保证负载供电的可靠性和电能质量，光伏系统配置储能装置是十分必要的。

目前已开发的储能技术主要分为物理储能和化学储能两大类。物理储能主要包括抽水蓄能和压缩空气储能等。这类储能系统虽然具有规模大、循环寿命长和运行费用低的优点，但需要特殊的地理条件和场地，建设的局限性较大，且一次性投资费用较高，也不适合较小功率的离网发电系统。化学储能主要包括各类蓄电池、可再生燃料电池(如金属、空气电池、氢能)和液流电池等。大规模储氢投资大、燃料电池价格高、循环转换效率较低，目前尚不宜作为商业化的储能系统。液流电池储能系统具有能量转换效率较高、运行维护费用低等优点，是高效大规模并网发电储能、调节的首选技术之一。液流电池技术早已在美国、德国、日本和英国等发达国家有示范性应用，我国目前尚处于研究开发阶段。

蓄电池是光伏电站中主要部件之一，用于储能，即将太阳能电池提供的电能转化为化学能储存于其中。一般白天由太阳能方阵给蓄电池充电，夜间由蓄电池给负载供电。在太阳能发电系统中配备蓄电池之后，通过蓄电池组对电能进行储存和调节，将极大地改善供电质量。因此，本章将对蓄电池的种类和作用、蓄电池的组成及其电特性、影响蓄电池寿命的因素及其在光伏系统中的特殊要求进行系统的介绍，使大家对蓄电池的基础知识有初步的了解。

6.1　蓄电池种类和作用及要求

光伏发电产生的电能最适合的储能方式是将电能转换为化学能，需要时再将化学能转换为电能，铅酸蓄电池就是目前能有效完成这种转换的最好的装置。

1. 蓄电池种类

适用于独立光伏系统的蓄电池有很多类型，包括铅酸、镍镉、镍氢、充电式碱性、锂离子、锂高分子和氧化还原蓄电池。

(1) 酸性电池：组成蓄电池的正极是氧化铅，负极是铅，而电解液主要是稀硫酸，即 $Pb-H_2SO_4-PbO_2$，所以称为铅酸蓄电池。铅酸蓄电池，具有能长期储存电能、大电流放电、价格低廉、原料易得、性能可靠、容易回收和维护成本低等特点。国内铅酸蓄电池主要是玻璃丝棉隔板吸附式阀控密封型(AGM)和胶体阀控密封型蓄电池产品，目前 AGM 吸附式蓄电池在市场上占主导地位。胶体蓄电池尽管有放电性能好、板极不易弯曲、寿命长等优点，但因生产难度大、技术水平高、国内胶体材料不稳定、生产成本高等原因，国内只有少数几家蓄电池厂在生产，而且用户反映产品质量并没有明显的提高。据国外权威蓄电池研究机构报道，胶体动力型蓄电池综合技术指标和寿命明显优于普通的 AGM 吸附式蓄电池，是动力型铅酸蓄电池的发展方向。

(2) 碱性电池：镍铬电池 Ca(KOH)NiOH，可作为家用重复充电，也适用于独立光伏系统的要求，尤其胜任寒冷的气候。和铅酸蓄电池比较，它的优点是可过量充电、也能够充分放电，从而避免了设计时预留额外电容的要求；更高的充电速率，放电过程中电压恒定、低内阻，不使用时漏电率低等。但它也有明显的缺点：较一般铅酸蓄电池贵 2~3 倍，充电蓄能效率低 60%~70%，放电速度比较慢，需充分放电以控制记忆效应，因记忆效应导致无法完全放电。

(3) 锂电池：额定电压为 3.6V，采用有机溶剂作为电解液，属于密封型蓄电池，配备有保险阀。质量比能量可达 110Wh/kg，体积比能量可达 270Wh/L，自放电率低，无记忆效应，充放电效率高，循环寿命长，无污染，但价格高，使用时注意防止过充电、过放电、过流、短路和高温。缺点是安全性欠佳，在重负荷放电或当外部短路时会发生爆炸，成本高，功率低，工艺较复杂。

目前主要采用密封式铅酸电池作为太阳能储能装置。

2. 蓄电池的作用

(1) 储能作用：白天太阳能电池板将太阳能转化成电能，存储在蓄电池中，阴雨天或晚上，蓄电池将存储电能输向负载，使负载正常工作，为保证系统能度过过低日照月份而进行长期存储。

(2) 缓冲作用：对不稳定的电流、电压在流向负载时起到一个缓冲作用，经过储存缓冲的电流和电压，以一个足以让负载正常工作的电流和电压输出。

(3) 调节作用：维持系统运行，例如，水泵、制冷机等生产性负载会产生浪涌电流和冲击电流，蓄电池的低内阻及动态特性能向负载提供瞬间大电流。

3. 对蓄电池的要求

独立光伏系统的一个主要局限就是蓄电池的维护，对于长期运行的蓄电池系统来说，主要需要满足以下特征：寿命长；较长的负载周期和较低的漏电量(长期低电量使用)；比较高的充电效率；低价格；低维护。

6.2 蓄电池组成和电特性

1. 蓄电池的组成

铅蓄电池由正极板、负极板、隔板、电槽及电解液组成。

(1) 正极板(阳极)：指发生氧化反应的电极。它是以结晶细密、疏松多孔的二氧化铅作为储存电能的活性物质，正常为红褐色。铅酸蓄电池的每个单元也分正极和负极，阳极是放电时的负极，充电时的正极。

(2) 负极板(阴极)：指发生还原反应的电极，是以海绵状的金属铅作为储存电能的物质，正常为灰色。负极板是放电时的正极,充电时的负极。

(3) 隔板:由防止渗透离子的材料制成,能防止电池内极性相反的离子接触的组件。蓄电池的正极和负极之间由隔板隔开。吸附式密封蓄电池的隔板是由超细玻璃丝棉制作的,可以把电解液吸附在隔板内,其名称也是由此而来的。

(4) 电池槽:硬橡胶式及塑料槽。

(5) 电解液:含有可移动离子,具有离子导电性的液体或固体物质称为电解液。它在铅酸蓄电池中的作用是:参加电化反应,溶液正、负离子的传导体,极板产生温度的热扩散体。

铅酸蓄电池充放电化学反应:

正极:$PbO_2+H_2SO_4 \longrightarrow PbSO_4+H_2O$

负极:$Pb+H_2SO_4 \longrightarrow PbSO_4+H_2 \uparrow$

总反应:$PbO_2+2H_2SO_4+Pb=2PbSO_4+2H_2O$

铅酸电池在放电时,正极的活性物质二氧化铅和负极的活性物质金属铅都与硫酸反应生成硫酸铅,在电化学上这种反应称为"双硫酸盐化"反应,并且可逆,使蓄电池实现储存电能和释放电能的功能。

特点:铅酸蓄电池在一般环境情况下,可以长时间保持电池内化学物质的活性。

铅酸蓄电池结构如图 6.3 所示,各部分的作用说明见表 6-1。

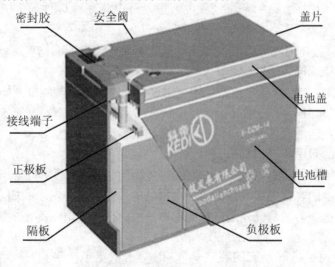

图 6.3　铅酸蓄电池结构图

表 6-1　铅酸蓄电池部件说明

名称	材质及相关说明	作用
电解液	在电池的电化学反应中,硫酸作为电解液传导离子	使电子能在电池正负极活性物之间转移
外壳和盖子	在没有特别的说明下,外壳和盖子为 ABS 树脂	提供电池正负极组合栅板放置的空间,具有足够的机械强度,可承受电池内部压力

续表

名称	材质及相关说明	作用
安全阀	材质为具有优质耐酸和抗老化的合成橡胶，帽状阀中有氯丁二烯橡胶制成的单通道排气阀	电池内压高于正常压力时释放气体，保持压力正常，阻止氧气进入
端子	正负极端子可为连接片、棒状、螺柱或引出线。端子的密封为可靠的黏结剂密封。密封件的颜色：红色为正极，黑色为负极	密封端子有助于大电流放电及维持使用寿命

2. 铅酸蓄电池的基本概念

(1) 电池充电。电池充电是外电路给蓄电池供电，使电池内发生化学反应，从而把电能转化成化学能而储藏起来的操作。

(2) 过充电。过充电是对完全充电的蓄电池或蓄电池组继续充电。铅酸蓄电池过充电会生成氢气，从而搅动电解液，有利于电解液的均匀混合，进而防止电解液在蓄电池底部积聚出一个高浓度区。但是，过充电会导致极板上的活性物质脱落和电解液的损耗，为了控制过充电，每个电池的电压会用稳压器限制在 2.35V，这样，蓄电池的电压最大值也被限制在 14V 左右的位置。

(3) 放电。放电是在规定的条件下，电池向外电路输出电能的过程。

(4) 自放电。电池的能量未通过放电就进入外电路，像这种损失能量的现象称为自放电。

(5) 活性物质。在电池放电时发生化学反应从而产生电能的物质，或者说是正极和负极储存电能的物质统称为活性物质。

(6) 放电深度。放电深度是指蓄电池使用过程中放电到何种程度开始停止。

(7) 板极硫化。电池长时期处于低充电状态或半放电状态时，较低充电量会使基板上生成硫酸铅晶体，出现硫化现象。这种大块晶体很难溶解，无法恢复原来的状态，导致板极硫化、蓄电池的效率和容量降低。

(8) 容量。容量是在规定的放电条件下电池输出的电荷。其单位常用安时(A·h)表示。显然，铅酸蓄电池的容量愈大，该电池能输出的电量就愈多，做功的能力就愈强。

蓄电池的蓄电能力通常以充足电后的蓄电池放电至其端电压终止电压时，电池所放出的总电量来表示。

当以恒定电流放电时，它的容量 θ(A·h) 等于放电电流(A)与持续时间(h)的乘积：$\theta = I \cdot t$。

若放电电流不是常数：

$$\theta = I_1 t_1 + I_2 t_2 + \cdots + I_n t_n = \sum_{K=1}^{n} I_K t_K = \int_0^t I \mathrm{d}t \tag{6-1}$$

式中：$t_1 \sim t_n$ 分别为放电持续时间；$I_1 \sim I_n$ 分别为 $t_1 \sim t_n$ 时间的放电电流。

理论容量：根据活性物质按法拉第定律计算而得最高值。

实际容量：指蓄电池在一定条件下能输出的电量，低于理论容量。

额定容量(C)：指在温度 20℃～25℃时充满其容量，并搁置 24h 后以 10h(20h)放电率或 0.1C(0.05C)电流数值的电流放电至其终止电压(1.75～1.8V/单体)。

而蓄电池放出电以后，如果不及时充足电，活性物质很快失去活性，不再可逆转，所以应对蓄电池充足电保存，并定期给电池充电。

(9) 相对密度。相对密度是指电解液与水的密度的比值，用来检验电解液的强度。常用液态密度计来测量电解液的相对密度值。每个电池的电解液密度均不相同，即使同一个电池在不同的季节电解液密度也不一样。大部分铅酸电池的密度在 $1.1～1.3g/cm^3$ 范围内，满充之后一般为 $1.23～1.3g/cm^3$。另外，相对密度与温度变化有关，25℃时，满充的电池电解液相对密度值为 $1.265g/cm^3$。纯酸溶液的密度为 $1.835g/cm^3$，完全放电后降至 $1.120g/cm^3$。电解液注入水后，只有待水完全融合电解液后才能准确测量密度。融入过程大约需要数小时或者数天，可以通过充电来缩短时间。

电池效率受放电电流的影响，因此应避免大放电电流输出导致的效率下降，以及影响电池的使用寿命。

(10) 运行温度。电池运行一段时间，就感到烫手，由此可知，铅酸电池具有很强的发热性，当运行温度超过 25℃，每升高 10℃，铅酸电池的使用寿命就减少 50%。所以电池的最高运行温度应比外界低，对于温度变化超过±5℃的情况下，最好带温度补偿充电措施。电池温度传感器应安装在阳极上且与外界绝缘。

3. 蓄电池的电特性

1) 充电时端电压的变化

当以稳定的电流对蓄电池进行充电时，电池电压变化如图 6.4 所示，U 为电压，单位为 V，h 为以额定功率充电的小时数。充电初期(oa 段)，蓄电池端电压升高很快。充电中期(ab 段)，电势增高渐慢。充电后期(bc 段)，蓄电池内阻增大，端电压又继续上升。继续充电(cd)，水的分解趋饱和，电解液剧烈沸腾，电压稳定在 2.7V。若继续充电(de 段)，端电压也不再升高，只是无谓地消耗电能进行水的分解。在 d 点停止充电，端电压迅速降低至 2.3V，然后慢慢地下降，最后稳定在 2.06V，所输出的容量是国家行业颁布的标准。

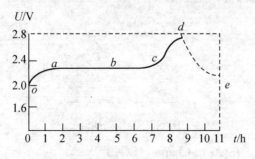

图 6.4　充电时端电压的变化曲线

2) 放电过程中端电压变化

充电后的电池如以恒流进行连续放电，其端电压变化情况如图 6.5 所示。开始放电时，电解液浓度下降，致使端电压迅速降低，如 oa 段。

继续放电，进入放电中期(前段)，电解液浓度接近稳定，如 ab 段，电池端电压比较稳定。(后段)，电解液中硫酸含量减少，浓度缓慢下降，端电压呈缓慢降低趋势，如 ab 段。

放电末期：硫酸铅导电性较差，内阻增大，蓄电池电压降落很快，如 bc 段。

放电至 c 点时，电压已降到 1.8V 左右，放电便告结束，若继续放电，电池的端电压急剧下降，如 cd 段，这种现象叫过放电。若停止放电，铅酸电压立即回升，最后稳定在 2V 左右，如 ce 段。

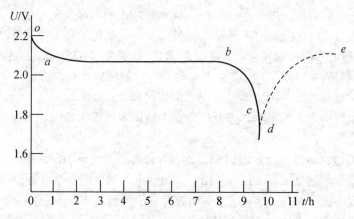

图 6.5　蓄电池放电时电压变化曲线

3) 蓄电池的端电压

电池实际在线测量到的电压是电池的两个极柱上的电位差，又称电池的端电压或外电压。电池模型如图 6.6 所示，电池的端电压等于电池内部所有部分的电压和，铅酸电池的端电压是随着充电和放电过程的变化而变化。

$$U = E \pm U_R \pm U_P \tag{6-2}$$

充电时为正：

$$U = E + U_R + U_P \tag{6-3}$$

放电时为负：

$$U = E - U_R - U_P \tag{6-4}$$

式中，U 为蓄电池端电压；E 为电池的电动势；U_R 为欧姆压降，电池内阻上的压降；U_P 为电池极化电压。

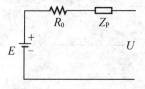

图 6.6　电池的模型

4) 蓄电池的蓄电状态(State of Charge，SOC)

SOC 用来反映蓄电池的剩余容量，定义为蓄电池剩余容量与其总容量的百分比。

$$SOC = \frac{Q_R}{Q_{sam}} \tag{6-5}$$

式中：Q_R 为电池在当前条件下还能输出的容量(剩余容量)；Q_{sam} 在当前条件下所能放出的最大容量。

将电池充满电状态时，SOC=1；电池放完电时 SOC=0，且 $Q_{sam}=Q+Q_R$，Q 为电池释放出的容量。

$$SOC = 1 - \frac{Q}{Q_{sam}} \tag{6-6}$$

$$SOC = 1 \mp \frac{Q}{Q_{sam}} \tag{6-7}$$

充电时取"+"，放电时取"−"。

5) 放电深度(Depth of Discharge，DOD)

DOD 定指蓄电池放出容量与其输出总容量百分比，即

$$DOD = \frac{Q}{Q_{sam}} \tag{6-8}$$

$$DOD = 1 - SOC \tag{6-9}$$

6) 放电速率

放电速率简称放电率，常用时率和倍率表示。

时率是以放电时间表示放电速率，即某电流放电至规定终止电压所经历的时间。

倍率是放电电流的数值为额定容量值的倍数，一般用符号 C 及其下标表示放电时率，例如：对于一个 12Ah(C_{20})的电池，如果放电电流表示为 $0.1C_{20}$，则放电电流大小的计算方法是(12/20)×0.1=0.06A，如果放电电流表示为 3 C_{20}，则电池以(12/20)×3=1.8A 的电流放电。

7) 自放电现象

当电池处于非工作状态时，电池内的活性物质与电解液之间自发地反应，造成电池内的化学能量损耗，使电池容量下降，称自放电现象。自放电现象和环境温度有关，温度高时，自放电明显，当其充满后，采用涓流对电池进行补充充电。

8) 铅酸蓄电池的功率与效率

铅酸蓄电池的功率和效率表示在一定的放电条件下，在单位时间内输出的能量的大小。功率大小是铅酸蓄电池非常重要的一个特征，因为某一个铅酸蓄电池功率越大，表明这种电池可在比较大电流下放电。

单从能量效率角度讨论铅酸蓄电池的效率问题，铅酸蓄电池效率由以下公式表示：

$$\eta = \frac{W_{放}}{W_{充}} \times 100\% \tag{6-10}$$

铅酸蓄电池是可逆电池，因为它充电时把电能转化为化学能，放电时又把化学能转化为电能。充电时有一部分电能消耗在电解水上，且又会发生自放电、活性物质脱落、电阻热效应等，都会造成铅酸蓄电池效率降低。

6.3　充电和放电时的管理

1. 充电时的管理

1) 蓄电池的温度

充完电后，蓄电池的外壳有发烫的现象，这说明充电时温度会上升。电解液温度升得

过高,蓄电池寿命会明显缩短,这是因为蓄电池温度升高,阴阳极极板上的活性物质就会劣化,阳极格子受到腐蚀,电池寿命缩短。蓄电池温度也不能太低,温度过低,会使蓄电池容量减少,容易过度放电,电池寿命缩短。通常蓄电池的电解液温度维持在15~55℃为理想使用状态;特殊情况也不可超过放电时-15~55℃这个温度范围;充电时电解液温度在0~60℃的范围。放电终了时;电解液温度维持在40℃以下最好。

2) 充电量

充电量和放电量之比不能过高,过高易使水分解,气体产生,电解液明显减少,会使充电时温度升高,蓄电池寿命缩短。假设充电量为放电量的120%时的电池,使用寿命4年。当电池的充电量与放电之比达到150%时,寿命为4×120/150=3.2(年)。此外,充电不足又重复放电使用,则会严重影响电池寿命。

3) 气体

充电场所必须通风良好,注意远离火源,避免触电。充电中产生的气体是氧气和氢气,氢气具有可燃性和爆炸性,若空气中氧气达到3.8%以上,又离火源近,就会发生爆炸。

2. 放电时的管理

放电时电池内部阻抗即随之增强,完全充电时若为一倍,则当完全放电时,即时增强2~3倍,严禁到达额定电压时还继续放电,因为放电愈深,电瓶内温度会升高,则活性物质劣化愈严重,进而缩短电池寿命。因此电池电压若已达到厂家规定最高电压时,则应停止使用,马上充电。

蓄电池的电解液比重几乎与放电量成比例。因此,根据蓄电池完全放电时的比重及10%放电时的比重,即可推算出蓄电池的放电量。测定铅酸蓄电池的电解液比重为得知放电量的最佳方式。因此,定期地测定使用后的比重,以避免过度放电。测比重的同时,也要测电解液的温度,以20℃所换算出的比重为准,切勿使其降到80%放电量的数值以下。

1) 放电状态与内部阻抗

内部阻抗会因放电量增加而加大,尤其放电终点时,阻抗最大。主要因为放电的进行,使得极板内产生电的不良导体——硫酸铅,及电解液比重的下降,都导致内部阻抗增强,故放电后,务必马上充电。若任其持续处于放电状态,则硫酸铅形成稳定的白色结晶后(即硫化现象),即使充电,极板的活性物质也无法恢复原状,而将缩短电瓶的使用年限。

2) 放电中的温度

当电池过度放电,内部阻抗即显著增加,因此蓄电池温度也会上升。放电时的温度高,会提高充电完成时的温度,因此,将放电终了时的温度控制在40℃以下最好。

3) 其他注意事项

(1) 电解液的温度、密度和纯度对蓄电池容量的影响:温度低,电阻增大;密度低,参加反应硫酸不够,太高也不行;减少容量,放电电流小,放电容量也能提高。

(2) 铅酸电池不能闲置时间太长,会造成容量越来越低。

(3) 电池过充电,产生火花会引起电池爆炸。

6.4 蓄电池的寿命及其影响因素

铅酸蓄电池使用初期,随着使用时间的增加,其放电容量也增加,逐渐达到最大值,然后,随着充放电次数的增加,放电容量减少,直到充电容量再也不能恢复到规定的程度,这时使用寿命终结。

1. 放电深度对寿命的影响

放电深度指使用过程中放电到何种程度时开始停止。100%深度即放出全部容量。铅酸蓄电池寿命受放电深度影响很大。设计考虑的重点就是深循环使用、浅循环使用还是浮充使用。若把浅循环使用的电池用于深循环使用时,则铅酸蓄电池会很快失效。

因为正极活性物质二氧化铅本身的互相结合不牢,放电时生成硫酸铅,充电时又恢复为二氧化铅,硫酸铅的摩尔体积比氧化铅大,则放电时活性物质体积膨胀。若 1mol 氧化铅转化为 1mol 硫酸铅,体积增加 95%,则这样反复收缩和膨胀,就使二氧化铅粒子之间的相互结合逐渐松弛,易于脱落。若 1mol 二氧化铅的活性物质只有 20%放电,则收缩、膨胀的程度就大大降低,结合力破坏变缓慢。因此,放电深度越深,其循环寿命越短。放电深度越大,相对使用寿命越短。

蓄电池放电越深,活性物质劣化,从而使容量降低,因此对于同一负载来说,使用更大容量蓄电池比小容量蓄电池有更长的寿命。

2. 过充电程度的影响

过充电时有大量气体析出,这时正极板活性物质遭受气体的冲击,这种冲击会促进活性物质脱落;此外,正极板栅合金也遭受严重的阳极氧化而腐蚀,所以电池过充电时会使应用期限缩短。特别在浮流或涓流充电时,损坏更严重,过充量是决定蓄电池寿命的一个至关重要的因素,过充电系数为

$$X = \frac{Q_{over}}{C} \tag{6-11}$$

式中,Q_{over} 为过充量;C 为电池容量,蓄电池放电深度与过充系数对循环寿命的影响为图 6.7 所示关系,对比图 6.7(3 条曲线的过充系数分别是:曲线 1—0;曲线 2—0.076;曲线 3—0.107)中曲线 1、3 可知,在相同的放电深度(50%)情况下,不过充时的蓄电池的循环使用寿命是过充 10%的近 3 倍,控制蓄电池的过充可大大提高其使用寿命。

3. 温度的影响

铅酸蓄电池寿命随温度升高而延长。在 10~35℃间,每升高 1℃,大约增加 5~6 个循环;在 35~45℃之间,每升高 1℃,可延长寿命 25 个循环以上;高于 50℃,则因负极硫化容量损失而降低了寿命。这是因为温度的升高虽然会使蓄电池的输出容量增大,但它加速了电极的腐蚀,提高了电池的出气量,使电解液损失,缩短寿命。在低温下充电时,使电解液减少,也会缩短寿命,一般要求 20~40℃之间。

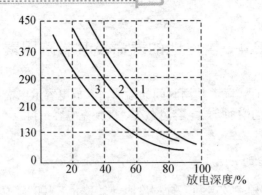

图 6.7　蓄电池放电深度与过充系数对循环寿命的影响

6.5　光伏系统中充电控制的特殊性

光伏发电系统中，蓄电池频繁处于充电—放电的反复循环中，过充电和深放电的不利情况时有发生，故对光伏电站中的蓄电池有如下要求：具有深循环放电性能；充放电循环寿命长；对过充电、过放电耐受能力强；当电池不能及时补充充电时，能有效抑制小颗粒硫酸铅的生长；富液式电池在静态环境中使用时，电解液不易层化；具有免维护或少维护的性能；低温下具有良好的充电、放电特性；蓄电池各项性能一致性好，无须均衡充电；具有较高的能量效率；具有较高的性能价格比等。

1. 恒流充电

蓄电池充电达到一定容量后，采用恒压方式充电。当蓄电池容量达到其额定容量，以小电流进行充电叫浮充。浮充阶段的充电电压要比恒压阶段低，如图 6.8 所示。

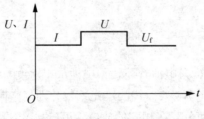

图 6.8　蓄电池充电三阶段

2. 快速充电

蓄电池从 0 到 100%容量比，需 8～20h，要缩短充电时间，采用大电流和高电压对蓄电池充电，在 1～2h 内把蓄电池充好，不会使蓄电池产生气体，也不会使温度过高(45℃以下)。

快速充电采用不断地脉冲充电和反向电流短时间放电相结合。短时间反向放电的目的是清除蓄电池大电流充电过程中产生的极化，大大提高充电速度，缩短充电时间。脉动充电电流持续时间和放电电流及持续时间必须根据蓄电池要求进行。

3. 智能充电

找出电池能够接收的最大充电电流和可以接收的充电电流曲线，如图 6.9 所示，在充电的任一时刻 t，蓄电池可接收的电流量为

$$I = I_0 \mathrm{e}^{-at} \tag{6-12}$$

式中：I_0 为最大起始电流；α 为衰减常数，也称充电接收比。

$$C = \frac{I_0}{\alpha}, \quad \alpha = \frac{I_0}{C} \tag{6-13}$$

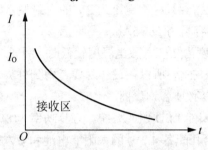

图 6.9　蓄电池智能充电示意图

上式不适合光伏充电，由于光伏系统受到环境温度和日照变化的影响，不能仅用常规的充电策略，对光伏系统应该采用以下方法。

(1) 采用最大功率点跟踪方式。太阳能阵列输出能量全都由蓄电池收纳。

(2) 当阵列超过蓄电池当前充电所需能量时，阵列就不能运行 MPPT 方式，应采用恒流、恒压相结合方式。例如：使系统使用电池数为 4 块，12×4=48V，总电压为 48～54V，设定充电终止电压为 55.5V，并在 55.5V 到 53.6V 之间分为 5 段，用不同颜色和数量的发光二极管。

6.6　独立太阳能光伏电站蓄电池容量的计算方法

为独立太阳能光伏系统选配蓄电池，要考虑电压电流特性等电气性能以及成本、尺寸、质量、寿命、维护性、安全性、再利用性等特点，在此基础上再考虑经济性以选择最佳。基本的设计步骤为：(1)详细计算负载所需的输入电压及输入电流，确定蓄电池组件数；(2)查询安装场所的日照数据，由安装场所的日照条件和负载的重要性设定没有光照的时间(通常 5～14d 左右)；(3)由蓄电池的期望寿命设定放电深度(DOD)；(4)使日照量最低的月份的充电量要比负载的放电量大，为此调好太阳电池容量阵列的角度；(5)计算蓄电池的容量 C：

$$C = \frac{1天消耗的电能 \times 没有日照的天数}{衰减率 \times 放电深度 \times 放电终止电压} \mathrm{Ah} \tag{6-14}$$

由此确定蓄电池的容量。

下面用一个设计实例来进一步说明。

【例6.1】 设计一套太阳能路灯，灯具效率为 30W，每天工作 6h，工作电压为 12V，蓄电池维持天数取 5d，衰减率取 0.8，请求出太阳能光伏系统蓄电池的基本配置。

(1) 负载功率为 30W，工作电压为 12V，选用标准组件 2V 的密封型蓄电池，则蓄电池串联数=12V/2V=6 只。因此 6 只蓄电池串联就可达到标准电压；

(2) 根据天气资料的实际情况确定蓄电池存储天数，本例中设定为 5d；

(3) 设计放电深度为 50%；

(4) 蓄电池的容量为：$C = 30 \times 6 \times 5 \div 0.8 \div 0.5 \div 12 = 187.5Ah$

因此在本例中，可以选择 6 只标称电压为 2V 的密封型蓄电池组串联而形成太阳能光伏系统的储能设备，蓄电池容量为 187.5Ah。

注意：本实例的设计温度为 25℃，放电温度较低时，例如 5℃时的蓄电池容量为 95%，-5℃时的蓄电池容量则变为 82%，所以在设计时要考虑到外界气候的具体条件，如果要在 -15℃ 以下的环境中使用，有必要咨询厂商。

【例6.2】 预设计一太阳能 LED 照明系统，灯具功率为 8W，每天工作 3h，当地的峰值日照时数为 5h，请问若给其配备 4.2W 的太阳能电池和 6V/3Ah 的蓄电池，是否符合应用要求。

解：

(1) 由题意可知系统的工作电流为：$I = \dfrac{8W}{6V} = 1.33A$，

则系统每天的耗电量为：$Q = 1.33A \times 3h = 4Ah$。而所提供的蓄电池容量仅为 3Ah，且没有考虑充放电效率和放电深度等因素，所以，所选择的蓄电池容量严重不足。

(2) 每天的耗电量 $Q_L = 8W \times 3h = 24Wh$，不计任何损耗，当天充电当天用完，其峰值日照时数需：$T = 24Wh/4.2V = 5.7h$，而实际当地峰值日照时数仅有 5h，所以，太阳电池配备不合适。

本 章 小 结

本章主要介绍了蓄电池的种类及其在太阳能光伏发电中的作用；蓄电池的组成，特别是铅酸电池的组成及各部件的作用；蓄电池的电特性；影响蓄电池寿命的因素及其在光伏系统中的特殊要求。重点掌握蓄电池的电特性，包括充、放电过程中的端电压、蓄电状态、放电深度、放电速率、自放电现象、功率与效率及蓄电池充电和放电时的管理；理解放电深度、过充电程度和温度对蓄电池寿命的影响；掌握光伏系统中充电控制的特殊性，主要是恒流充电、快速充电、智能充电时的特殊性。光伏系统中的蓄电池应具有深循环放电性能；充放电循环寿命长；对过充电、过放电耐受能力强；当电池不能及时补充充电时，能有效抑制小颗粒硫酸铅的生长；富液式电池在静态环境中使用时，电解液不易层化；具有免维护或少维护的性能；低温下具有良好的充电、放电特性；蓄电池各项性能一致性好，无须均衡充电；具有较高的能量效率；具有较高的性能价格比等。

习　　题

1. 蓄电池的类型主要有_____、_____、锂电池。

2. 铅蓄电池由_____、_____、隔板、电槽及_____组成。

3. 电池充电是外电路给蓄电池供电，使电池内发生_____，从而把电能转化成_____储藏起来的操作。

4. 下列哪一项不是蓄电池的作用？_____
   A．储能作用　　　B．缓冲作用　　　C．产生电能　　　D．调节作用

5. 影响蓄电池使用寿命的因素很多，下列哪一项对蓄电池的使用寿命没有影响？_____
   A．放电深度　　　B．温度　　　C．蓄电池的大小　　　D．过充电程度

6. 在应用过程中，对蓄电池有哪些基本要求？

7. 蓄电池有哪些电特性？

8. 在光伏系统中，蓄电池充电有什么特殊之处？

9. 设计一套太阳能路灯，灯具效率为 45W，每天工作 5h，工作电压为 10V，蓄电池维持天数取 6d，衰减率取 0.75，设计放电深度为 60%，请求出太阳能光伏系统蓄电池的基本配置。

第 7 章
风力发电与控制技术

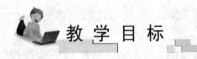 教 学 目 标

了解风能的特点、利用方法及我国风能资源情况；
掌握风力发电机的组成及风能转换原理；
了解风力发电机的分类；
查阅资料，了解风力发电与控制的新技术、新动向。

教 学 要 求

知识要点	能力要求	相关知识
风能的利用	(1) 了解风能的形成及描述方法 (2) 了解风能的特点及对风能的利用情况 (3) 了解我国风能资源的分布情况及世界风能行业发展前景	
风力发电技术	(1) 了解风力发电机组的构成及各组成部分的作用 (2) 掌握风能转换原理与风力机的特性 (3) 了解风力发电机的分类	桨叶的空气动力，风力机的效率
应用举例	初步掌握风光互补发电系统中双向 DC/DC 变换	风光互换发电系统结构与原理，双向 DC/DC 交换器结构及控制

 推荐阅读资料

[1] 宋永瑞. 风力发电系统与控制技术[M]. 北京：电子工业出版社，2012.

[2] 宋亦旭. 风力发电机的原理与控制[M]. 北京：机械工业出版社，2012.

[3] 叶杭冶. 风力发电机组的控制技术[M]. 北京：机械工业出版社，2006.

[4] 李少林，姚国兴. 一种风光互补发电系统中双向 DC/DC 变换器研究[J]. 电气传动，2010,40(3):60-62.

引例

案例一：

摘自 http://www.energy.siemens.com.cn/CN/News/Pages/20130218.aspx 的一则报道。

西门子与上海电气合作完成首个陆上风电项目

50MW 的陆上风电广饶项目于 2012 年底安装完成。这是西门子与上海电气成立的两家风电合资公司共同完成的首个项目，合资公司交付了 20 台功率为 2.5MW，转子直径为 108m 的 SWT-2.5-108 风机，标志着自 2011 年底两家公司签订战略联盟协议后的一个重要里程。两家合资公司——西门子风力发电设备(上海)有限公司和上海电气风能有限公司自 2013 年初正式全面运营，服务世界上最大的风电市场。

上海电气(集团)总公司董事长徐建国表示，新的合资公司将整合双方优势，互补双方资源。希望两个合资公司可以通过借助上海电气与西门子的卓越声誉，依靠技术创新、瞄准建设世界级工厂的目标，从技术能力、制造能力、管理能力、创新能力等方面，不断增强竞争力，快速开发出更成熟、完整的技术和产品的同时，能更有效地降低双方研发成本，为市场提供更优质、更可靠的产品。

近些年来，中国风电规模发展迅速，跃居世界第一。2012 年的前 6 个月，中国新增装机容量达 5.4GW，几乎为全球风电装机量的 1/3，再次代表了世界最大风电市场。截至 2012 年 6 月，中国的总装机量接近 68GW。"通过与长期合作伙伴上海电气成立两家风电合资公司，彰显了我们对于中国市场的长期承诺。"西门子股份公司管理委员会成员、能源业务领域首席执行官苏思博士表示，"西门子将为合资公司提供先进的风机技术，国际化项目管理以及项目执行专业知识和经验。"风力发电机如图 7.1 所示。

近 15 年来，西门子与上海电气实现成功合作，在发电及输电领域已经拥有 6 家合资企业，为其加深在风电行业的合作提供了良好的基础。2010 年，西门子携手上海电气赢得首个海上风电订单，为如东海上风电场提供 21 台 2.3MW 的风机。该项目于 2012 年 5 月正式投入运营。

图 7.1　风力发电机

案例二：

摘自 http://www.indaa.com.cn/dl2011/dlsc/201201/t20120105_887513.html 的一则报道。

2012年初，韩国决定投资90亿美元开发海上风电项目，以确保在2019年海上风电可达到2.5GW。海上风电项目主要由韩国电力公司开发建设。图7.2所示为海上风力发电机。

近年来，韩国政府将风能作为未来替代化石能源的主要清洁能源技术进行重点支持。风能、太阳能和生物质能都是韩国政府支持的可再生能源，而风能又是韩国政府支持的首选。韩国将风能作为潜力巨大的替代能源和振兴韩国经济的重要能源补充。为此，韩国着重加大展开"海上"攻势，加大海上风电项目投资力度，提高海上风电项目的贡献率。

据报道，韩国政府将投资9.2万亿韩元，在该国南部近海建设2500MW规模的海上风力发电设施。每年发电量可达6525kWh，可供拥有556万人口的城市使用。该项目建成后，韩国将跃升为世界三大海上风力发电强国之一。通过该项目的实施，还将创造出7.6万个工作岗位。该项计划对于韩国的造船企业来说是一个新的发展机遇，有望借此进军全球风力涡轮市场，挑战德国最大的工程公司西门子和世界最大的风力涡轮机制造商丹麦维斯塔斯风力技术集团。

图7.2　海上风力发电机

 引言

随着世界人口的持续增长和经济的不断发展，对于能源的需求日益增加，目前的能源消费结构中，煤炭、石油和天然气等化石燃料虽然仍占有很重要的地位，但是化石燃料的燃烧造成环境污染，致使全球气候变暖、冰山融化、海平面上升等自然灾害频繁发生，风能等洁净能源备受关注。

中国风能发展相比发达国家滞后，但近几年来发展很快，特别是《可再生能源法》出台后，风能增长惊人，平均以每年翻番的速度增长，2007年中国风能发电规模已居全球第五，现有上网电价已降至0.5～0.7元/千瓦时。2010年全国风电装机容量500万kW。预计到2020年，全国风电装机容量将达到3000万kW，广州、福建、江苏、山东、河北、内蒙古等地区集中连片开发。因此，本章将对风力发电及控制技术作主要的讲解，使大家对风能的特点、分布、储量及发展前景了解之后，重点掌握风力发电技术的相关内容。

7.1　风能的利用

1. 风的形成及描述方法

当太阳辐射能穿越地球大气层照射到地球表面时，太阳将地表的空气加温。空气受热膨胀后变轻上升，热空气上升，冷空气横向切入。由于地球表面各处受热不同，使大气产生温差，形成气压梯度，从而引起大气的对流运动。风是大气对流运动的表现形式，是地球上一种自然现象。

通常用风向、风速和风力这 3 个参数描述风。

风向是风吹来的方向。风向的表示法：以正北方为基准，顺时针方向旋转，东风 90°，南风 180°，西风 270°，北风 360°。

风速表示风移动的速度，即单位时间内空气在水平方向上流动所经过的距离。风速表示法：是一段时间内的平均值，以 10m 高处为观测基准。平均风速所取时间有多种，如：1min、2min、10min、1h 平均风速，也有瞬时风速。

风力表示风的强度，以风的强度等级来区别。

风速与风级：从微风到飓风共分为 13 个等级，分别为 0～12 级。风速和风级之间的关系为

$$\overline{V}_N = 0.1 + 0.824 N^{1.505} \tag{7-1}$$

式中：$\overline{V}_N$ 表示 N 级风的平均速度(m/s)；N 表示风的级数。

2. 风能特点及风能的利用

风能(Wind Energy)是地球表面大量空气流动所产生的动能，是太阳能的一种转换形式，大气是这种能源转换的媒介。

风能资源决定于风能密度和可利用的风能年累积小时数。风能密度指空气在 1s 内以速度 v 流过单位面积产生的动能，表达式 $E = 0.5\rho v^3$，其中，E 为风能密度(W/m²)，ρ 为空气质量密度(kg/m³)，v 为风速(m/s)。

与其他能源相比，风能的优势体现在：风能是洁净的能量来源；风能设施日趋进步，生产成本大大降低，在适当地点，风力发电成本已低于发电机成本；风能设施多为非立体化设施，可保护陆地和生态；风能是可再生能源，清洁、环保。

风能的利用不足之处表现在：风速不稳定导致产生的能量大小不稳定；风能利用有地理位置的局限性；风能的转换效率低；风能是新型能源，相应的使用设备开发得不是很成熟。

风能的利用主要是以风能作动力和风力发电两种形式，其中又以风力发电为主。

以风能作动力，就是利用风来直接带动各种机械装置，如带动水泵提水等。这种风力发动机的优点是：投资少、工效高、经济耐用。目前，世界上约有 100 多万台风力提水机在运转。例如：我国东南沿海地区风能资源较丰富，年平均风速为 4m/s，这些地区乡镇工业发展迅速，用电量较大，常规能源贫乏，部分电网通达的地方缺电也较严重，为满足农

田灌溉、水产养殖和盐场制盐等低扬程大流量提水作业的需要，当地用户已在使用一些低扬程风力提水装置。另外，我国内陆风能资源较好的区域，如内蒙古北部、甘肃和青海等地的年平均风速为 4～6m/s，3～20m/s 的风速累计 4000～5000 时/年。这里是广大的草原特区，人口分散，难通电网，利用深井风力提水机组为牧民和牲畜提供饮水或进行小面积草场灌溉，对于改善当地牧民的生活、生产条件具有明显的社会效益。从风力提水机组分类上讲，主要产品和技术的发展趋势：低扬程大流量风力提水机多采用旋转式水泵，用于提取地表水和浅层地下水；高扬程小流量风力提水机多采用往复式水泵，用于提取深层地下水；风力提水机—微滴灌系统；风力机—空气泵提水机组；风力发展机—电泵提水系统。

利用风力发电，以丹麦应用最早，而且使用较普遍，主要有小型风力发电机组、大型风力发电机组和国外机组国产化。

小型风力发电机的行业现状：我国从 20 世纪 80 年代初就把小型风力发电作为实现农村电气化的措施之一，主要研制、开发和示范应用小型充电用风力发电机，供农民一家一户使用。目前，1kW 以下的机组技术已经成熟并进行大量的推广，形成了年产一万台的生产能力。近 10 年来，每年国内销售 5000～8000 台，100 余台出口国外。目前可批量生产 100W、150W、200W、300W 和 500W 及 1kW、2kW、5kW 和 10kW 的小型风力发电机，年生产能力为 3 万台以上，销售量最大的是 100～300W 的产品。在电网不能通达的偏远地区，约 60 万居民利用风能实现电气化。其发展趋势为：功率由小变大，户用机组从 50W、100W 增大到 300W、500W，以满足彩电、冰箱和洗衣机等用电器的需要；由一户一台扩大到联网供电。采用功率较大的机组或几台小型机组并联为几户或一个村庄供电；由单一风力发电发展到多能互补，即"风力—光伏"互补、"风力机—柴油机"互补和"风力—光伏—柴油"互补；应用范围逐步扩大，由家庭用电扩大到通讯和气象部门、部队边防哨所、公路及铁路等。

大型风力发电机组现状：我国大型风力发电机组的研究制造工作正在加快发展。中国一拖集团有限公司与西班牙电力公司美德(MADE)再生能源公司成立的一拖-美德风电设备有限公司，西安航空发动机公司与德国恩德(NORDEX)公司成立的西安维德风电设备有限公司分别生产了一台 660kW、600kW 的主发电机组，并已经安装在辽宁营口风电场并网发电运行。这两台机组的国产化率达到 40%。另外，浙江运达风力发电设备厂在生产 200kW 风力发电机组的基础上又生产出了 4 台 250kW 风力发电机组，安装在广东南澳风场运行，这是我国具有自主知识产权、运行状况最好的机组。

国外机组国产化情况：在我国风电场建设的投资中，机组设备约占 70%，实现设备国产化、降低工程造价是风电场大规模发展的需要。大型风电机的主要部件在国内制造，其成本可比进口机组降低 20%～30%，因此，国产化是我国大型风力机发展的必然趋势。我国大型风电机的国产化从 250～300kW 机组开始，发展到 600kW。塔架可以在国内制造，发电机和轮毂也已在国内试制出来，将上述部件安装在进口风力发电机上考核，如果质量达到原装机的标准就可以替代进口件。其他部件如齿轮箱、主轴、刹车盘和迎风机构都可以在国内试制成功后取代进口件。根据我国的生产水平和技术能力，大型风力机国产化是完全可行的。

风力发电发展的特点和趋势如下。

(1) 成本更低，性能更完善。风力发电通过降低风力发电机和风力机的制造成本，采用低速发电机由风力机直接驱动，省去齿轮箱，将功率电力电子技术和各种最新的控制理论应用于风力发电及其并网控制中，不断降低成本，改善电能质量，以提高与火力发电、水力发电的竞争能力。

(2) 单机容量越来越大，提高风力机安装高度及增大风力机叶片的直径，以此降低风力发电的成本，提高风能的捕获。

(3) 政府出台一些鼓励政策。

【例7.1】 如果设计一个发电能力为 400kW 的风电场，需要 500kVA、400V 升到 10kV 的变压器一台，1 公里的 400V 架空线造价 10 万元，这样，项目每千瓦投资在 3 千元左右。若采用功率为 4000 瓦的小型风力发电机组 108 台组成 400kW 的风电场是否合适？若按有效年利用 4000h 来测算，其投资的电价为多少元/度？

解：(1) 4000 瓦的小型风力发电机组的理论台数为：
$$400×10^3 /4000=100 台$$
考虑风能的利用率 108×4kW=432kW>400kW

则用 108 台 400kW 的风力发电机是合适的。

(2) 其投资电价为：
$$3000/4000=0.75 元/度$$

3. 中国风能资源储量与分布

据专家预测，我国风能储量大，分布面广，全国大约有 2/3 的地区为多风地带。全年平均风速为 3m/s 及以上的时间达 3000～5000h。平均风能密度为 $100W/m^2$，可开发的风能资源约 2.53 亿 kW。全国陆地 10m 高度层的风能资源的理论储量为 $3.26×10^9kW$，可开发的风能资源储量为 $2.53×10^8kW$，主要集中在北部地区，包括内蒙古、甘肃、新疆、黑龙江、吉林、辽宁、青海、西藏及河北等地。风能资源丰富的沿海及其岛屿可开发量约为 10^9kW，主要分布在辽宁、河北、山东、江苏、上海、浙江、福建、广东、广西和海南等地。

我国风电建设起步较晚，1996 年之前一直处于小规模的探索试推广阶段，1996 年开始扩大规模，发展大型并网风电机组。到了 2004 年，在国家有关优惠政策的刺激推动下，全国风电装机容量才得到了快速的发展。2007 年底，我国(除台湾省外)共有风电场 158 个，累计风电机组 6469 台、总装机容量 605 万 kW，与上年相比，累计装机增长率为 132.3%，总发电能力是 3.561 亿 kW，超过丹麦成为世界第五风电大国，当年装机容量超过德国和印度，仅次于美国和西班牙，成为世界上最主要的风电市场之一。到 2008 年年底，风电装机达 1217 万 kW，总上网电量 148 亿 kWh。

"十二五"规划对未来以核能、风能、太阳能等为代表的新能源产业做出了全面布局。作为新能源的重要组成部分，风能产业在未来五年内发展潜力巨大；未来 10 年，我国风电装机容量将达到目前风电装机容量的 10 倍左右；风能行业将成为投资热门和产业发展趋势。

4. 世界风能行业发展前景

从目前的技术成熟度和经济可行性来看，风能具有较强的竞争力。从中期来看，全球风能产业的前景相当乐观，各国政府不断出台的可再生能源鼓励政策，将为该产业未来几年的迅速发展提供巨大动力。据研究，预计全球风电发展正在进入一个迅速扩张的阶段，风能产业将保持每年 20%的增速，到 2015 年时，该行业总产值将增至目前水平的5 倍。

目前，德国仍然是全球风电技术最为先进的国家。德国的风电发展处于领先地位，风电装机容量占全球的 28%，而德国风电设备生产总额占到全球市场的 37%。在国内市场逐渐饱和的情况下，出口已成为德国风电设备公司的主要增长点。近期，德国制定的风电发展长远规划中指出，到 2025 年风电要实现占电力总用量的 25%，到 2050 年实现占总用量50%的目标。

在美国，随着新能源政策的出台，风能产业每年将实现 25%的超常发展。印度风能也将保持每年 23%的增长速度。印度鼓励大型企业进行投资发展风电，并实施优惠政策激励风能制造基地，目前印度已经成为世界第五大风电生产国。

一直以来在风能领域处于领先地位的欧洲国家增长速度将放慢，预计在 2015 年前将保持每年 15%的增长速度。其中最早发展风能的国家如德国、丹麦等陆上风电场建设基本趋于饱和，下一步的主要发展方向是海上风电场和设备更新。英、法等国仍有较大潜力，增长速度将高于 15%的平均水平。

目前，中国市场最热的可再生能源有风能、太阳能等产业。风能资源则更具有可再生、永不枯竭、无污染等特点，综合社会效益高，而且风电技术开发最成熟、成本最低廉。根据"十一五"国家风电发展规划，2010 年全国风电装机容量达到 500 万 kW，2020 年全国风电装机容量达到 3000 万 kW。可见，风机市场前景诱人，发展空间广阔。

7.2 风力发电技术概述

7.2.1 风力发电机组的构成

风力发电机组是将风能转换成机械能，再将机械能转换成电能的工业设备，它的机构、性能不同于传统的发电设备，是一种专门针对风能的特点，根据用户要求设计出来的专用发电设备。必须保证其在各种风况、气候和电网条件下能够长期安全运行，并取得最大的年发电量和最低的发电成本。因此，风力发电机组对材料、结构、工艺和控制策略都提出了很高的要求。常见的风力发电设备如图 7.3 所示，主要有叶轮、机舱、塔架、基础、变压器等部分组成。图 7.4 为风力发电机组的剖面构成图。图 7.5 为风力发电机组内部结构示意图。

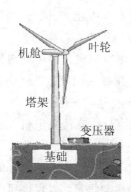

图 7.3　风力发电设备

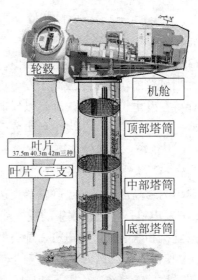

图 7.4　风力发电机组的剖面构成图

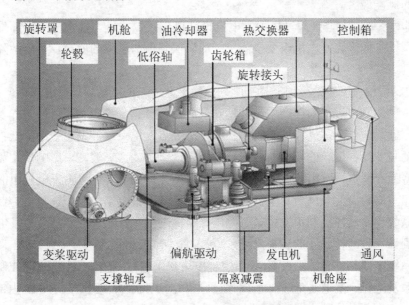

图 7.5　风力发电机内部组结构示意图

现将各个组成部分的作用介绍如下。

(1) 叶轮(风轮)：风轮由叶片和轮毂等部件组成，是获取风能并将其转换成机械能的关键部件。叶片具有空气动力学外形，是在气流推动下产生力矩使风轮能绕其轴转动的主要构件。轮毂用来固定叶片的位置并将叶片组件安装在风轮轴上。每个叶片有一套独立的变桨机构，主动对叶片进行调节。叶片配备雷电保护系统，风机维护时，叶轮可以通过锁定销进行锁定。

风轮的扫掠面积和风速决定了将风能转换成机械能的大小。风轮的扫掠面积是指风轮叶片旋转运动时所作的圆，也就是在垂直于风速矢量平面上的投影面积。

(2) 风轮轴：起着固定风轮位置、支撑风轮重量、保证风轮旋转、将风轮的力矩传递给齿轮箱或发电机的重要作用。

(3) 调速装置：主要有定桨距叶片失速控制调节和变桨距调节两种。它的主要作用是：其一，当风轮的转速低于或高于发电机额定转速时，通过调速装置提高或降低风轮转速，使其保持在发电机的额定转速，以保证风力机组安全、满负荷发电。其二，当风轮转速超过其额定转速时，使风力发电机组安全停机，确保风力发电机组不被损坏。

(4) 齿轮箱：将风轮在风力作用下所产生的动力传递给发电机，并使其得到相应的转速。齿轮箱是大中型风力发电机的重要组件，它的输入端是低速轴，通过联轴器连接风轮轴；输出端为高速轴，通过联轴器连接发电机。增速比一般为 60～80。

(5) 发电机：将风轮收集的机械能转变成电能。通常有异步交流发电机、异步双馈型交流发电机和永磁同步发电机 3 种类型。

(6) 偏航系统：风力发电机组的对风简称偏航，通常以正北作为偏航角度的零点，对风装置又称偏航系统。作用是使风轮在扫掠面始终保持与风向垂直，以保证风轮在每一个瞬间捕获的风能最大。

(7) 制动系统：在遇到超过风力发电机设计风速时，或风力发电机的零部件出现故障时，制动系统可使风力发电机组安全停机，从而保障风力机组的安全，避免故障的扩大或人员的伤亡。

(8) 控制系统：风能是一种能量密度低，稳定性较差的能源。因风速和风向的随机性、不稳定性，风力发电过程中会产生一些特殊问题，例如：导致风力机叶片攻角不断变化，使叶尖速比偏离最佳值，风能的利用率降低，对风力发电系统的发电效率降低；还可引起叶片的振动与剪切、塔架的弯曲与抖振、力矩传动链中的力矩波动，影响系统运行的可靠性和使用寿命；发电机发出的电能的电压和频率随风速而变等。风力发电机组的控制主要解决上述相关问题。大型风力发电机的控制系统是一个很复杂的微型计算机控制系统，包括若干子系统，安装在控制箱、控制柜内，对整机进行运行状态控制及风力发电机从一种运行状态到另一种运行状态的转换过渡过程控制。

控制系统主要部件有：主控器(核心控制模块软硬件)；变桨控制器(变桨控制模块、变桨电机伺服及电机、蓄电池)；变频器(双馈机型和同步机型)；通讯模块(系统内部通讯、风场内通讯)；SCADA 软件(用于远程监控)。

控制目标主要有：保证系统的可靠运行；能量利用率最大；电能质量高；机组寿命延长。

常规控制功能有 6 个：在运行的风速范围内，确保系统稳定运行；低风速时，跟踪最佳叶尖比，获取最大风能；高风速时，限制风能的捕获，保持风力发电机组输出功率为额定值；减小功率传动链的暂态响应；控制器简单，控制代价小，对一些输入信号进行限幅；调节机组功率，确保机组输出电压和频率稳定。

(9) 塔架：支撑风轮和整个机舱的重量，并使风轮和机舱保持在合理的高度，使风轮旋转部分与地面保持在合理的安全距离。

7.2.2　风能转换原理与风力机的基本特性

1. 桨叶的空气动力

图 7.6 所示为空气流过桨叶的空气流线图。现在用图 7.7 对桨叶的几何参数与空气动力加以说明。对图 7.7(a)所示作如下定义。

升力角——风向(来流方向)与零升力线之间的夹角。

零升力角——弦线与零升力线之间的夹角。

攻角——来流方向与弦线的夹角。

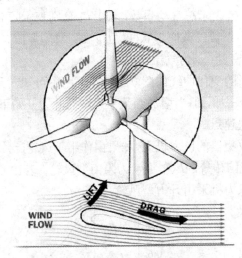

图 7.6　空气流过桨叶的流线图

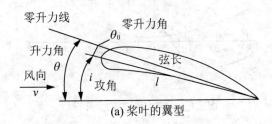

(a) 桨叶的翼型

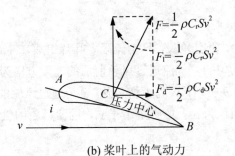

(b) 桨叶上的气动力

图 7.7　桨叶的几何参数与空气动力图

将桨叶放在气流中，并且与气流方向呈 i 角时，作用在翼型上的气动力如图 7.7(b)所示，设总的气动力为 F，则沿气流方向将产生一个正面阻力 F_d 和垂直于气流方向的升力 F_1，其分别由式(7-3)、式(7-4)确定。

$$F = \frac{1}{2}\rho C_r S v^2 \tag{7-2}$$

$$F_d = \frac{1}{2}\rho C_d S v^2 \tag{7-3}$$

$$F_1 = \frac{1}{2}\rho C_1 S v^2 \tag{7-4}$$

式中：S 表示桨叶面积；C_r 表示总气动系数；C_1、C_d 分别表示随 α 而变化的升力系数和阻力系数，升力系数和阻力系数受截面形状(翼型弯度、翼型厚度、前缘位置)、表面粗糙度的影响；ρ 为空气的质量密度；v 为气流速度。

升力和阻力随攻角 i 的变化曲线如图 7.8 所示。由图可知，升力系数随攻角的增加而增加，从而使桨叶的升力增加，但当增加到某个角度后升力开始下降，阻力系数开始上升。出现最大升力的点称为失速点。

在以风轮作为风能收集器的风力机上，如果由作用于风轮叶片上的阻力 F_d 而使风轮转动，则称为阻力风轮。我国传统的风车通常为阻力型风轮；若由升力 F_1 而使风轮转动，则称为升力型风轮，现代风力机采用升力型风轮。

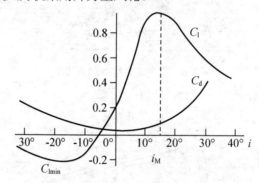

图 7.8　升力和阻力的变化曲线

2. 风力机的效率

1) 理想风轮的气流模型

假设：风轮为理想的，没有轮毂，且由无限多叶片组成，气流通过风轮时也没有阻力，气流经过整个扫风面是均匀的，气流通过风轮前后的速度方向为轴向。

理想风轮模型如图 7.9 所示：v_1 为上游风速，v 为通过风轮的风速，v_2 为下游风速，上游截面积为 S_1，下游截面积为 S_2，v_2 必定小于 v_1，因而风轮的气流截面积从上游至下游是增加的，即 S_2 大于 S_1。

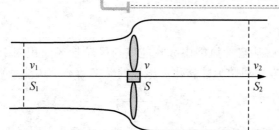

图 7.9　理想风轮的气流模型

自然界中空气流动认为是不可压缩的，由连续流动方程可得

$$S_1 v_1 = S v = S_2 v_2 \tag{7-5}$$

根据流体动量方程，风作用在风轮上的力等于单位时间内通过风轮旋转面的气流动量的变化。

$$F = m v_1 - m v_2 = \rho s v (v_1 - v_2) \tag{7-6}$$

$$m = \rho s v \tag{7-7}$$

式中：ρ 为空气密度；m 为单位时间内所接收的动能(即功率)，可用风作用在风轮上的力与风轮截面处的风速之积表示。即

$$P = F v = \rho s v^2 (v_1 - v_2) \tag{7-8}$$

而该时间内从上游到下游的动能变化为

$$\Delta E = \frac{1}{2} \rho s v (v_1^2 - v_2^2) \tag{7-9}$$

根据能量守恒定律，以上两式相等得：

$$v = \frac{v_1 + v_2}{2} \tag{7-10}$$

经过风轮风速变化产生的功率为

$$P = \frac{1}{4} \rho s (v_1^2 - v_2^2)(v_1 + v_2) \tag{7-11}$$

其最大功率可令 $\dfrac{\mathrm{d}P}{\mathrm{d}v_2} = 0$，得

$$v_2 = \frac{1}{3} v_1 \tag{7-12}$$

代入后得到的最大理想功率为

$$P_{\max} = \frac{8}{27} \rho s v_1^3 \tag{7-13}$$

与气流扫掠面积风的能量相比，可得风力机的理论最大效率：

$$\eta_{\max} = \frac{P_{\max}}{E} = \frac{16}{27} \approx 0.593 \tag{7-14}$$

这就是著名的贝茨理论，理论上风力机的最大值为 0.593。风力实际上能够到的有用功率 $P_S = \dfrac{1}{2} \rho v_1^3 s C_P$，式中，$C_P$ 为风力机风能利用系数，它的值必定小于贝茨理论的极限值 0.593。

2) 风能利用系数 C_p

风力机的风轮能够从自然风能中吸收能量与风轮扫风面积内未扰动气流所具风能的百分比，表示了风力发电机将风能转化成电能的转换效率。风能系数为

$$C_p = \frac{P_{max}}{0.5\rho s v^3} \qquad (7-15)$$

式中：P 为风力机实际获取的轴功率，W；ρ 为空气密度，kg/m³；s 为风轮扫风面积，m²；v 为下游风速，m/s。

理想风力机的风能利用系数 C_p 的最大值是 0.593，即贝茨理论极限值。C_p 值越大，风力机效率越高。风能利用系数主要取决于风轮叶片的气动和结构设计以及制作工艺水平，如高性能的螺旋桨式风力机 C_p=0.45，而阻力型风力机只有 0.15 左右。

除考虑风力机转换效率外，还要考虑风力机其他损失，如传动机构的损失、发电机的损失等。若取风力机效率为 70%，传动效率和发电机效率为 80%，因理想风力机风能利用系数为 59.3%，所以整机装置的风能利用系数为

$$C_p = 0.593 \times 0.7 \times 0.8 = 0.332 \qquad (7-16)$$

3) 叶尖速比

叶片的叶尖圆周速度与风速之比称为叶尖速比，通常用 λ 表示，衡量风轮在不同风速中的状态，是风力机的一个重要参数。

$$\lambda = \frac{2\pi n R}{v} = \frac{w R}{v} \qquad (7-17)$$

式中：n 为风轮的转速，r/min；R 为叶尖半径，m；v 为上游速度，m/s；w 为风轮旋转速度，rad/s。

风能利用系数 C_p 是叶尖速比和桨距角 α 的函数，即 $C_p(\lambda, \alpha)$，如图 7.10 所示，α 角逐渐增大时 $C_p(\lambda)$ 曲线将显著缩小；若 α 不变，C_p 只与叶尖速比 λ 有关，可用一条曲线来描述。

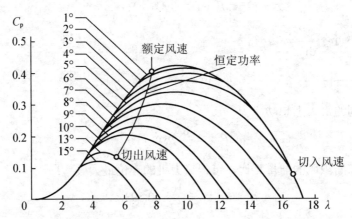

图 7.10　风能利用系数 C_p 与叶尖速比 λ 和桨叶节距角 α 的关系曲线

在定桨距的情况下，具有唯一的叶尖速比使 C_p 最大，称之为最佳叶尖速比，用 λ_{opt} 表示。

当风速超过规定最高值，安全系统应立即停车，风力机应尽可能以稳定的或变化很小

的转速工作，所以风力机就不可能在任何风速下都以最佳的功率系数和叶尖速比工作。在固定的额定转速下，C_p 值与 λ 无关，而是取决于风速 v。

【例 7.2】　已知 5M 风力机额定功率 5000kW，设计额定风速 13m/s，转子直径 126m，设计转速 9.5rpm，三片叶片，叶片长 61.5m，重 17.7 吨。用行星齿轮增速，双回路异步电机，6 级。

(1) 试对 5M 典型 M 风力机特性进行核算；

(2) 说明 5M 风轮的能量利用系数的高或低的原因，并对其优化设计。

解：(1)题解答。

① 核算能量利用系数 Cp：

风轮机功率与叶片长、风速、能量利用系数有下列关系：

$$P_S = \frac{1}{2}\rho v^3 S C_P = \frac{1}{2}\rho v^3 \pi r^2 C_P$$

$$Cp = \frac{2P_S}{\rho \pi r^2 v^3} = \frac{2 \times 5000000}{1.21 \times \pi \times 63^2 \times 13^3} = 0.302$$

② 核算叶尖圆周速度/风速比 λ

$$\lambda = \frac{2\pi nR}{v} = \frac{\pi Dn}{v} = \frac{\pi \times 126 \times 9.5 / 60}{13} = \frac{\pi \times 126 \times 9.5}{60 \times 13} = 4.82$$

(2)题解答。

① 可见：5M 风轮机的能量利用系数 Cp 偏低，风能没有被高效利用。原因是高速特性数 λ 设计偏小，设计转速偏低，设计点较大偏离最佳高速特性数 λ_p。

② 优化设计：

$\lambda_p = 7.5$　设计改进风轮转速：

$$n = \frac{60 v \lambda_p}{\pi D} = \frac{60 \times 13 \times 7.5}{\pi \times 126} = 14.78$$

【例 7.3】　已知：新疆金风科技 S62-1200 风力机典型设计数据为 r=31m，P=1200000W，n=15.5rp/mim；1200kW 风力机高速特性数如图 7.11 所示，试对 1200 风力机进行优化设计。

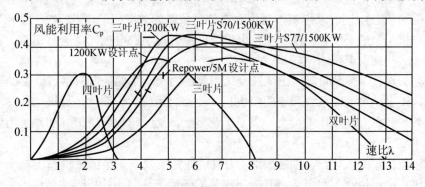

图 7.11　1200kW 风力机高速特性数

解：(1)核算能量利用系数 Cp 和设计风速 Vw：

风轮机功率与转子半径、风速、能量利用系数有下列关系：

$$P_S = \frac{1}{2}\rho v^3 S C_P = \frac{1}{2}\rho v^3 \pi r^2 C_P$$

能量利用系数和风速

$$C_P = \frac{2P_S}{\rho \pi r^2 v^3} = \frac{2 \times 1200000}{1.21 \times \pi \times 31^2 \times 12^3} = 0.38$$

(2) 核算叶尖圆周速度/风速比 λ：

$$\lambda = \frac{2\pi nR}{v} = \frac{2 \times \pi \times 31 \times 15.5}{60 \times 12} = 4.19$$

可见：核算的 1200kW 风力机的风能利用系数 $C_P = 0.38$，设计风速 Vw =12m/s

风能利用系数稍低，风能利用较好。如果高速特性数 λ 设计再高点，设计转速再高点(见图 7.11 18.5r/min)，设计功率可达 1360kW。

7.2.3 风力发电机的分类

1. 按功率调节方式分类

风力机和发电机是风力发电中的两个关键部分，有限的机械强度和电气性能使其速度和功率受限制，因此，风力机和发电机的功率和速度控制是风力发电的关键技术之一。

风力机进行功率调节的原因是：风力机在超过额定风速后，由于机械强度和发电容量的限制，必须降低能量的捕获，使发电机组的输出功率在额定值附近，同时减小叶片承受的载荷和风力机所受到的冲击，避免风力机受到损坏。

风力机功率调节主要利用气动功率调节技术，分为定桨距风机、变桨距调节和主动失速调节 3 种类型。

(1) 定桨距风机：主要结构特点是桨叶与轮毂固定连接，桨叶的迎风角度不随风速而变化。依靠桨叶的气动特性自动失速，即当风速大于额定风速时依靠叶片的失速特性保持输入功率基本恒定。

因这种风力机的功率调节完全依赖叶片气动特性，在低速运行时，因风力机的转速不能随风速的变化而调整，使风轮在低风速时效率低(若低风速时效率设计过高，会使桨叶过早地进入失速状态)，同时发电机本身也存在低负载时的效率问题。为解决上述问题，定桨距风力发电机组一般采用 4/6 极双速发电机。低速时用小发电机，高速时切换大发电机，这样可以大大提高发电机输出功率。

优点是失速调节简单可靠，由风速变化引起的输出功率的控制只通过叶桨的被动失速调节实现，没有功率反馈系统和变桨距机构，使控制系统大为简化，整机结构简单、部件小、造价低。其缺点是叶片重量大，成型工艺复杂，桨叶轮毂、塔架等部件受力较大，机组整体效率低。

(2) 变桨距调节：为了尽可能提高风力机风能转换效率和保证风机输出功率平稳，风力机需要进行桨距调整，在定桨距基础上安装桨距调节环节，构成变桨距风力发电机组。不完全依靠桨叶的气动特性，而要依靠桨叶节距角 α 的改变来进行调节，即风速低于额定风速时，保证叶片在最佳攻角状态，以获得最大风能；当风速超过额定风速后，变桨系统减小叶片攻角，保证输出功率在额定范围内。

（3）主动失速调节：主动失速调节是变桨距调节和定桨距调节两种方式组合，吸收两者各自的优点。风速低于额定风速时，控制系统根据风速分几级控制，控制精度低于变桨距控制；当风速超过额定风速后，变桨系统通过增加叶片攻角，使叶片"失速"，限制风轮吸收功率增加。随着风速变化，桨叶只需微调就可以维持失速状态。这种调节方式不需要很灵敏的调节速度，执行机构的功率较小，系统的效率较高，可减少机械制动的冲击，容易控制，输出功率较平稳。

2. **按照叶轮放置方向分类**

水平轴：风力机的风轮围绕一个水平轴旋转，工作时风轮的旋转平面与风向垂直，风轮上的叶片以径向安装，与旋转轴相垂直，并与风轮的旋转平面成一角度ϕ，可分为升力型和阻力型两类。升力型旋转速度快，阻力型旋转速度慢。对于风力发电，多采用升力型水平轴风力机。大多数水平轴风力机具有对风装置，能随风向改变而转动。对小型风力机，这种对风装置采用尾舵，而对于大型风力机，则利用风向传感元件及伺服电动机组成的传动装置，如图 7.12 所示。

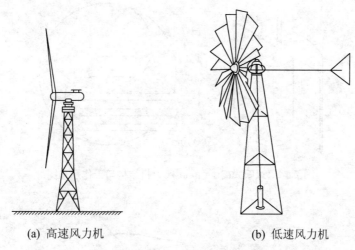

(a) 高速风力机　　　　　　　　(b) 低速风力机

图 7.12　水平轴风力机

垂直轴：叶轮轴线呈垂直方向布置，如图 7.13 所示。垂直风力机与水平轴风力机不同，轴垂直旋转。优点：可以从任意方向获取风力，无须对风机构，设计可简化，齿轮箱和发电机可以安装在地面上，由于垂直风转动，不依赖于风向。缺点：无法自启动，比水平轴风力机功率效率低。

垂直轴风力机可分两类：一类利用空气动力的阻力做功，典型结构是风帆式(Savoniua)风力机，实物如图 7.13(a)所示，结构分析图如图 7.14 所示；另一类利用翼型的升力做功，典型结构是达里厄(Darrieus)风力机，如图 7.13(b)所示，结构分析图如图 7.15 所示。

用于风力发电的风力机，叶片一般为 2～3 片，高速风力机启动矩小，比低速风轮轻，因此用于发电。用于风力提水的风力机，叶片一般为 12～24 片，低速启动矩大。

(a) 风帆式风机   (b) 达里厄型风机

图 7.13　垂直轴风机实物图

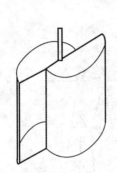

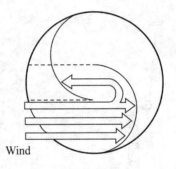

Wind

图 7.14　风帆式(Savoniua)风力机结构与工作示意图

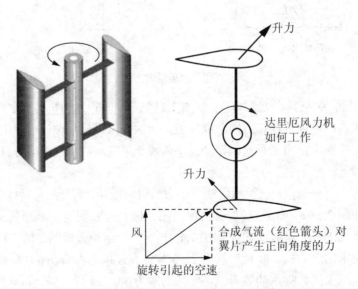

图 7.15　达里厄(Darrieus)风力机结构与工作原理示意图

3．按传动形式分类

高传动比齿轮箱型：风轮的转速较低，通常达不到发电机发电的要求，必须通过齿轮箱齿轮副的增速作用来实现，故也将齿轮箱称之为增速箱。

直驱式风力发电机(Direct-driven Wind Turbine Generators)：是一种由风力直接驱动的发电机，亦称无齿轮风力发动机，这种发电机采用多极电机与叶轮直接连接进行驱动的方式，让风力发电机直接拖动发电机转子运转在低速状态，免去齿轮箱这一传统部件。由于齿轮箱是目前在兆瓦级风力发电机中属易过载和损坏率较高的部件，因此，没有齿轮箱的直驱式风力发动机，具备低风速时高效率、低噪声、高寿命、减小机组体积、降低运行维护成本等诸多优点。

半直驱(中传动比)型：这种风机的工作原理是以上两种形式的综合。中传动比型风力机减少了传统齿轮箱的传动比，同时也相应地减少了多极同步风力发电机的极数，从而减小了发电机的体积。

4．按发电机驱动方式分类

并网运行的风力发电机组，要求发电机的输出频率必须与电网频率一致。保持发电机输出频率恒定的方法有两种：一种是恒转速/恒频系统，采用失速调节或者混合调节的风力发电机，以恒转速运行时，主要采用异步感应发电机；另一种是变转速/恒频系统，用电力电子变频器将发电机发出的频率变化的电能转化成频率恒定的电能。

大型并网风力发电机组的典型配置如图 7.16 所示，箭头表示功率的流向，图中所给的变换器包括软并网装置、整流器、逆变器等不同类型的电力电子装置。

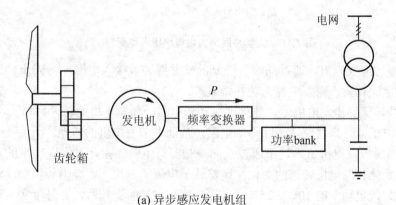

(a) 异步感应发电机组

图 7.16　大型并网风力发电机组典型配置

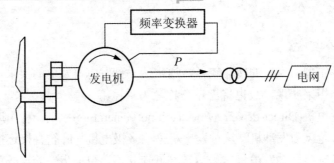

(b) 绕线转子异步发电机组

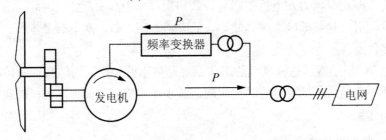

(c) 双馈感应发电机组

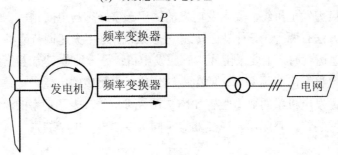

(d) 同步发电机组

图 7.16　大型并网风力发电机组典型配置(续)

(1) 异步感应发电机。通过晶闸管控制的软并网装置接入电网。再同步转速附近合闸并网，冲击电流较大，需要电容无功补偿装置。

(2) 绕线转子异步发电机组。外接可变转子电阻，使发电机的转差率增大至 10%，通过一组电力电子器件来调整转子回路的电阻，从而调节发电机的转差。

(3) 双馈感应发电机组。转子通过双向变频器与电网连接，可实现功率的双向流动。根据风速的变化和发电机转速的变化，调整转子电流的变化，实现恒频控制。流过转子电路的功率仅为额定功率的 10%～25%，只需要较小容量的变频器，并且可实现有功、无功的灵活控制。

(4) 同步发电机。其显著特点是取消了增速齿轮箱，采用风力机对同步发电机的直接驱动方式，齿轮传动不仅降低了风电转换效率和产生噪声，也是造成系统机械故障的主要原因，而且为了减少机械磨损还需要润滑、清洗等定期维护。

(5) 风力直流发电机。风力发电机原理是利用风力带动风车叶片旋转，再经增速机将旋转的速度提升，促使发电机发电。依据目前风车技术，大约是微风速度 1m/s 便可以开始发电。

在由机械能转换为电能的过程中，发电机及控制器是整个系统的核心，它不仅直接影响整个系统的性能、效率和供电质量，而且也影响到风能吸收装置的运行方式、效率和结构。这里只叙述独立运行风力发电机组中所用的发电机，主要由直流发电机、永磁式交流发电机、硅整流自动方式交流发电机及电容式自励异步发电机。

独立运行发电机一般容量较小，与蓄电池和功率交换器配合实现直流电和交流电的持续供给，通过控制发电机的励磁、转速及功率交换器以产生恒定电压的直流电和恒频的交流电。独立运行的交流风力发电机系统结构如图 7.17 所示。

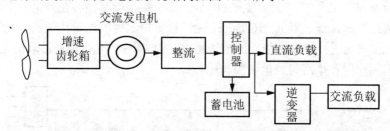

图 7.17　独立运行的交流风力发电机系统结构

5. 按照接入电网方式分类

根据风机正常运行时是否直接接入电网分为并网型和离网型，离网型风机常与太阳能组成风光电互补动力源。

6. 按叶轮布置位置分类

若叶轮布置在机舱前，称为上风向；否则称为下风向。

7. 按传动链布置分类

根据有无齿轮箱分为非直驱和直驱机型。

8. 其他方式

其他方式如叶片数量、机型容量等级、安装地点(海上或陆上)。

目前，风力发电机的发展趋势是：单机额定不断上升；变桨距功率调节取代定桨距功率调节方式。德国安装风机 91.2%为变桨距功率调节；变速恒频取代恒速恒频方式；无齿轮箱系统直接驱动方式增多，减少成本，提高效率和可靠性。从陆地到海面，单机容量增大，新方案、新技术不断出现。

7.3　风力发电应用举例

传统的光伏发电系统或风光互补发电系统显然结构简单，控制方便，但存在的问题也显而易见：将多个蓄电池串并联形成蓄电池组，很难实现对每个蓄电池的充放电状态实施精确检测，也难以控制每个蓄电池充放电状态；光照的强弱或风速的大小将会影响母线电压，从而影响蓄电池的充电电压，并且蓄电池与母线直接相连，负载的电压将受蓄电池电压的影响；如果某一个蓄电池组中某单个蓄电池出现故障，将会影响整个蓄电池组的运行，降低系统的可靠性；当光照减弱或者风速减小时，太阳能电池的电压低于蓄电池电压或者母线电压时，太阳能电池或风机不能输出功率，造成效率低下。

1. 系统的结构与运行原理

1) 系统结构

风光互补发电机系统结构如图 7.18 所示。该系统包括若干个单向 DC/DC 和双向 DC/DC 交换器，双向 DC/DC 交换器在系统中起传递能量的作用。当风力机和光伏陈列发出的能量供给负载有多余时，通过双向 DC/DC 变换器将能量储存在蓄电池中，反之，当直流母线电压过低时，通过双向 DC/DC 变换器将蓄电池中的能量传递到直流母线，满足负载的需求。该风光互补发电系统直流母线的电压为 140V，允许电压波动的范围为+ 5%，超级电容器组起稳定和平滑母线电压的作用。

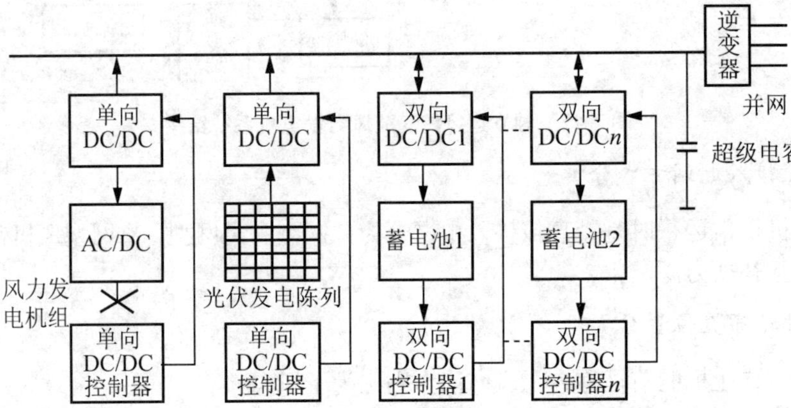

图 7.18　一种新型风光互补发电系统的结构图

2) 系统的运行原理

当太阳能电池和风力发电机的输出功率大于负载功率时，多余能量通过双向 DC/DC 变换器给蓄电池充电，蓄电池存储能量，双向 DC/DC 变换器工作在充电模式；当太阳能电池和风力发电机的输出功率小于负载功率时，负载所需能量不够的部分由蓄电池放电来补充，双向 DC/DC 变换器工作在放电模式。当负载断开，负载功率为零时，系统双向 DC/DC 变换器给蓄电池充电，蓄电池存储能量。另外，如果蓄电池放电低于过放电压，或者蓄电池充电至超过过充电压时，双向 DC/DC 交换器将被强制关断，蓄电池使用寿命被延长。

该系统最大的特点是通过对双向 DC/DC 变换器有效、合理的控制，实现对系统智能蓄能的目的，不仅能保护蓄电池，提高蓄电池的利用率，而且能稳定输出，更重要的是稳定了直流母线电压，使其电压波动小，提高了系统的稳定性。

2. 双向 DC/DC 交换器结构及控制

1) 双向 DC/DC 交换器的结构

图 7.19 给出了风光互补发电系统中双向变换器主结构图，双向变换器采用带隔离型复

位绕组的正激变压器，系统由变压器 T1 及其磁复位电路，开关管 Q1、Q2 和输出滤波环节 L1、C1 和 C2 等部分组成。该结构主要应用于中、小功率等场合。与同等功率等级的常见双向 DC/DC 变换器相比，具有结构简洁、工作效率高、控制方法简单等特点。

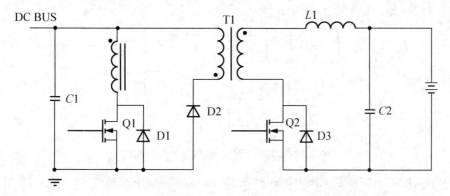

图 7.19　风光互补发电系统中双向变换器主结构

2) 双向 DC/DC 交换器的控制策略

为实现风光互补发电系统性能稳定、可靠及高效工作，必须对系统的能量进行有效的管理。其管理核心是监测直流母线电压和蓄电池的容量，来控制双向 DC/DC 交换器能量传输方向，使其工作在充电、放电、停机 3 种工作模式，以此来控制蓄电池的充放电，实现对整个系统进行能量管理。当开关管 Q1 工作，Q2 不工作时，蓄电池处于充电模式；当开关管 Q2 工作，Q1 不工作时，蓄电池处于放电模式。

图 7.20 为系统的能量控制电路图。通过判断系统处于哪一种工作模式，并向双向 DC/DC 变换器发出合适的选通信号或者停机信号，以确保双向 DC/DC 变换器工作在合适的模式，从而实现系统的能量管理。

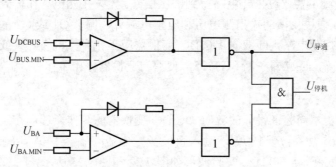

图 7.20　双向 DC/DC 交换器能量控制电路图

当 $U_{DCBUS} < U_{BUS.MIN}$，且 $U_{BA} < U_{BA.MIN}$ 时，$U_{导通}$ 和 $U_{停机}$ 都输出为高电平，此时能量控制电路立即进入停机状态。

当 $U_{BUS.MIN} < U_{DCBUS} < U_{BUS.MAX}$，且 $U_{BA} < U_{BA.MIN}$ 时，$U_{导通}$ 和 $U_{停机}$ 都输出低电平，此时电路进入蓄电池充电状态。

当 $U_{DCBUS} < U_{BUS.MAX}$，且 $U_{BA} > U_{BA.MIN}$ 时，$U_{选通} = 1$，$U_{停机} = 0$，此时进入蓄电池放电状态。

当 $U_{BUS.MIN} < U_{DCBUS} < U_{BUS.MAX}$，$U_{选通}$ 和 $U_{停机}$ 都输出低电平，此时电路进入蓄电池充电状态。

当双向 DC/DC 变换器处于给蓄电池充电工作模式时，系统能量控制选通信号输出低电平，此时，选通输出的 PWM_1 驱动开关管 Q1 工作；当双向变换器为蓄电池放电工作模式时，系统能量控制选通信号输出高电平，$U_{选通}=1$，$U_{停机}=0$，此时，选通输出的 PWM_2 驱动开关管 Q2 工作，如图 7.21 所示。

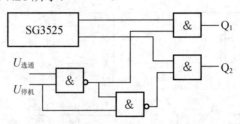

图 7.21　双向 DC/DC 变换器的控制电路

当双向 DC/DC 变换器采用 PWM 控制器 SG3525 构成主控制电路，SG3525 可用于驱动 N 沟道 MOS 开关管。SG3525 的脚 11、14 输出两路 PWM 值，可以分别驱动开关 Q_1、Q_2；1、2、9 脚及其外围电路构成了 PI 调节器，它的输出与 5 脚锯齿波和软启动电容一起可控制 PWM 控制器以产生方波，采用图腾柱式结构，灌电流、拉电流能力超过 200mA，可以直接驱动 MOSFET。

双向 DC/DC 变换器要实现稳压和限流，需要检测变换器两端电压及电感电流。充电工作模式和放电工作模式决定了不同的受控电压为 U_{DCBUS} 或 U_{BA}，也决定了电感电流 I_L 的正负。电压反馈采用线性光耦 PC817，因此不仅可起到馈作用，而且还可以起到隔离的作用。当 PC817 二极管正向电流在 3mA 左右变化时，三极管的集射电流在 4mA 左右变化，而集射极电压可以在很宽的范围内线性变化，符合 SG3525 的控制要求。为确保输出的稳定，在+5V 上引入了反馈，采用 2.5～36V 可调式的精密并联稳压器 TL431 作为稳压器件。电感电流 I_L 的检测主要通过采样电路得到电压信号。无论在充电工作模式还是在放电工作模式下，SG3525 通过反馈的输出侧电压和电感电流 I_L，调节 Q1 或 Q2 的占空比来稳定输出。当系统能量控制电路判断双向 DC/DC 变换器应工作在停机模式，或者电路出现过电压、过电流等故障，应立即关断 SG3525，使双向变换器停止工作。

3. 实验结果及结论

根据理论分析，为验证设计的双向 DC/DC 变换器的工作原理，在实验室完成一台实验样机：额定输出功率 $P_o=180W$，输入直流额定电压 $U_{inDC}=140V$，输出直流额定电压 $U_{outDC}=12V$，工作频率 $f=50kHz$。实验波形如图 7.22 和图 7.23 所示，图 7.22 是双向变换器能量正向流动时的各波形，此时功率管 Q2 不动作；图 7.23 是双向变换器能量反向流动时的各波形，此时功率管 Q1 不动作。

需要指出的是，在能量反向流动的实验波形中，次级电流波形包含有复位绕组的电流，所以此时的能量反向流动的输出电流波形和能量正向流动时的输出电流波形有所区别。

通过分析传统的风光互补发电系统和光伏发电系统，结合其存在的问题，本案例介绍了一种应用于风光互补发电系统和光伏发电系统中的双向 DC/DC 变换器，分析了其运行原理和控制策略。主要有以下优点：①能够对每个蓄电池进行监测，对其充放电状态可实施有效的控制，延长蓄电池的使用寿命；②实时监测母线电压，通过控制双向变换器的工作模式，稳定系统输出，提高系统稳定性和可靠性；③通过对双向 DC/DC 变换器的控制，可以对整个系统的能量合理管理，提高系统的工作功率和利用太阳能、风能的效率。

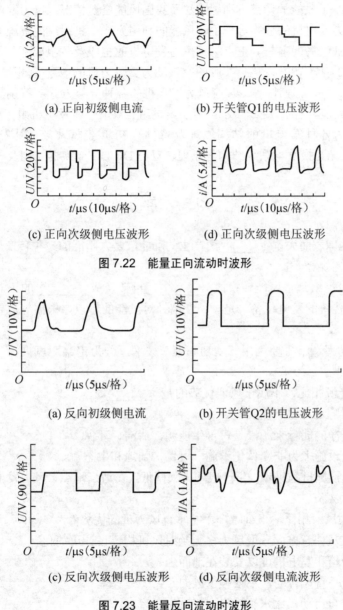

(a) 正向初级侧电流　　(b) 开关管Q1的电压波形

(c) 正向次级侧电压波形　　(d) 正向次级侧电压波形

图 7.22　能量正向流动时波形

(a) 反向初级侧电流　　(b) 开关管Q2的电压波形

(c) 反向次级侧电压波形　　(d) 反向次级侧电流波形

图 7.23　能量反向流动时波形

注意：

本实例来源于本章推荐阅读资料 4。

本 章 小 结

本章主要介绍了风能的特点、利用方法及我国风能资源情况；风力发电机的组成及风能转换原理；风力发电机的分类等。了解风能的利用方式、我国风能资源的储量和分布情况及世界风能行业发展的前景。重点掌握风力发电机的构成及各组成部分的作用，风能转换原理与风力机的基本特性，包括桨叶的空气动力、风力机的效率(理想风轮的气流模型、风能利用系数 C_p、叶尖速比)等。理解风力发电机的各种分类方式，特别是按发电机驱动方式分类(异步感应发电机、绕线转子异步发电机组、双馈感应发电机组、同步发电机、风力直流发电机)的各种发电机的结构原理及特性。初步掌握风光互补发电系统中双向DC/DC 变换、风光互换发电系统结构与原理、双向 DC/DC 交换器结构及控制等。

习 题

1. 风能是地球表面大量_____所产生的动能，是太阳能的一种转换形式，_____是这种能源转换的媒介。

2. 风力发电机组是将风能转换成_____，再转换成_____的工业设备，它的机构、性能不同于传统的发电设备，是一种专门针对风能的特点，根据用户要求设计出来的专用发电设备。

3. 风力机功率调节主要利用气动功率调节技术，分为定桨距风机、_____和主动失速调节 3 种类型。

4. 与其他能源相比，不属于风能优势的是_____。
   A. 随时随地可以利用
   B. 是洁净的能量来源，是可再生能源，清洁、环保
   C. 风能设施多为非立体化设施，可保护陆地和生态
   D. 风能设施日趋进步，生产成本大大降低，在适当地点，风力发电成本已低于发电机成本

5. 与水平轴风力相比，下列哪个不是垂直风力机的优势？_____
   A. 可以从任意方向获取风力，无须对风机构，设计可简化
   B. 齿轮箱和发电机可以安装在地面上
   C. 由于垂直风转动，不依赖于风向
   D. 可以自启动，比水平轴风力机功率效率高

6. 简述世界风能行业发展前景。

7. 说明风力机的组成及各部分的作用。

8. 简述风力发电机的发展趋势。

9. 举例说明风力发电的应用，包括应用场所、原理、效果，并写出经济效益分析。

10．如何根据风轮机的额定功率、设计风速、高速特性曲线、风场风能密度设计风轮机的转速和风轮直径？

11．已知 N80/2500kW 型风轮机设计风速为 15m/s，额定功率 2500kW，转子直径 D=80m，设计转速为 15r/min，风场风密度取 ρ=1.21kg/m³。风轮机高速特性曲线如图 7.24 所示，试对 N80/2500kW 风轮机进行优化设计。

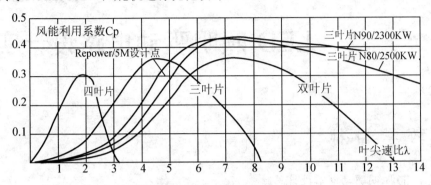

图 7.24　风轮机高速特性曲线

12．试设计一台 1500kW 风轮机，要求设计风速为 13m/s，风轮高速特性曲线如图 7.25 所示。风场风密度取 ρ=1.21kg/m³。

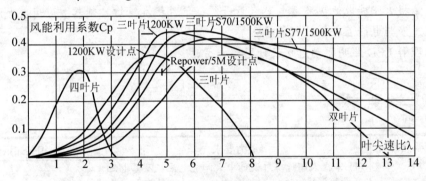

图 7.25　风轮机高速特性曲线

第**8**章

LED 照明驱动电路设计实例

教学目标

掌握 LED 照明驱动电路设计思路；

了解太阳能路灯控制器设计策略和思路；

了解风、光、电互补的 LED 路灯控制系统设计方法；

了解 LED 驱动电源的技术标准；

重点掌握太阳能电池板及蓄电池容量计算、单片机在路灯控制器中应用、太阳能与风能互补、光能与电能互补等控制策略；

初步理解 LED 照明驱动电路设计思路与方法。

教学要求

知识要点	能力要求	相关知识
太阳能 LED 路灯设计	(1) 掌握太阳能路灯设计中太阳能电池板及蓄电池容量的计算方法 (2) 掌握太阳能路灯蓄电池充电电路设计 (3) 了解太阳能低压钠灯控制器的设计方法 (4) 了解单片机在太阳能路灯控制中的应用	
太阳能风能互补驱动电源设计	(1) 了解风力发电、人力发电与光伏发电结合对蓄电池充电 (2) 了解 PLC 控制芯片对风力回路发电情况检测 (3) 了解蓄电池均充管理、最大功率输出技术 (4) 了解风光互补电源的能量管理策略	
光电互补 LED 路灯控制器设计	(1) 了解光电互补 LED 路灯控制器的设计思路 (2) 了解大功率 LED 的驱动特点 (3) 掌握功率因数校正的概念、原理、常用方法 (4) 掌握太阳能电源的充电特点	PWM 占空比、太阳能电源输出电压如何实现对蓄电池进行 MPPT 控制和恒压充电控制
应用举例	初步掌握 LED 照明驱动电路设计思路与方法	

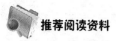

推荐阅读资料

[1] 赵争鸣. 太阳能光伏发电最大功率点跟踪技术[M]. 北京：电子工业出版社，2012.

[2] 毛兴武. LED 照明驱动电源与灯具设计[M]. 北京：人发邮电出版社，2011.

[3] 周志敏. LED 驱动电路设计要点与电路实例[M]. 北京：化学工业出版社，2012.

引例

案例一：太阳能 LED 路灯设计中太阳能电池板及蓄电池容量的计算

设计思路及注意事项：

设计思路：根据用电负载的用电量，计算出太阳能 LED 路灯在全年内可靠工作所需的太阳能电池组件和蓄电池的容量。

注意事项：太阳能 LED 路灯的工作时间(h)是决定太阳能电池组件容量的核心参数，通过确定工作时间，可以初步计算负载每天的功耗和与之相应的太阳能电池组件的容量。

蓄电池的自给天数(即太阳能LED路灯使用地的连续阴雨天数)决定了蓄电池容量的大小以及阴雨天过后恢复蓄电池容量所需要的太阳能电池组件的功率。蓄电池的容量除了受太阳能电池方阵发电量和负载用电量的影响外，还与环境温度有关系。

1. 太阳能 LED 路灯的组成

太阳能 LED 路灯由太阳能电池板、蓄电池、太阳能充电控制器、LED 驱动器、LED 照明灯等部分组成，其中太阳能电池板发电功率要根据照明电功率和照明时间来计算。

2. 太阳能光照时间表

太阳能光照时间表见表 8-1。

表 8-1　太阳能光照时间表

太阳光丰富地区	年光辐射量/(kW/m^2)	平均峰性时间/h
丰富地区	3586	5:10～5:42
较丰富地区	502～586	4:40～4:78
可以利用	419～502	3:82～4:14
贫乏地区	＜419	3:19～3:50

3. 太阳能电池组件容量计算

太阳能电池表面的灰尘多，按发电量下降 10%、逆变器 $\eta=90\%$ 计算，对于一个直流负载设计按以下方法计算：

$$W_0 = \frac{\delta H}{QR\eta} \tag{8-1}$$

$$\eta = F\eta_1\eta_2\eta_3\eta_4 \tag{8-2}$$

式中各参数的含义如下。

δ：一年用电同时率，一般取 0.9；W_0：太阳能电池容量计算值 kWP；H：年理论总用电量，kWh；Q：水平面上太阳能年总辐射能量，kWh/m^2；R：太阳能电池组件表面接受太阳能年总辐射量与水平面年总辐射量比值，一般取 1.2；η：单位总效率；F：用户不当损失效率，取 0.90；η_1：蓄电池充放电效率，取 0.85；η_2：温度遮蔽损失因子，取 0.90；η_3：灰尘遮蔽损失因子，取 0.90；η_4：逆变器效率，取 0.92，直流时为 1。

为了提高可靠性，实际应用时太阳能电池组件通常扩大 5%～15% 的容量。

4. 蓄电池容量的计算

铅酸性蓄电池放电深度选择 80%，碱性电池放电深度达 100%，若配置不合理，加速蓄电池的损坏，容量过大产生两个问题。首先，加大成本；其次，一旦蓄电池大而太阳能电池组件小，蓄电池会长期处于未充满状态，极板很快盐化，加剧蓄电池的损坏。若容量小，会使太阳电池组发电，不能完全贮存，系统功能得不到最大限度的利用。若蓄电池总处于深放电状态，也容易损坏。

在家用系统中，通常在确定每天的用电量及期望在没日照情况下用电时间，就可以计算蓄电池的容量：

$$C = \frac{E_0 D}{D_0 D_\eta} \tag{8-3}$$

式中：C 为蓄电池能量 W•h；E_0 为平均每天负荷用电量，W•h；D 为蓄电池自给天数；D_0 为蓄电池放电深度；D_η 为逆变器效率，若直流负载取 1。

公式中计算出蓄电池容量数 W•h 要换成蓄电池数 A•h，还应除以系统电压，另外，选择时还要考虑温度影响，冬天温度低，放电效率低，蓄电池实际容量比额定容量小，容易造成过放电，25℃时选大些。

例如，青海省用户负荷为：收录机 15W，1 台，每天 2h，日用电量(/kWh)0.03；节能灯 7W，2 支，每天 3.5h，日用电量(/kWh)0.049。总计 29W，日用电量(/kWh)0.079。试计算太阳能电池组件容量和蓄电池容量。

解：当地太阳辐射能量为 1670kWh/m^2-a(青海省)，由式(8-1)可计算太阳能电池组件容量：

$$W_0 = \frac{\delta H}{QR\eta} = \frac{0.079 \times 365 \times 0.9}{1670 \times 1.2 \times 0.9 \times 0.9 \times 0.85} = 20.89(\text{WP})$$

蓄电池放电深度为 0.8，实际取 0.7，根据日用电量 113Wh，由式(8-3)可计算蓄电池容量：

$$C = \frac{E_0 D}{D_0 D_\eta} = \frac{113 \times 3}{0.79 \times 0.85} = 49.59(\text{W} \cdot \text{h})$$

系统蓄电池为 Qv，所以电池容量为 $\dfrac{49.75W \cdot h}{12} = 41.4A \cdot h$，取 $40A \cdot h$ 蓄电池。

案例二：基于 UC3906 的太阳能 LED 路灯蓄电池充电电路设计

设计思路及注意事项：

设计思路：采用专门的 VRLA 光电专用芯片 UC3906，利用它具备 VRLA 蓄电池最佳充电所需要的全部控制和检测功能，充电的各种转化电压随 VRLA 蓄电池电压温度参数变化而变化的优势，设计蓄电池充电器，从而使 VRLA 蓄电池在很宽的温度范围内都能达到最佳充电状态。

注意事项：设计时应充分考虑放点深度、过交电程度、温度、放电电流密度等对铅酸蓄电池寿命的影响，尽量延长铅酸蓄电池的使用寿命。

1. 太阳光伏系统设计方法

1) 确定负载功耗

$$W = \sum I \cdot h \tag{8-4}$$

式中：I 为负载电流；h 为负载工作时间。

2) 确定电池容量

$$C = W \times d \times 0.7 \tag{8-5}$$

式中：d 为连续阴雨天数；C 为电池标准容量；C_0 为放电率；$C = (10 \sim 20) \times C_0(1-d)$。

3) 确定方阵倾角
推荐方阵倾角与纬度的关系如下。

当地纬度	$0° \sim 15°$	$15° \sim 20°$	$25° \sim 30°$	$30° \sim 35°$	$35° \sim 40°$	$>40°$
方阵倾角	$15°$	φ	$\varphi+5°$	$\varphi+10°$	$\varphi+15°$	$\varphi+20°$

4) 计算方阵 β 倾角下的辐射数
$$S_P = S \times S_1(\alpha + \beta) / \sin\alpha \tag{8-6}$$

5) 确定方阵电流
$$I_{\min} = W / T_m \times \eta_1 \times \eta_2 \tag{8-7}$$
$$I_{\max} = W / T_{\min} \times \eta_1 \times \eta_2 \tag{8-8}$$

式中：$I_{\min}$ 为太阳能电池最小输出电流，$I_{\max}$ 为太阳能电池最大输出电流。$T_{\min}$ 为最小平均峰值日照时数，T_m 平均峰值日照时数 $T_m = \dfrac{R_\beta}{100}$，其中 R_β 的单位为 mWh/cm^2。η_1 为蓄电池充电效率；η_2 为方阵表面灰尘损失。

6) 确定方阵电压
$$U = U_F + U_d$$

式中：U_F 为浮充电压；U_d 为线路电压损耗。

7) 确定方阵功率

$$P = I_m \times U[1 - \alpha(T_{max} - 25)] \tag{8-9}$$

取 α=0.5%，T_{max} 为太阳能电池最高工作温度。

2. 太阳能 LED 路灯的技术指标

(1) 光的转化率为 17%(即每平方太阳能量为 1000W，实际利用率为 170W)。

(2) 目前市场路灯透镜材料为改良光学材料，透过率≥93%，耐温-38～+90℃。

(3) LED 路灯透过率主要决定于 LED 路灯的透镜，光斑为矩形，材料是 Pmm 光学材料，透过率≥93%，耐温-38～+90℃，抗 UV 紫外线黄化率 30000h 无变化等。

(4) 路面照度均匀度的平均照度为 0.48，光斑比值为 1：2。

(5) 符合道路照度(实际 1/2 中心光斑达到 25lx，1/4 中心光强达到15lx，16m 远的最低光强4lx，重叠光强约6lx。

(6) 对深度的调光，颜色和其他特性不会因调光而变化。

(7) 适应湿度≤95%。

(8) 品质保证 2 年。

3. 基于 UC3906 的蓄电池充电器

UC3906 作为 VRLA(Valve Regulated Lead Acid Battery，阀控密封铅酸蓄电池)光电专用芯片，它具有 VRLA 蓄电池最佳充电所需要的全部控制和检测功能，更重要的是它能使充电的各种转换电压随 VRLA 蓄电池电压温度参数的变化而变化，从而使 VRLA 蓄电池在很宽的温度范围内都能达到最佳充电状态。

1) UC3906 结构和工作原理

UC3906 的结构如图 8.1 所示。

UC3906 驱动器提供输出电流 25mA，可直接驱动外部串联调整管，从而调整充电器输出电压和电流，电压和电流检测比较器检测蓄电池的充电状态并控制充电状态逻辑电路的输入信号。

当 VRLA 电压或温度过低时，充电使能比较器控制充电器进入浮充状态，该比较器还能输出 25mA 浮充电流。当 VRLA 短路或反接时，充电器只能小电流充电，应避免充电电流过大而损坏蓄电池。充电原理图如图 8.2 所示。

3 种状态：大电流快速充电状态、过充电状态和浮充电状态 U_F，过充电电压为 U_{oc}，最大充电电流为 I_{max}，过充电终止电流为 I_{OCT}。

$$U_{oc} = U_{ref}(1 + \frac{R_a}{R_b} + \frac{R_a}{R_C}) \tag{8-10}$$

$$U_F = U_{ref}(1 + \frac{R_a}{R_b}) \tag{8-11}$$

$$I_{max} = 0.25u/R_S \tag{8-12}$$

$$I_{OCT} = 0.025V/R_S \tag{8-13}$$

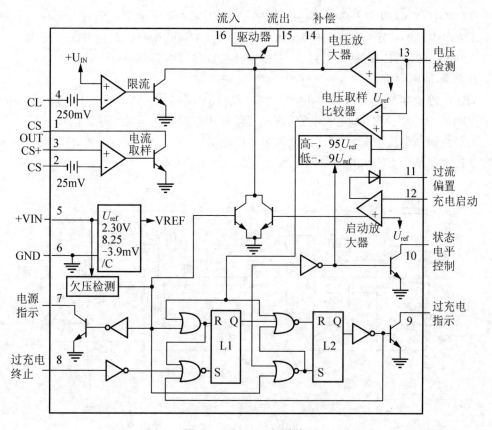

图 8.1 UC3906 的结构

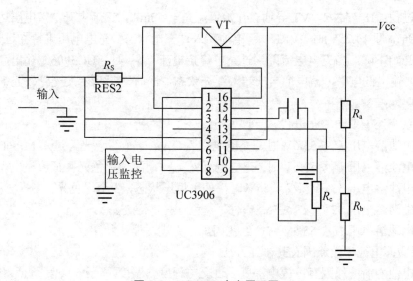

图 8.2 UC3906 充电原理图

其中，U_F、U_{oc} 和 U_{ref} 成正比，U_{ref} 的温度子数是-3.9mV/℃，充电率可以达到超过 2C，但蓄电池厂家充电范围是 C/20 - C/3，I_{OCT} 接近 100%充电。

注：其中，C 是电池中容量 Capacity 的简写，用来表示电池充放电时电流的大小数值。例如：充电电池的额定容量为 1100mAh 时，表示以 1100mAh(1C)放电时间可持续 1 小时，如以 200mA(0.2C)放电时间可持续 5 小时，充电也可按此对照计算。

2) 实际应用电路

VRLA 额定电压为 12V，容量为 7Ah，U_i=18V，U_F=13.8V，U_{oc}=15V，I_{max}=500mA I_{OCT}=50mA。为防止 VRLA 电流倒流入充电器，在串联调整管与输出端之间串一只二极管，同时为避免输入电流中断后 VRLA 通过分压电阻 $R1$、$R2$、$R3$ 放电，使 $R3$ 通过电流指示管脚 7 接地。基于 UC3906 的蓄电池应用电路如图 8.3 所示。

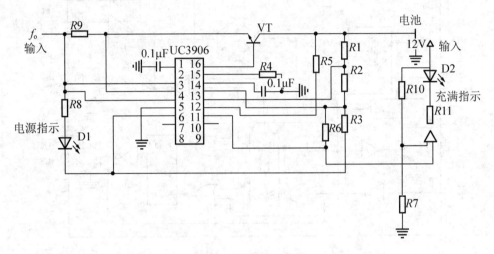

图 8.3　实际应用电路

工作过程：18V 输入，VT 导通。开始恒流充电 50mA，逐渐上升，当电压达到充电电压 U_{oc} 的 95%(即 14.25V)时，VRLA 蓄电池转入过充电状态，充电电压维持在过充电电压，充电电流开始下降。当充电电流降到过充电终止电流 I_{OCT} 时，UC3906⑩输出高电平，比较 Lm339 输出低电平，蓄电池自动转入浮充状态，同时充足指示发光管发光，指示蓄电池已充足电。

表示系统处于不同的充电状态具体如下。

当蓄电池溶电压 U_b≤53.6V 时，充电电流 I_b<3A，一个绿色光，进入 MPPT 状态。

当蓄电池溶电压 U_b≤53.6V 时，充电电流 I_b≥3A，两个绿色光，恒流充电。

当蓄电池溶电压 53.6V≤U_b≤55V 时，处于恒压状态，3 个绿色光。

当蓄电池溶电压 55V≤U_b≤55.5V 时，黄色灯亮，浮充。

当蓄电池溶电压 U_b≥55.5V 时，红色闪烁，充满，停止状态。

3) 铅酸蓄电池失效原因及其修补方法

影响电池寿命的原因有：放电深度、过交电程度、温度(高于 50℃，降低寿命)、放电电流密度的影响(在大电流密度和高酸浓度条件下，促使正极二氧化铅松散脱落)等。

解决方法有：不能用去时间太长；硫酸的含量不易过高；过充次数不能过多，启始充电电流连续过低；减少深度放电。首先要使起始充电电流增加，然后采用小电流补足充电，充满电池最好搁置在 40～60℃下储存，反复采用 n 次小电流放电(电池电压达到标称电压 1/2 后，放电会很慢)，电池容量还可以恢复。

采用大电流的脉动高电压，克服电池接受能力问题，称为脉冲过充电修复方法。

案例三：太阳能电源低压钠灯智能控制器的设计

设计思路及注意事项：

设计思路：采用 P87CPL267 单片机作为主控制器，白天时由太阳能电池方阵向蓄电池充电，夜晚时蓄电池放电，保证负载低压钠灯正常工作，设计的太阳能电源低压钠灯智能控制器具有以下功能：充放电过程、自动控制功能、防短路、防过载、防反接、充满和过放自动关断、恢复等保护功能，同时还具有充电指示、蓄电池状态指示、负载指示及各种故障指示等功能。

注意事项：设计时应注意太阳能电池、蓄电池的充放电深度；设置主控制器的几种工作方式；当太阳能电池充到过充时要有"过充保护功能"；夜晚时要具有光控功能；主控制器的设置要能方便地进行负载状态检测。

1. 系统结构

太阳能电池、蓄电池 24V、控制器和负载是 36W 的低压钠灯。

2. 系统硬件设计

3 个接口：与太阳电池方阵接口、与蓄电池接口、与低压钠灯负载接口。
太阳能电源低压钠灯控制器整体结构如图 8.4 所示。

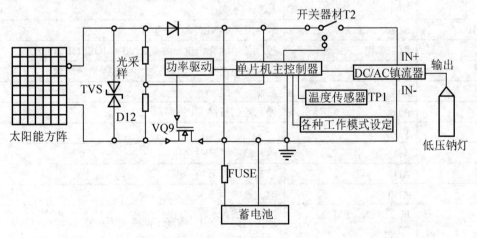

图 8.4　控制器整体结构

1) P87CPL267 单片机
P87CPL267 单片机控制电路如图 8.5 所示。

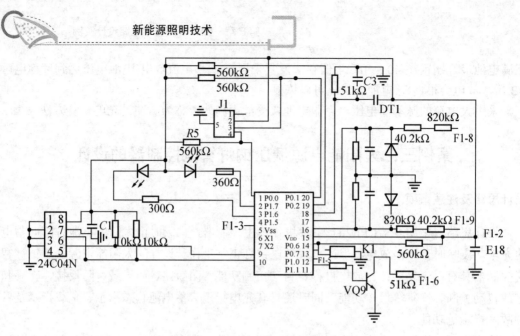

图 8.5 P87CPL267 单片机控制电路

P87CPL267 单片机引脚见表 8-2。

表 8-2 P87CPL267 单片机引脚

引脚号	名称	功能
2、3	P1.6、P1.7 输出	控制一个双色 LED 灯的点亮、运行状态或故障信息
4	P1.5 输入	单片机检测负载的运行状况、检测是否出现故障
5	VS3	接地
6、7	X1、X2	4MHz 的晶振
8	P1.4	悬空
9、10	SDA、SCC	外接 24C04NE2PROM 扩展功能
11	P1.1 输出	控制蓄电池充电电路导通，V09(MOSEET 管)开关
12	P1.0 输出	控制蓄电池放电电路开关 "RELAY" 继电器
13	P0.7	悬空
14	P0.6	输入连接按键 K1 中断
15	VDD	+5V
16	AD2	单片机检测 PV+电压
17	AD1	单片机检测 BAT+电压
18	AD0	检测蓄电池温度
19、20、1	P0.2 输入、P01 输入、P0.00 输出	连接拨码开关 J，实现不同模式下功能

2) 蓄电池充放电电路

当单片机检测到 PV+电平高于 BAT+电平时，开关器件 VQ9 导通，太阳能电池方阵用直充方式向蓄电池充电，当蓄电池被充至过压时，开关器件 Q9 关断，太阳能电池方阵向蓄电池小电流充电(浮充)，这样能起到"过充电保护"作用。

当夜晚或阴天阳光不足时，继电器导通，蓄电池放电，保证负载不停电，本系统设计的继电器 RELAY 为蓄电池放电开关，由单片机 I/O 口输出。

具备光控功能，有阳光时 RELAY 关断；当夜晚或阴天时，RELAY 导通，蓄电池放电。

从保护蓄电池出发，当蓄电池电压小于过放电压时，RELAY 关断，进行过放电保护，避免电池放空，损坏蓄电池。当太阳电池方阵重新供电且只有蓄电池电压重新升到浮充电压，需要为负载供电时，RELAY 才重新导通，接通负载回路。

3) 显示电路

此控制器采用一个双色 LED 发光二极管作为系统状态指示灯。该双色 LED 发光二极管显示非常直观，取代以往多个指示灯。单片机通过检测引脚 17(AD，即 BAT+电压)的值与设定值相比较，控制引脚 2(P1.7)和引脚 3(P16)的输出电平，决定系统状态指示灯的颜色和状态。状态指示灯显示见表 8-3。

表 8-3　状态指示灯显示的状态

指示灯状态	状况	P1.6(绿色)	P1.7(红色)
绿灯常亮	BAT+在正常范围(24～30V)	低电平	高电平
绿灯慢闪	BAT+充满，高于 30V	低电平	高电平
橙黄色常亮	BAT+欠压(22～24V)	低电平	低电平
红灯常亮	BAT+过放(低于 22V)	高电平	低电平
红灯闪烁	负载有严重故障	高电平	低电平

4) 控制器工作模式选择电路

本控制器预设 8 种工作模式供用户选择，只需要拨码开关 J，单片机将自动选择控制模式，根据程序流程分别实现不同模式下的功能。控制器工作模式预设见表 8-4。

表 8-4　8 种工作模式预设

拨码开关	工作模式
0	纯光控启动、关闭
1	光控启动+4h 定时关闭
2	光控启动+5h 定时关闭
3	光控启动+6h 定时关闭
4	光控启动+8h 定时关闭
5	光控启动+10h 定时关闭
6	24h 模式(无光控、定时)
7	调试模式

3. 系统软件设计

系统软件设计包括主程序、定时中断程序、A/D 转换子程序、外部中断子程序、充放电管理子程序、负载管理子程序、LED 显示子程序等。现以调试模式为例，系统结构图如图 8.6 所示。系统软件设计流程如图 8.7 所示。

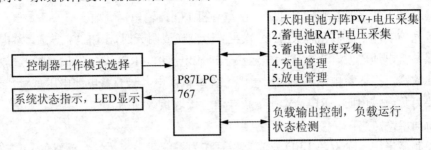

图 8.6　系统结构图

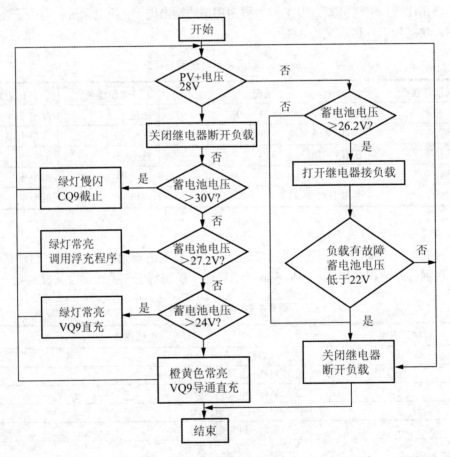

图 8.7　软件系统设计流程

4. 实验结果

两个 12V 7AH 阀控铅酸蓄电池 36W 低压钠灯和由直流电压模拟代替 80WP 光伏阵列。

案例四：基于 AVR128 单片机的太阳能大功率 LED 路灯的设计

设计思路及注意事项：

设计思路：根据当地气象地理条件以及负载日耗量，计算太阳能电池板和蓄电池的容量。结合实际情况选择合适的硬件设备，包括太阳能电池组件的选型、支架设计、充电控制器的考虑、蓄电池的选择、LED 灯具选择等。

注意事项：设计时应综合考虑容量设计和硬件设计两个方面。针对不同类型的太阳能 LED 路灯，其设计方法和考虑的重点都会有所不同。

1. 太阳能电池板与蓄电池的选取

1) 太阳能电池板选取

单晶硅，光电转换效率为 15%，寿命 15 年。

多晶硅，光电转换效率为 12%，比单晶硅寿命短。

非晶硅薄膜电池，光电转换效率为 10%，且不稳定，随时间延长效率衰减，直接影响使用。

太阳能照明系统充放电效率取 75%，太阳电池组件修正系数取 0.95。

灰尘遮挡损失修正系数取 0.90。

太阳能电池总用量 P 的计算公式为

$$P = 5618 \times A \times \theta_L / \text{kop} \times H_L \tag{8-14}$$

式中：θ_L 为负载日功耗，$\text{W} \cdot \text{h}$；H_L 为水平面年平均日辐射量，$\text{kJ/m}^2 \cdot \text{d}$；kop 为斜面辐射最佳辐射系数；$A$ 为安全系数，一般取 $1.1 \sim 1.3$。

2) 蓄电池的容量

蓄电池的容量要根据太阳能电池板的功率和 LED 路灯的功率，以及照明时间来决定，蓄电池应与太阳能电池、LED 路灯相匹配，经验公式：太阳能电池功率高出负载功率 4 倍以上，太阳能电池的电压要超过蓄电池工作电压 20%～30%。因此，蓄电池容量必须比负载日耗量高 6 倍以上。

蓄电池的容量 B_C 计算公式：

$$B_C = (P_L \times 10 \times D) / K_b \cdot U \tag{8-15}$$

式中：P_L 为日平均耗电量；D 为阴雨天数；K_b 为安全系数，取 $1.1 \sim 1.4$(包括温度修正系数 $T_0 = 0℃$ 以上为 1，$-10℃ \sim 0℃$ 之间为 1.1，$-10℃$ 以下为 1.2)；放电深度 $\text{DOD} = 0.75$；U 为工作电压。

这里选用 $12V100A \cdot h$ 阀控制密封式铅酸蓄电池。

2. 太阳能控制器硬件设计

充电器用 ATmega128 单片机作为主控器件，检测太阳能电池板的输出电压，选择适合 DC/DC 支路，检测蓄电池的电压值。根据蓄电池的电荷状态，选择合适的充电方式为蓄电池提供过充电、过放电保护。蓄电池充电如图 8.8 所示。

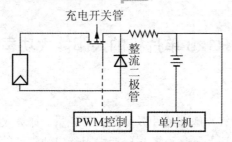

图 8.8　蓄电池充电电路

图 8.8 为采用斩波式 PWM 充电原理图，检测蓄电池的充电端电压，将检测到的充电端电压与给定点电压比较。若蓄电池的电压小于给定电压，斩波器全通，迅速给蓄电池充电，若大于给定电压，则根据比例调整功率管的占空比，充电进入慢充阶段，最后进入涓流充电，防止过充。采用 ATmega128 单片机主控的充电电路如图 8.9 所示。

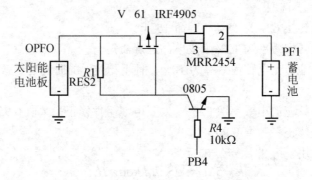

图 8.9　ATmega128 单片机主控的充电电路

AVR128 单片机(PB4)给出充电的控制信号，PB4=1，0805 三极管导通，集电极接地，使得 IRF4905 栅源电压钳位在-10V，IRF4095 导通，太阳能电池板向蓄电池充电。反之，0805 截止，$U_{GS}=0$，IRF4905 断开，太阳电池板不能向蓄电池充电。

ATmega128 内置 10 位逐次逼近型 A/D 转换器，与 8 通道的模拟多路复用器连接，采样端口 F 以 8 路单端输入电压，蓄电池正极与单片机 PF1 引脚相连，当电压低到 10V，单片机自动检测到并做出相应处理。

3. LED 的选择

目前大功率有 1W、3W、5W、8W、10W，批量有 1W 和 3W LED，并正朝 300mA～1.4A、高效率 60～204lm/W 亮度可调的方向发展。

4. LED 组合及驱动方式

(1) 并联方式，要求驱动器输出较大电流，负载电压低，LED 两端电压相同，当 LED 一致性差别较大时，通过 LED 的电流不一致，其亮度也不同。

(2) 串联方式，要求驱动器输出电压较高，当 LED 一致性差别较大时，分配在 LED 两端的电压不同，通过 LED 的电流相同，LED 亮度也一致。

(3) 混联方式，LED 数量平均分配，在一串 LED 上电压相同，通过同一串每颗 LED

上的电流也基本相同，LED 亮度一致，同时通过每串 LED 的电流也相近。

由于 LED 具有典型的 PN 结伏安特性，其正向压降的微小变化会引起较大正向电流变化，不稳定工作电流会影响 LED 寿命和光衰，驱动电路必须提供恒定的电流。

选用 XLT604 为驱动器，输入 7～450VDC，以高达 300kHz 固定频率驱动外部 MOSFET，其频率可由外部电阻编程决定，恒流值由外部取样电阻决定，电流几毫安至 1A，通过外部低频 PWM 方式调节 LED 串口亮度。XLT604 驱动器电路如图 8.10 所示。

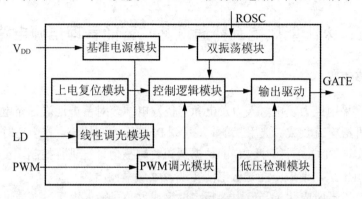

图 8.10　XLT604 驱动器电路

其中：LD 为线性输入调光端，ROSC 为振荡电阻输入端，CS 为 LED 电流采样输入端，GND 为接地端，GATE 为驱动外部 MOSFET 栅极，V_{DD} 为电源，PWM 为输入调光端且兼作使能端。

5. 太阳能 30W LED 路灯系统设计

(1) 确定当地气象地理条件：资料查询太原地区从北纬 37°27′到 38°25′，从东经 110°30′到 113°09′，海拔 800m，最长阴雨天 7 天(7d)。

(2) 负载日耗量的确定：照明路灯功率 30W，每天连续工作时间 10h，每日耗电 $\theta_L = 30W \times 10h = 300W \cdot h$。

(3) 倾角确定：太原地区倾角选 38°，太阳能电池板最佳倾角 38°+5°=43°，因此太阳能电池板面向正南。

(4) 太阳能电池总能量的计算：太原地区日平均太阳辐射量为 15mJ/m² · d，因此年水平面平均日辐射量 HL=15000kJ/m² · d。太原地区取 K_{op} 为 1.1。则太阳能电池总能量为

$$P = 5618 \times A \times \theta_L / (K_{op} \times HL) = 112Wp$$

太阳能电池选用组件参数：工作电压为 17.2V，工作电流 3.49A，开始电压为 21.6V，短路电流为 3.9A，峰值功率为 60Wp，所用太阳能峰值功率为 60Wp，电池组件共两块，设计 12V 蓄电池充电。

6. 蓄电池的容量 B_c 的计算

$$B_c = (30 \times 10 \times 7) / (1.1 \times 12) = 159(A \cdot h)$$

因此选用两组 12V、100Ah 阈控密封式铅酸蓄电池即可。

7. 结论

LED 路灯应用中存在的问题有：①集中管理问题；②太阳能电池寿命、蓄电池寿命以及控制元件寿命低于 LED 寿命问题；③安装高度。太阳能电池的重量对灯杆的设计、防风能力的提高等都有一定的影响，所以在安装高度的设计上要充分注意太阳能电池的结构及重量等问题。

案例五：太阳能风能互补通讯基站智能管理电源电路设计

设计思路及注意事项：

设计思路：采用风力发电、人力发电和光伏发电结合对蓄电池进行充电，既能供给直流负载，又能供给交流负载。选用三菱 FX 系列 PLC 为控制核心，作为适时检测风力回路的发电情况，实现 PLC 与上位机 PC 的数据通讯。对整个系统进行控制，实现蓄电池的均充管理，采用恒压法，使太阳能光伏电池实现最大功率输出。

注意事项：设计时应注意当发电端功率过大或过小，输入电压过高或过低时电路应具有保护或自动切换功能；应避免一体式充电，而采用均充模式对电池组进行逐个充电；均充要注意应尽量避免各个均匀模块之间的干扰；尽可能实现均充智能管理，尽量延长蓄电池的使用寿命。

1. 风光互补发电机系统总体设计

能量产生：风力、人力发电和光伏发电；储能：蓄电池；能量消耗：直流和交流负载。风光互补发电机系统整体框图一、整体框图二分别如图 8.11、图 8.12 所示。

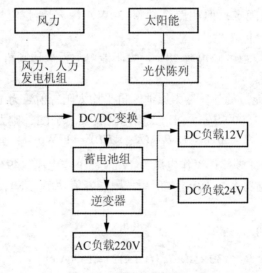

图 8.11　系统整体框图一

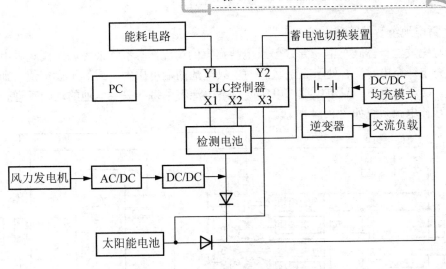

图 8.12　系统整体框图二

2. 硬件设计

1) 控制模块

选用三菱 FX 系列 PLC 为控制核心,对风力回路的发电情况进行适时检测。单只蓄电池的充放电状态以及均充电路和能耗电路的通、断控制,实现 PLC 与上位机 PC 的数据通信。具体控制过程为:当检测到发电端功率过大或输入电压过高时,接通能耗电路,以保护系统不至于过载。当检测到发电端过高或电位过低时,切断电路,使系统停止工作,并让控制器自动复位;当检测到某只蓄电池端电压高于设定值时,切断该只电池均充电路,并且控制器可通过选择电池切换装置循环检测每一只电池,以实现蓄电池的均充管理,达到近于蓄电池使用寿命。

2) 能量产生环节设计

采用电压回接法(恒压法),即在系统中加入一个太阳电池 CVT 或 MPPT 跟踪器,使太阳能光伏电池实现最大输出功率。电压回接法如图 8.13 所示。

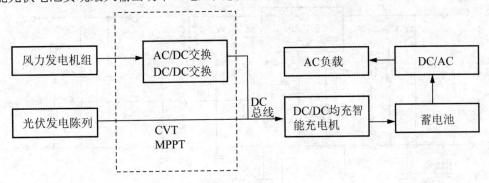

图 8.13　电压回接法

DC/DC 转换模块采用北京承力电有限公司生产的 MZC20018S17.5 型模块。
具体参数为功率 200W,输入电压为 9～38V,输出电压为 17.5V,效率为 86%。

3) 蓄电池组智能管理系统

为避免发生一体式充电易导致单只电池损害的情况，本系统采用均充模式对电池组进行逐个充电。充电时，若处于充电状态的单只电池的端电压大于或等于设定值，则断开均充电路。接着检测下一只单电池，以实现对蓄电池组中每一只蓄电池的均匀管理。小型高效风光互补电源系统如图 8.14 所示。

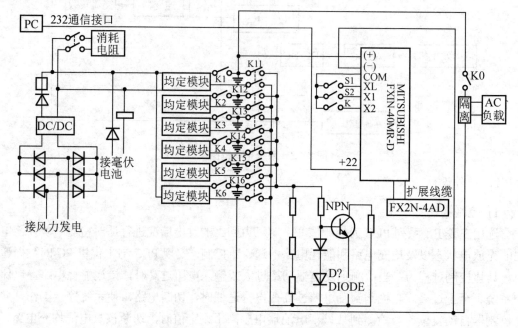

图 8.14   小型高效风光互补电源系统图

(1) 均充模块设计。该模块负责将电源端 17.5V 转换成稳定的 2.45V，为单电池提供充电电压。DC/DC 转换芯片采用 L4960。对于串联的单电池而言，每个均匀模块不能相互干扰。在输出端加一个高频变压器 T，转换电路如图 8.15 所示。L4960 最大输出电流仅为 1.5A，输出功率有限，可以考虑并联几片用来扩展输出电流以提高输出功率。L4960 转换电路如图 8.15 所示。

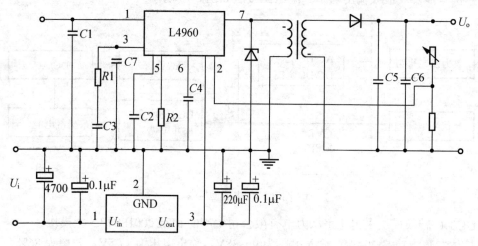

图 8.15   隔离型 L4960 转换电路

(2) 蓄电池检测切换装置。蓄电池检测切换装置是通过 PLC 与外部继电器共同作用实现的。线圈通电由 PLC 控制，可以编写 PLC 控制程序，使各个输出继电器能够互锁，即当 K11 得电吸合时，K12～K16 都不得电。同理，当 K12 得电吸合时，其余继电器都不得电。

3．软件设计

PLC 是整个系统的控制枢纽。用 PLC 给蓄电池组充电控制程序有两个功能：对单只电池检测 10s(此时间可根据蓄电池容量来定)，如流程图 8.16 所示；检测结果控制均匀模块。工作状态流程框图，如图 8.17 所示。

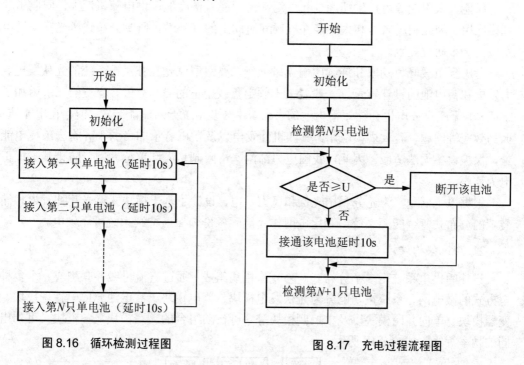

图 8.16　循环检测过程图　　　　　图 8.17　充电过程流程图

4．结论

风光互补发电机不仅为山区和高原地区的通信基站电源供电，对小型家庭用户、野外工作站、渔户都有借鉴和推广价值。

案例六：分布式风光互补电源的能量管理策略研究

设计思路及注意事项：

研究思路：利用再生能源广泛分布的特点，以及风力和太阳能在气候和时间上的互补性，设计基于模块式风光互补发电和储能装置的分布式复合能源系统，并利用电网作为能源备份，以保证系统持续可靠供电。系统控制由单片机作为主控制器，实现整个系统的功率调度规划，协调控制各模块工作状态，并实现系统级的管理、人机交互、网络通讯等功能。

注意事项：应注意避免光伏发电、风力发电和蓄电池的容量太小而不能满足负载需求，进行容量冗余备份时又不能过高而增加系统成本；尽量采用均充模式延长蓄电池的使用寿命；正常工作模式下，电网的直流母线电压恒定为 360V，应用大容量缓冲电容稳定母线电压；应避免各模块的电压差导致系统环流，当风光发电设备供应过剩或不足时要能够自动调整。

1. 引言

风能、太阳能等可再生能源分布广泛，但因能量密度低，供电随机性大，限制了其大规模应用。因此利用风力和太阳能在气候和时间上的互补性，研制分布式风光互补发电系统成为一个研究亮点。

考虑到负载峰值功率和连续阴雨无风天气，离网型风光互补发电系统的光伏发电、风力发电和蓄电池的设计容量，一般要大于额定负载用量的 2～3 倍。容量的冗余增加了系统成本，无序充放电也会缩短蓄电池的寿命。并网型系统无须储能装置，但存在电能质量、孤岛效应等问题，若大规模应用，其随机性发电以及发电容量的良莠不齐将会破坏电能质量，保护设备无法适应。因此，我国电力部门严格限制私人和单位并网，防止其干扰正常电力秩序。

根据以上问题，为充分利用光伏和风力发电，设计了基于模块式风光互补发电和储能装置的分布式复合能源系统。利用电网作为能源备份，保证持续系统可靠供电。

2. 系统架构设计

设计的供电系统由多个分布式功率变换模块组成，通过直流母线并联构成一个多种供电方式的微电网。系统按功能分为光伏发电模块、风电模块、蓄电池充放电管理模块、逆变器模块、单向并网模块以及主控制模块等，可自动组合的功率模块，各模块又可列出不同的功率等级，如图 8.18 所示。

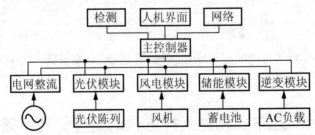

图 8.18　系统架构模块化设计

系统控制采用两级架构，各功率模块分别由单片机控制，实现该模块的功率变换控制及监测、保护等功能。主控制器实现整个系统的功率调度规划，协调控制各模块的工作状态，并实现系统级的管理、人机交互、网络通信等功能，各模块间采用 CAV 网络，易于实现系统在一定范围内的分布式布局。

在正常工作模式下，使电网的直流母线电压恒定在 360V，用大容量缓冲电容能够稳定母线电压。为避免各模块的电压差导致系统环流，采用一个主电压源并联多个电流源的控制方式，当风光发电设备供应过剩时，风光互补设备工作在稳压模式，输出恒定的母线电压。当风光发电设备供电不足时，则蓄电池充放电模块启动。作为一个电压源，其他模块工作在最大功率点跟踪 MPPT 模式，切换为最大电流输出的电流源。如果蓄电池电力过低，则由电网供电，以稳定系统的直线母线电压。

3．系统模块及 MPPT 控制

光伏电池流过负载的电流 I 与光伏电池输出电压 u 的关系可近似描述为

$$I = I_{\mathrm{ph}} - I_0 [\mathrm{e}^{q(u+IR_{\mathrm{s}})/(nKT)}] \tag{8-16}$$

式中：I_{ph} 为光伏电池产生电流；I_0 为光伏电池无光照时的饱和电流；T 为温度；R_{s} 为串联电阻；n 为 PN 结因子。由光伏电池数学模型及 U-I 曲线可知，曲线上光伏电池的输出功率有一个单调的极值点，即 U 与 I 的乘积最大。据此调整负载，跟踪最大功率点即能得到光伏电池最大功率的输出。

小功率的风力发电机一般为直流无刷发电机，从风中捕获的能量为

$$P_{\mathrm{wt}} = \frac{1}{2} C_{\mathrm{p}} \pi \rho R^2 V^3 \tag{8-17}$$

式中：C_{p} 为风轮效率；ρ 为空气密度；R 为风轮半径；V 为风速。

风机的功率和速度曲线具有明确的单个极值点，因此获得最大能量的运行模式是随变化的风速改变风力机速度。使 C_{p} 保持在最大值，即可通过正确调整占空比来实现系统的 MPPT 控制。

4．系统供电规划策略及控制

为提高再生能源的利用效率，并选风能、光伏发电供应负荷来为蓄电池充电，风能、光伏发电供给不足时，结合发电预测量、蓄电池电容量和电网用电峰谷等状态优化使用蓄电池和电网的电力供给。

①风光互补的发电装置满足主要的用电负荷；②蓄电池组储备风光互补装置发出的多余电力进行电力调度；③蓄电池组充满时，风光互补装置退出 MPPT 模式，采用稳压控制模式，减轻系统应力，延长设备使用；④风光互补装置无法满足负荷时，由蓄电池组供电；⑤电网作为后备电力，提供系统无法提供的短时峰值电力；⑥当数日阴雨无风天气时，电网为负载提供稳定电力。

以系统的综合成本(系统建设投入、20 年维护费用、电网供电的电量三者和)最小优化设计目标。首先结算负荷的用电需求，计算需考虑到用户未来用电需求的增加，包括负荷年均增长量，以负荷电量为依据，以电网供电的电量和风光互补发电系统的过剩电量(由假负载消耗)两者的最小化为优化目标，进行系统能量的优化计算。

图 8.19 所示控制系统由两个闭环组成，逆变器做电压闭环控制，根据负载和直流母线电压 u_{dc} 的变化调节 PWM 脉宽，得到准确稳定的交流电压输出。

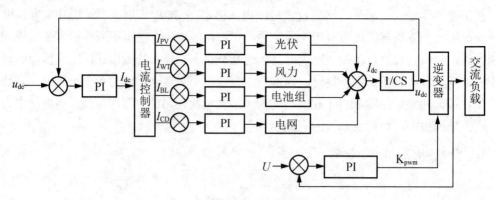

图 8.19　控制系统

除负载变化外，u_{dc} 的变化直接影响系统给负载提供电能的质量和可靠性。因而稳定的 u_{dc} 是系统逆变电力质量的一个重要指标，取 u_{dc} 为被控量，可得系统的数学模型：

$$C\frac{\mathrm{d}u_{dc}}{\mathrm{d}t} = I_{pv} + I_{WT} + I_{BT} + I_{CD} - I_{C} \tag{8-18}$$

式中：I_{pv} 为光伏模块输出电流；I_{WT} 为风电模块输出电流；I_{BT} 为储能模块输出电流；I_{CD} 为电网整流输出电流；I_{C} 为逆变器所需负载电流；C 为直流平波电容容量。

根据估算，只需不到 8% 的电网供电量，即可将发电系统容量减小 1/3，蓄电池容量减小 1/2 以上，节约系统的建设和维护成本。

5. 结论

充分利用风光互补设备的发电容量，有效减小系统成本，对本地负荷用电起到平峰填谷的作用，不影响电网的质量和管理以及现有电力设备的正常运行。采用分布负荷微电网，避免了传统并网方式存在的问题，具有广泛的应用前景和极大的推广价值。分布式风光互补电网如图 8.20 所示。

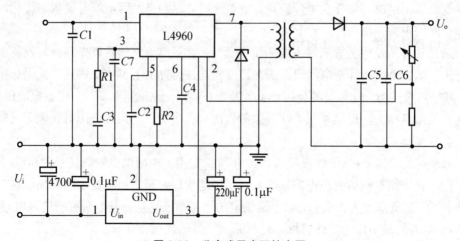

图 8.20　分布式风光互补电网

案例七：光电互补的 LED 路灯控制系统的设计

设计思路及注意事项：

设计思路：利用绿色能源太阳能以及绿色光源 LED，设计光电互补的 LED 路灯控制系统。大功率 LED 具有寿命长、效率高及启动时间短等优点，太阳能分布广泛但受天气、季节影响使得光伏供电的可靠性得不到保证，因此结合二者优势，实现太阳能和市网供电相结合的光电互补 LED 路灯控制系统。白天时太阳能电池对蓄电池充电，夜晚时蓄电池对路灯供电。

注意事项：设计时注意应能通过调节 PWM 占空比改变太阳能电池输出电压以实现对蓄电池进行 MPPT 控制和恒压充电控制；电路应具备过充保护功能；为了保证 LED 发光效率应采用恒流控制；系统中多处用到 MOSFET，注意驱动电路的设计要满足开关响应时间要求。

太阳能正在迅速地推广应用，功率 LED 作为绿色光源，具有寿命长、效率高及启动时间短等优点，功率 LED 所需的电源为直流电，而太阳能电池组件输出的正好是直流电，因此功率 LED 与太阳能电池组件具有良好的匹配特性，提高了整个照明系统的效率。结合太阳能和功率 LED 的优点，提出太阳能和市网供电相结合的光电互补 LED 路灯控制系统方案。

1. 光电互补 LED 路灯照明系统的设计方案

原理如图 8.21 所示，系统主要由太阳能电池、充电电路、放电电路、DSP 控制器和 LED 等部分组成。系统的工作原理是：太阳能经过 Buck 降压电路给蓄电池充电，LED 路灯由 Boost 升压电容供电。根据用户要求，在傍晚到晚上 10:00 时间段内，两路 LED 路灯同时照明，在晚上 10:00 到次日清晨时间段内只有一路 LED 路灯照明，其中天黑和天亮由光电传感器的亮度检测来确定。亮度低于设定值时，需要照明，先判断当时蓄电池的端口电压是否大于最小阀值电压 U_0=11.8V，如果大于由蓄电池给 LED 路灯供电；如果小于由市电网给 LED 路灯供电。在 LED 工作过程中，要实时推测蓄电池的电压，一旦蓄电池的端口电压小于最小阀值电压，应立即切换到市网供电。

系统设计中有 3 处用到 MOSFET，分别是光电控制电路 Buck 交换电容中的 MOSFET、极电控制电路中的 MOSFET 以及市电网电源切换开关的 MOSFET，其中前两者都是由 PWM 信号控制 MOSFET 的开关，对开关响应时间要求较高；后者是由 MS320CF2407A 的 I/O 口的高低电平控制 MOSFET 的开关，对开关的响应时间要求不是很高。因此分别设计两种驱动电路：一种用 BJT 等分立元件设计驱动电路，另一种用光耦设计驱动电路。

被测的太阳能电池的工作电压、电流经 A/D 转换后送到 DSP 控制器，根据具体的算法输出合适的 PWM 信号来调节 Buck 降压电路，通过调节占空比改变太阳能电池输出电压，实现对蓄电池进行 MPPT 控制或恒压充电控制，同时实现过充保护。检测蓄电池的工作电压、电流经 D/A 转换后送到 DSP 控制器，由此判断蓄电池的荷电状态并控制 Boost

电路完成相应的放电控制。检测 LED 回路电流采用恒流控制方法是为了确保 LED 发光效率。电压的检测采用电阻分压方法，电流的检测应用霍尔电流传感器，对于蓄电池电流的检测要复杂一些，原因是蓄电池的光效电流方向相反，从而霍尔传感器相应输出正、负电压信号，但本文采用 A/D 只允许输入正信号，为了解决这一问题，采用了绝对值处理电路。数字温度芯片用于检测蓄电池的工作温度，对蓄电池的充放电过程进行温度补偿。实时时钟芯片用于获取实时时间，并根据设置的时间来实现深夜半功率放电功能。

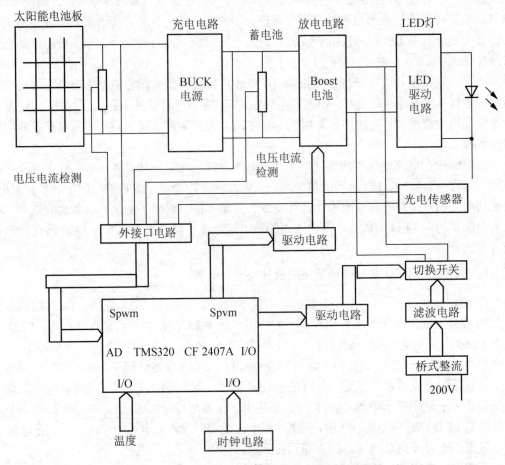

图 8.21 光电互补 LED 路灯照明系统原理图

温度传感器采用单线数字温度传感器 DS18B20，其测温度范围为-55～125°C，分辨率高达 0.0625°C，处理器与 DS18B20 通信只需一根数据线即可，还可通过数据线向 DS18B20 供电。时钟芯片采用带 I^2C 总线、低功耗 PCF8583 的多功能时钟日历芯片，它具有对年、月、日、星期、时、分、秒的计时和可编程闹钟、定时及中断功能，且有闰年补偿及宽工作电压(2.5～6V)，具有 12h 和 24h 制式和 256 字节的 RAM。

2. 系统的软件设计

系统主要由太阳能电池提供系统的电能，负载是 LED 路灯，蓄电池在不同情况下可能作为电源，也可能作为负载，对于蓄电池来说供电的情况分下列 4 种情况。

(1) 太阳能辐射度足够大时，太阳能电池输出电能对蓄电池充电。

(2) 太阳能辐射度不够大(晚上)，蓄电池给路灯供电。

(3) 太阳能辐射度不够大(阴天白天)，太阳能电池不输出电能，蓄电池保持在不充电也不供电状态。

(4) 太阳能辐射度不输出电能(连续阴天)，蓄电池电量不足，路灯需市网电源供电。

1) 系统总体软件设计

如图 8.22 所示，系统上电路首先进行初始化，包括各存储单元初始化、时钟初始化和温度传感器初始化等。然后检测太阳能电池的端口电压 U_P 是否大于启动电压 U_S，若满足条件，进入太阳能辐射模式；否则进入太阳弱辐射模式。

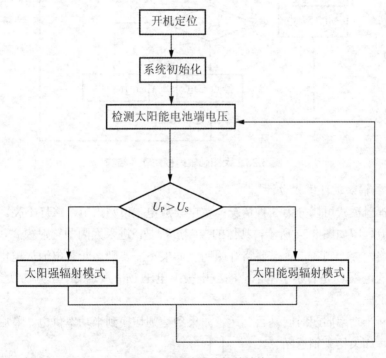

图 8.22　系统总体软件结构

2) 太阳强辐射模式软件设计

太阳强辐射模式软件结构如图 8.23 所示。

太阳强辐射模式，即蓄电池的充电模式。对于一个蓄电池，选择适当的充电方法，不仅可以提高充电效率，而且能够延长蓄电池的使用寿命。根据太阳能电池的输出特性和蓄电池的输入特性，蓄电池充电模式采用最大功率充电(MPPT)、恒压充电和浮充充电 3 种充电控制方式。其具体过程是：当检测到蓄电池的端电压小于蓄电池的最大电压上限 U_C 时，实施 MPPT 充电；当检测 $U=U_C$ 时，如果当时充电电流大于转换限值 I_C，则对蓄电池进行恒压充电(CV)；若 $I<I_C$，则转换为浮充充电(VF)。具体采用什么样的充电模式是由蓄电池状态决定的，充电控制过程如图 8.23 所示。

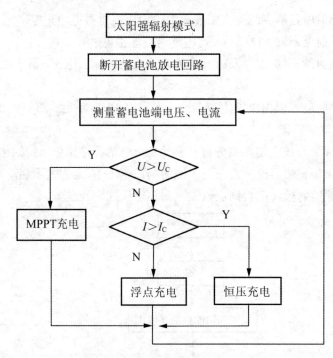

图 8.23　太阳强辐射模式软件结构

3) 太阳弱辐射软件模式设计

太阳弱辐射模式可以分为 3 种情况：蓄电池放电、市网供电、路灯不亮。太阳弱辐射模式的软件流程图如图 8.24 所示，具体的控制过程是：进入太阳弱辐射模式，首先断开蓄电池充电回路，接着判断是否需要路灯照明，如果不需要则切断蓄电池放电电路，否则再判断蓄电池的电压 U 是否小于蓄电池的放电极限电压 U_{min}；如果小于则切换到市网供电，否则蓄电池供电。

然后判断半功率照明时间是否到达，如果到达则切换到半功率供电。最后判断照明时间是否结束，如果结束则返回。

整个过程要实时检测蓄电池的电压是否小于蓄电池的放电极限电压，一旦小于应立即切换到市网供电。

3. 实验结果

试验条件：选用太阳能电池板在标准测试条件的参数为：短路电流 I_{OC}=5.35A，开路电压 U_{OC}=46.0V，最大功率点电流 I_M=4.7A，最大功率点电压 U_M=36.5V，最大功率 P_M=165W。蓄电池选用 12V200A·h 阀控式蓄电池免维护铅酸电池，LED 选用 32 只额定功率为 1W，额定电流为 350mA，工作电压为 3.5V，白光 LED 作为光源。为了满足节能的要求，LDE 分为两路，每路 16 个，每一路分为两组，8 个串联为一组，将两组并联，IRF5210 型 MOSFET 作为功率开关管，其额定电压为 100V，额定电流为 40A，最大导通电阻为 0.06Ω。

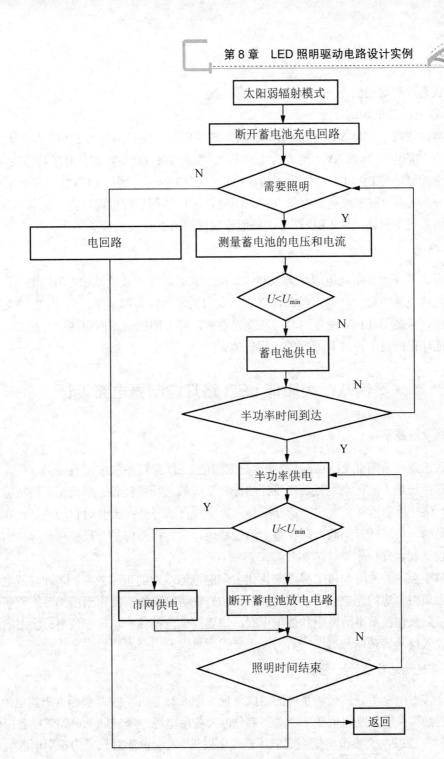

图 8.24　太阳弱辐射模式软件流程图

1) 蓄电池充电测试

测试前蓄电池的端电压是 11.9V，环境温度变化范围为 25～34℃，测试照度与太阳能输出功率的关系和蓄电池充电过程的参数，从测试结果可知，测试过程中控制器能跟踪太阳能电池的最大输出功率点，充电初始方式为 MPPT 模式，之后充电系统能够依据蓄电池的不同状态准确切换到不同的充电方式并稳定运行。

2) 蓄电池放电测试

在蓄电池剩余容量 S_{OC}=90%的情况下,正常照明时放电控制信号 PWM 占空比为 0.78,LED 灯两端的电压为 26.8V,电流为 1.32A。当晚上 10:00 后,切换到半功率放电状态,此时放电控制信号 PWM 占空比为 0.50,LED 灯只有 16 只亮,测得 LED 灯两端电压为 27V,电流为 0.67A。当蓄电池剩余容量 S_{OC}=50%时,能切换到市网电源供电。试状态表明本文所设计的系统中两路照明 LED 路灯能按照设定时间方式点亮或熄灭。

4. 结论

本设计考虑到太阳能电池受天气制约,采用光电互补方式给 LED 路灯供电,还充分考虑了光伏电池的最大功率点跟踪,提高了太阳能电池板的利用率,对 LED 路灯进行了恒压驱动,保证了 LED 路灯的寿命和发光效率,将太阳能与市网电源结合起来,真正实现了节能环保的目的,具有很好的使用价值。

案例八:太阳能 LED 路灯控制器电路设计

设计思路及注意事项:

设计思路:太阳能 LED 路灯控制器是太阳能 LED 路灯系统中最重要的部件,也是与各种路灯系统最大的区别之处。所设计的控制器应该是功能完备、结构简单的智能型太阳能 LED 路灯控制器。所实现的功能应有:天黑时自动开灯;天亮时自动关灯;在蓄电池电量不足时,自动断开负载,防止蓄电池过放电;具有短路保护、反接保护等。它分为硬件电路设计和软件程序设计两部分。

注意事项:①采用 MPPT 算法来优化太阳能电池组件的工作效率;②针对蓄电池的不同状态要采用合适的充电模式;③要保证 LED 驱动电路的恒流输出;④要能判断白天、黑夜并以此来切换蓄电池充电和放电模式;⑤要提供监控保护、温度监测、状态输出和用户控制输入检测等功能。

1. 系统的总体设计方案

独立式太阳能半导体照明系统的组成原理如图 8.25 所示,主要包括太阳能电池、蓄电池、控制器和半导体照明负载 4 个主要部分以及备用电源一个辅助部分。其中备用电源由开关电源将 220V 交流市电变换成低压直流电提供,系统设计时只需为备用电源提供一个低压直流电输入接口。

由图可知,系统主要包括太阳能电池工作电压、电流检测及其 AD 变换、太阳能电池输出 DC/DC 变换、蓄电池工作电压、电流检测及其 AD 变换、主电源与备用电源切换控制 4 个主要功能单元,以及光控和手动电路的切换部分。

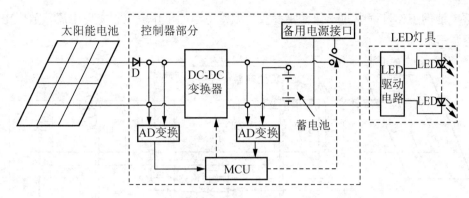

图 8.25　太阳能照明系统的结构示意图

2. 控制器的功能及原理

控制器是系统的核心部分，系统工作过程通过它进行管理和控制。系统通过控制器实现系统工作状态的管理、蓄电池剩余容量的管理、蓄电池的 MPPT 充电控制、光控和手动电路的切换控制以及蓄电池的温度补偿等主要功能。

1) 控制器的主要功能

独立式太阳能半导体照明系统面向照明使用，设计控制器具有如下功能。

(1) 支持并能自动检测 12V、24V 两种系统工作电压(根据蓄电池端电压判定)。

(2) 支持最大至 10A 的放电电流。

(3) 支持快充、恒压充电两级充电，实时显示电路状态。

(4) 能对太阳能电池的输出进行 MPPT 控制。

(5) 具有静态节能功能，系统参数断电关机后可自动存储，开机后自动恢复上次参数的设定值。

(6) 蓄电池剩余容量不足时报警，并切换到待机状态等待充电。

(7) 电压手动修正补偿值。

(8) 能显示充电电流、端电压、蓄电池工作温度及其剩余容量。

(9) 具有防反充保护、过充电保护、过放电保护和负载短路保护功能。

(10) 可自行设置光控点，具有 A 路光控，B 路手动两路输出功能。

2) 控制器的组成原理

图 8.26 所示为独立式太阳能半导体照明系统控制器的组成原理，主要由 ATmega8 单片机、采样电路、AD 转换电路、DC/DC 变换电路、MOSFET 驱动电路和数码管显示电路组成。图 8.26 中，肖特基二极管用来实现防反充保护，防止弱太阳辐射模式下蓄电池太阳能电池进行放电。检测到的太阳能电池的工作电压、电流经 AD 转换后送至 MCU，根据具体的算法输出合适的 PWM 信号来调节 DC/DC 变换电路，从而改变太阳能电池的输出电压。检测到的蓄电池的工作电压、电流经 AD 转换后送至 MCU，由此判断蓄电池的荷电状态并进行相应的充放电控制。DC/DC 变换器用于改变太阳能电池的输出电压，配合微控制器单元(Micro Controller Unit，MCU)进行 MPPT 控制及恒压充电控制。数码管则用来

显示蓄电池的工作过程中的一些重要参数，如蓄电池的工作电压、充电电流、放电电流、剩余容量等。

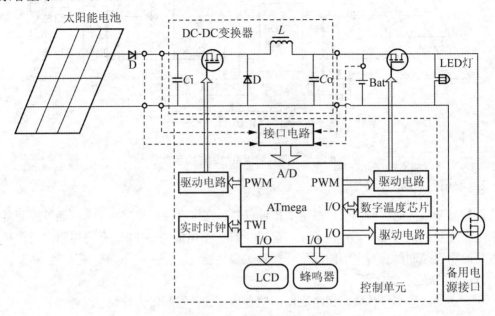

图 8.26 控制器组成原理图

3. 控制器硬件设计及器件选型

1) MCU 电路

控制电路是整个系统的核心，由于太阳能电池的输出功率受到温度和太阳辐射强度的影响而不断地变化，为了实现对太阳能电池的 MPPT 控制，就要求系统的实时性比较强，即要求系统的响应速度快，为此本文所设计的系统控制器采用 ATmega8 单片机作为控制芯片。图 8.27 所示为 MCU 部分电路图。

ATmega8 是 ATMEL 公司在 2002 年第一季度推出的一款新型 AVR 高档单片机。在 AVR 家族中，ATmega8 是一种非常特殊的单片机，它的芯片内部集成了较大容量的存储器和丰富强大的硬件接口电路，具备 AVR 高档单片机 MEGE 系列的全部性能和特点。但由于采用了小引脚封装(为 DIP 28 和 TQFP/MLF32)，所以其价格仅与低档单片机相当，再加上 AVR 单片机的系统内可编程特性，使得无须购买昂贵的仿真器和编程器也可进行单片机嵌入式系统的设计和开发，同时也为单片机的初学者提供了非常方便和简捷的学习开发环境。

2) 采样电路及 AD 转换

控制器中共有 4 路采样信号，分别是太阳能电池输出电压、太阳能电池输出电流、蓄电池端电压和蓄电池工作电流，这 4 路信号均为变化的直流信号。控制器的设计要求采样信号精度较高，线性度较好，响应快，能如实地反映检测量。本文采用电阻网络对电压信号进行取样并进行滤波，采用 LM224 将电流信号转换为电压信号，最后将 4 路信号输入 ATmega8 的 AD 口进行 AD 转换。由于 ATmega8 的 AD 转换部分参考电压的限制，采样所得的 4 路电压信号均不能超过 AD 转换部分的参考电压。

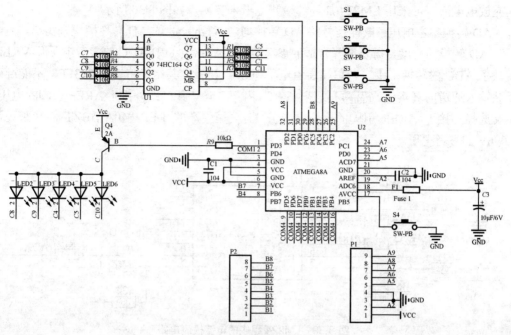

图 8.27　控制器部分电路

电压采样电路：电压采样电路利用精度为 0.1% 的精密电阻组成简单的分压电阻网络来实现，在分压电阻网络的输出端并联漏电流很小的精密电容，以减小电流泄漏对测量精度的影响。

电流采样电路：电流采样有霍尔效应法、磁阻法和 *I-U* 转换法等多种方案，本文采用 *I-U* 转换法，用 LM224 电流检测放大器来设计电流取样电路。LM224 是四运放集成电路，它采用 14 管脚双列直插式封装，外形如图 8.28 所示。它的内部包含 4 组形式的完全相同的运算放大器。除电源共用之外，4 组运放相互独立。每一组运算放大器可用图 8.29 来表示。它有 5 个引脚，其中 "+" "−" 为两个信号输入端，"*U*+" "*U*−" 为同相输入端，表示运放输出端 V0 的信号与该输入端的相位相同。

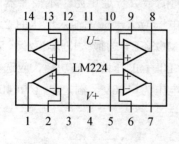

图 8.28　LM224 内部运放

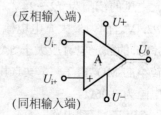

图 8.29　LM224 功能引脚

LM224 具有如下特点：短跑保护输出；真差动输入级；可单电源工作范围为 3～32V；低偏置电流最大为 100nA；每封装含 4 个运算放大器；具有内部补偿的功能；共模范围扩展到负电源；行业标准的引脚排列；输入端具有静电保护功能；本系统要求支持最大至 5A

的充放电电流，可采用 LM224 加外部检测电阻来实现，如图 8.30 所示。

AD 转换参考电压：取样信号的 AD 转换均由 ATmega8 的 AD 转换模块来实现，为了提高 AD 转换的精度，需要选择合适的参考电压。ATmega8 中 ADC 的参考电压源(VREF)反映了 ADC 的转换范围。若单端通道电平超过了 U_{REF}，其结果将接近 0x3FF，不能准确反映输入通道的真实值。U_{REF} 可以是 AVCC、内部 2.56V 基准或外接于 AREF 引脚的电压，本文选择外接于 AREF 引脚的电压，选用 TI 公司生产的 REF3040AIDBZT 芯片来设计 4.096V 的参考电压。

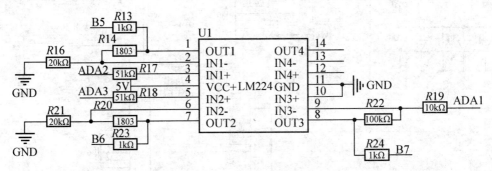

图 8.30 LM224 组成的电流检测电路

3) DC/DC 变换电路

开关式 DC/DC 变换电路通常有 Buck 型、Boost 型和 Buck-Boost 型 3 种形式，本文控制器中 DC/DC 变换采用的是 Buck 型变换电路，其变换原理图如图 8.31 中 DC/DC 变换器部分。Buck 型 DC/DC 变换电路是控制器电路的重要组成部分，它主要实现两个方面的功能，一方面是配合 MCU 实现 MPPT 控制和恒压充电控制；另一方面是实现过充电保护。其电路设计主要是对功率开关管和输出滤波电容的选择。

目前中大功率 DC/DC 变换器中功率开关管一般选择 MOSFET 或 IGBT，对于大功率变换，由于 MOSFET 功率及电压等级的限制，一般利用 IGBT 作为开关器件。中小功率场合，MOSFET 仍然起主导地位。本文选择 MOSFET 作为功率开关管，选择 MOSFET 主要考虑额定电压、额定电流以及导通时漏源极之间的最大导通电阻。本控制器的设计中，输入电压的范围为 12~24V，MOSFET 的额定电压应大于最大输入电压的 2.1 倍，即大于 92.4V。因为最大充电电流为 5A，所以流过 MOSFET 的最大电流不大于 5A，选择 MOSFET 的额定电流应大于 5A。为了降低 MOSFET 上的压降及其功耗，应选择导通电阻值较小的 MOSFET。本文选用 50N03，其额定电压为-100V，额定电流为-40A，最大导通电阻为 0.06Ω。

4) MOSFET 驱动电路

控制器的设计中有 4 处用到 MOSFET，分别是 DC/DC 变换电路中的 MOSFET(图 8.32)、放电控制电路中的 MOSFET(图 8.33)。其中，前者 PWM 信号控制 MOSFET 的开关，后者由 ATmega8 的 I/O 口的高低电平控制 MOSFET 的开关。分别用 BJT 等分立元件设计驱动电路。

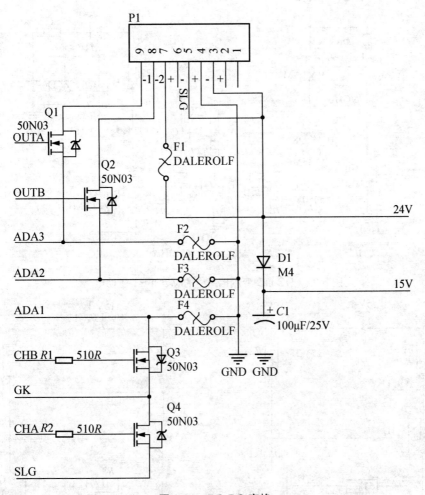

图 8.31 DC-DC 变换

图 8.32 中，PWM 信号频率为 31.25kHz，其信号周期为 32μs。2N3904 的响应时间为纳秒量级，2N3439 的响应时间为 10 纳秒量级，故由 2N3904 和 2N3906 组成的 MOSFET 驱动电路可以满足微秒量级的 PWM 信号的控制需要。

5) 电源模块电路

控制器中电源模块由蓄电池供电，而控制器支持 12V、24V 两种系统工作电压，故电源模块的输入电压的范围为 12~28V。而常用的线性稳压器如 7805 的最大输入电压过低，故本文采用 7550 来设计+5V 电源模块。HT7550 开关稳压管是 COMS 技术的三端口的高电流低电压稳压器，能输入 100mA 电流，允许输入电压达 24V 以上，能输出 5.0V 的稳定电压。由 HT7550 组成的+5V 电源模块电路如图 8.34 所示。

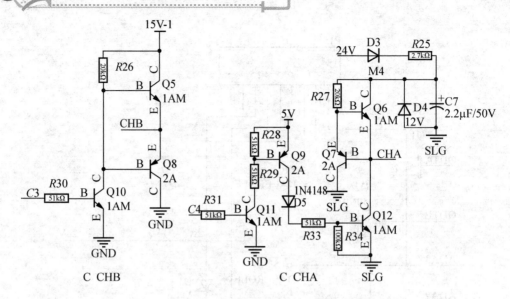

图 8.32　DC-DC 变换电路中的 MOSFET 驱动电路

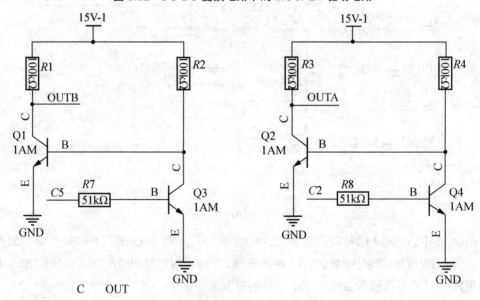

图 8.33　放电控制电路中的 MOSFET 驱动电路

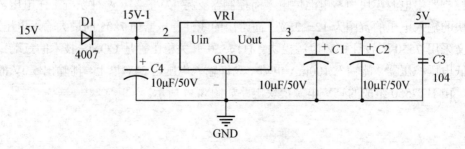

图 8.34　5.0V 电源模块电路

4. 系统工作状态分析

在独立式太阳能半导体照明系统中，太阳能电池主要有强太阳辐射模式和弱太阳辐射模式两种工作模式；而蓄电池根据其荷电状态可分为剩余容量不足(SOC<50%)、剩余容量充足(SOC>50%)但端电压未达到恒压充电阈值($U_{Bat}<U_{Bat}$-max)及端电压达到恒压充电阈值($U_{Bat}\geq U_{Bat}$-max)3 种状态。下面分析系统在太阳能电池的两种不同模式下可能存在的工作状态。

在强太阳辐射模式下，当蓄电池的 SOC<50%时，切断蓄电池对负载的放电回路，太阳能电池以 MPPT 方式对蓄电池充电，负载由备用电源供电，称其为"MPPT 充电，备用电源供电"状态(用 MPPTC&SPS 表示)。当蓄电池的 SOC>50%且 $U_{Bat}<U_{Bat}$-max 时，切断备用电源对负载的放电回路，太阳能电池以 MPPT 方式对蓄电池充电，负载由太阳能电池和蓄电池供电，称其为"MPPT 充电，主电源供电"状态(用 MPPTC&MPS 表示)。当 $U_{Bat}\geq U_{Bat}$-max 时，切断备用电源对负载的放电回路，太阳能电池以恒压充电方式对蓄电池充电，负载由太阳能电池和蓄电池供电，称其为"恒压充电，主电源供电"状态(用 CVC&MPS 表示)。

在弱太阳辐射模式下，当蓄电池的 SOC<50%时，切断蓄电池对负载的放电回路，负载由备用电源供电，称其为"备用电源供电"状态(用 SPS 表示)。当蓄电池的 SOC>50%，切断备用电源的放电回路，负载由蓄电池供电，称其为"蓄电池供电"状态。由于本控制器设置了深夜半功率放电功能，所以当通过拨码开关选择了深夜半功率放电功能后，"蓄电池供电"状态又分为两种不同的工作状态，当实时时间不在半功率放电时段内(0≤t5)时，为"蓄电池正常放电"状态(用 BND 表示)；当实时时间在半功率放电时段内($t\geq$5)时，为"蓄电池半功率放电"状态(用 BHD 表示)。

图 8.35 为系统在两种不同模式下的状态转换图。图 8.34(a)为强太阳辐射模式下的状态转换图，图中各数字所对应的事件分别为：1—$U_{Bat}\geq U_{Bat}$-max，2—$U_{Bat}\geq U_{Bat}$-thh，3—$U_{Bat}\geq U_{Bat}$-thl，4—$U_{Bat}\geq U_{Bat}$-min，其中 U_{Bat} 为蓄电池端电压，U_{Bat}-max 为蓄电池最大端电压，U_{Bat}-min 为本设计的蓄电池放电截止电压，U_{Bat}-thh 和 U_{Bat}-thl 分别为进入 MPPTC&MPS 态的蓄电池的判决阈值电压。需要特别指出的是，在事件 2、3 中分别使用 U_{Bat}-thh 和 U_{Bat}-thl 作为判断条件而不使用 U_{Bat}-max 和 U_{Bat}-min，是为了防止 MPPTC&MPS 状态与另外两个状态之间转换时出现振荡。图 8.34(b)为弱太阳辐射模式下的状态转换图，图中各数字所对应的事件分别为：1—0≤t5，2—$t\geq$5，3、6—$U_{Bat}\geq U_{Bat}$-min，4—$U_{Bat}\geq U_{Bat}$-thl 且 0≤t5，5—$U_{Bat}\geq U_{Bat}$-thl 且 $t\geq$5。事件 4、5 中以 U_{Bat}-thl 作为判断阈值是为了防止 SPS 状态与另外两个状态之间转换时出现振荡。在强太阳辐射和弱太阳辐射两种工作模式下工作时，控制器还需要周期性地检测太阳能电池的输出电压，并判断是否大于 3V，以便在这两种工作模式之间进行切换。

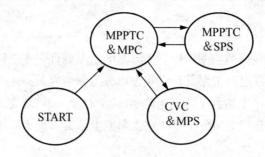

(a) 强太阳辐射模式

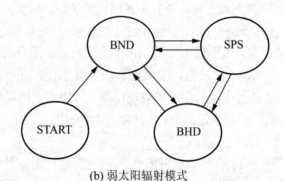

(b) 弱太阳辐射模式

图 8.35　系统在两种不同模式下的转换图

5. 控制器软件设计

本系统的控制器使用 AVR 系列的 ATmega8 芯片,为了便于开发,采用 C 语言编写程序,程序编写好之后利用免费的编译器 WinAVR 进行编译,编译成功后生成的二进制代码通过 ISP 将软件 PnoyProg 下载到试验板上。

1) 总体软件结构

本系统采用模块化程序设计,根据系统实际工作环境将系统工作过程分为强太阳辐射模块和弱太阳辐射模块两个大的模块,每个模块下根据具体的功能再细分为更多的模块。本文所设计的独立式太阳能半导体照明系统有强太阳辐射、弱太阳辐射两种工作模式,可在 12V、24V 两种系统电压下工作。系统开始工作时,控制器首先检测蓄电池的端电压,与 18V 进行比较,若大于 18V,则系统工作电压为 24V;若小于等于 18V,则系统工作电压为 12V。然后检测太阳能电池的输出电压,若大于 3V,则系统进入强太阳辐射工作模式;反之,则进入弱太阳辐射工作模式。系统总体软件结构如图 8.36 所示。

2) 强太阳辐射模式程序流程

进入强太阳辐射模式后,控制器首先要检测蓄电池的端电压,判别系统进入何种状态,并进行相应状态下的具体操作;在该模式任意状态的工作过程中,还需要周期性地检测蓄电池的端电压,以判断是否进行状态转换;此外,该模式下还需要定期地根据太阳能电池的输出电压判断是否需要进行工作模式的切换。图 8.37 为强太阳辐射模式下的程序流程图。

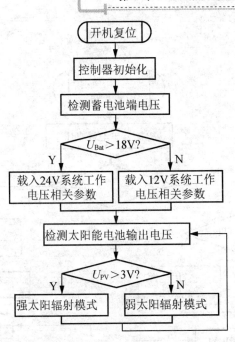

图 8.36　系统总体软件流程图

3) 弱太阳辐射模式程序流程

进入弱太阳辐射模式后，控制器首先要检测蓄电池端电压并进行判断，以决定负载是由蓄电池供电还是由备用电源供电。如果由备用电源供电，则控制器只需周期性地检测蓄电池端电压，以判断是否切换到蓄电池供电状态。如果由蓄电池供电，则控制器首先读取半功率放电标志，以确定是否选择了半功率放电功能。若没有选择半功率放电功能，则控制器只需周期性地检测蓄电池的端电压，以判断是否需要切换到备用电源供电状态，而不需要读取实时时间；若选择了半功率放电功能，则蓄电池在正常放电和蓄电池半功率放电状态下，控制器都需要读取实时时间，以判断是否进入半功率放电时段。此外，该模式下还需要根据太阳能电池的输出电压判断是否需要进行工作模式的切换。图 8.38 为弱太阳辐射模式下的程序流程图。

太阳能光伏发电作为一种清洁无污染的新型能源，目前在全球范围内的推广应用发展非常快，随着 LED 流明效率的提高及使用寿命的延长，LED 在 5～10 年之内必将逐步应用于普通照明领域。

围绕独立式太阳能半导体照明系统的设计，研究了太阳能电池的输出特性及对其输出的控制方案，分析了蓄电池的充放电控制策略，设计了半导体照明灯具驱动电路，并综合各部分的特性设计了独立式太阳能半导体照明系统。本实例的主要研究成果如下。

(1) 研究了太阳能电池的输出特性，对常用的 MPPT 控制方法进行了比较，并据此提出了一种改进的增量电导 MPPT 算法。改进的增量电导 MPPT 算法是基于太阳能电池的 I-V 特性曲线在 MPP 左右两侧的斜率大小不同，而在 MPP 左右两侧分别采用不同的扰动步长，从而改善 MPPT 算法的跟踪效果。

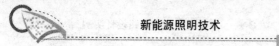

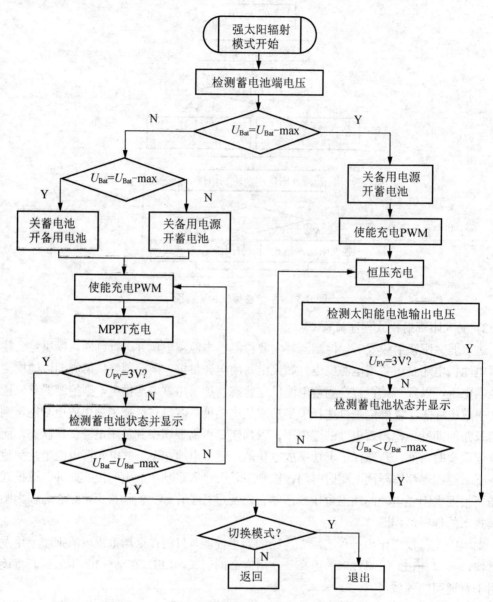

图 8.37 强太阳辐射下的程序流程图

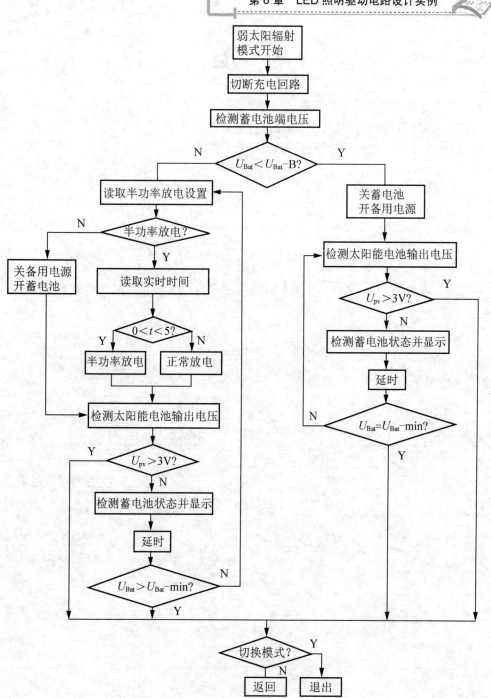

图 8.38　弱辐射模式下的程序流程图

(2) 分析了蓄电池的充放电特性及其充放电控制策略，根据独立式太阳能半导体照明系统的特性提出了基于 MPPT 充电和恒压充电的两阶段充电方法。同时，考虑到温度对蓄电池充放电特性的影响，对蓄电池充放电过程中的各种阈值进行了温度补偿，以延长蓄电池的使用寿命。

习　题

1．LED驱动电路设计应注意哪些问题？
2．太阳能路灯控制器的设计原理是怎样的？
3．简述太阳能风能互补的特点以及光电互补的特点。

参 考 文 献

[1] 陈大华，刘洋．绿色照明 LED 实用技术[M]．北京：化学工业出版社，2009．

[2] 陈超中，施晓红．LED 灯具标准体系建设研究[J]．照明工程学报，2009，8．

[3] 屈素辉．普通照明 LED 标准及技术要求[J]．中国照明电器，2009，10．

[4] 陈金鑫．OLED 有机电致发光材料与器件[M]．北京：清华大学出版社，2007．

[5] 周志敏．LED、OLED 照明技术与工程应用[M]．北京：电子工业出版社，2011．

[6] 沙占友．单片开关电源的最新应用技术[M]．北京：机械工业出版社，2002．

[7] 张占松．开关电源的原理与设计[M]．北京：电子工业出版社，1998．

[8] 周志敏．LED 驱动电路设计要点与电路实例[M]．北京：化学工业出版社，2012．

[9] 周志敏，周纪海．开关电源实用电路[M]．北京：中国电力出版社，2005．

[10] 沙占友．LED 照明驱动电源优化设计[M]．北京：中国电力出版社，2010．

[11] 代志平．LED 照明驱动电路设计方法与实例[M]．北京：中国电力出版社，2011．

[12] 周志敏，纪爱华，等．太阳能光伏发电系统设计与应用[M]．北京：电子工业出版社，2011．

[13] 冯垛生，张淼，等．太阳能发电技术及应用[M]．北京：人民邮电出版社，2009．

[14] 周志敏，纪爱华，等．太阳能 LED 照明技术与工程设计[M]．北京：中国电力出版社，2011．

[15] 中国太阳能光伏网 http://www.solar-pv.cn/．

[16] 周志敏，纪爱华，等．离网风光互补发电技术及工程应用[M]．北京：人民邮电出版社，2011．

[17] 张洪亮．并网型单相逆变器的研究[D]．济南：山东大学，2007．

[18] 张利．光伏电池特性研究[D]．北京：华北电力大学，2008．

[19] 郑诗程．光伏发电系统及其控制的研究[D]．合肥：合肥工业大学，2004．

[20] 吕正君．太阳电池输出特性研究[D]．北京：中国科学技术大学，2011．

[21] 王超．独立光伏发电系统控制器的研究与设计[D]．杭州：浙江大学，2004．

[22] 周睿．光伏发电系统控制器设计与研究[D]．南京：江苏大学，2011．

[23] 王秀玲．太阳能与市电互补的 LED 照明控制系统研究[D]．北京：北京工业大学，2009．

[24] 刘鑫．太阳能路灯系统控制器研究与设计[D]．青岛：中国海洋大学，2011．

[25] 王震．独立太阳能光伏路灯系统中 MPPT 控制器的研究与设计[D]．武汉：湖北大学，2009．

[26] 许龙飞．太阳能光伏发电系统控制器的研制[D]．成都：西华大学，2011．

[27] 黄原．蓄电池光伏充放电控制器的设计[D]．武汉：武汉理工大学，2009．

[28] 王夏楠．独立光伏发电系统及其 MPPT 的研究[D]．南京：南京航空航天大学，2008．

[29] 毛兴武．LED 照明驱动电源与灯具设计[M]．北京：人民邮电出版社，2011．

[30] 梁宏晖．小功率光伏发电及最大功率跟踪控制的研究[D]．天津：天津大学，2008．

[31] 宋永瑞．风力发电系统与控制技术[M]．北京：电子工业出版社，2012．

[32] 宋亦旭．风力发电机的原理与控制[M]．北京：机械工业出版社，2012．

[33] 叶杭冶．风力发电机组的控制技术[M]．北京：机械工业出版社，2006．

[34] 李少林，姚国兴. 一种风光互补发电系统中双向 DC/DC 变换器研究[J]. 电气传动，2010，40(3)：60-62.

[35] [日]滨川圭弘. 太阳能光伏电池及其应用[M]. 张红梅，崔晓华，译. 北京：科学出版社，2008.

[36] 熊绍珍，朱美芳. 太阳能电池基础与应用[M]. 北京：科学出版社，2009.

[37] 太阳能人才网 http://www.solar001.com/infomation/showinfo.aspx?id=17817

[38] 赵争鸣. 太阳能光伏发电最大功率点跟踪技术[M]. 北京：电子工业出版社，2012.

北京大学出版社本科计算机系列实用规划教材

序号	标准书号	书　名	主编	定价	序号	标准书号	书　名	主编	定价
1	7-301-10511-5	离散数学	段禅伦	28	38	7-301-13684-3	单片机原理及应用	王新颖	25
2	7-301-10457-X	线性代数	陈付贵	20	39	7-301-14505-0	Visual C++程序设计案例教程	张荣梅	30
3	7-301-10510-X	概率论与数理统计	陈荣江	26	40	7-301-14259-2	多媒体技术应用案例教程	李　建	30
4	7-301-10503-0	Visual Basic 程序设计	闵联营	22	41	7-301-14503-6	ASP .NET 动态网页设计案例教程(Visual Basic .NET 版)	江　红	35
5	7-301-21752-8	多媒体技术及其应用(第2版)	张　明	39	42	7-301-14504-3	C++面向对象与Visual C++程序设计案例教程	黄贤英	35
6	7-301-10466-8	C++程序设计	刘天印	33	43	7-301-14506-7	Photoshop CS3 案例教程	李建芳	34
7	7-301-10467-5	C++程序设计实验指导与习题解答	李　兰	20	44	7-301-14510-4	C++程序设计基础案例教程	于永彦	33
8	7-301-10505-4	Visual C++程序设计教程与上机指导	高志伟	25	45	7-301-14942-3	ASP .NET 网络应用案例教程(C# .NET 版)	张登辉	33
9	7-301-10462-0	XML 实用教程	丁跃潮	26	46	7-301-12377-5	计算机硬件技术基础	石　磊	26
10	7-301-10463-7	计算机网络系统集成	斯桃枝	22	47	7-301-15208-9	计算机组成原理	娄国焕	24
11	7-301-22437-3	单片机原理及应用教程(第2版)	范立南	43	48	7-301-15463-2	网页设计与制作案例教程	房爱莲	36
12	7-5038-4421-3	ASP .NET 网络编程实用教程(C#版)	崔良海	31	49	7-301-04852-8	线性代数	姚喜妍	22
13	7-5038-4427-2	C 语言程序设计	赵建锋	25	50	7-301-15461-8	计算机网络技术	陈代武	33
14	7-5038-4420-5	Delphi 程序设计基础教程	张世明	37	51	7-301-15697-1	计算机辅助设计二次开发案例教程	谢安俊	26
15	7-5038-4417-5	SQL Server 数据库设计与管理	姜　力	31	52	7-301-15740-4	Visual C# 程序开发案例教程	韩朝阳	30
16	7-5038-4424-9	大学计算机基础	贾丽娟	34	53	7-301-16597-3	Visual C++程序设计实用案例教程	于永彦	32
17	7-5038-4430-0	计算机科学与技术导论	王昆仑	30	54	7-301-16850-9	Java 程序设计案例教程	胡巧多	32
18	7-5038-4418-3	计算机网络应用实例教程	魏　峥	25	55	7-301-16842-4	数据库原理与应用(SQL Server 版)	毛一梅	36
19	7-5038-4415-9	面向对象程序设计	冷英男	28	56	7-301-16910-0	计算机网络技术基础与应用	马秀峰	33
20	7-5038-4429-4	软件工程	赵春刚	22	57	7-301-15063-4	计算机网络基础与应用	刘远生	32
21	7-5038-4431-0	数据结构(C++版)	秦　锋	28	58	7-301-15250-8	汇编语言程序设计	张光长	28
22	7-5038-4423-2	微机应用基础	吕晓燕	33	59	7-301-15064-1	网络安全技术	骆耀祖	30
23	7-5038-4426-4	微型计算机原理与接口技术	刘彦文	26	60	7-301-15584-4	数据结构与算法	佟伟光	32
24	7-5038-4425-6	办公自动化教程	钱　俊	30	61	7-301-17087-8	操作系统实用教程	范立南	36
25	7-5038-4419-1	Java 语言程序设计实用教程	董迎红	33	62	7-301-16631-4	Visual Basic 2008 程序设计教程	隋晓红	34
26	7-5038-4428-0	计算机图形技术	龚声蓉	28	63	7-301-17537-2	C 语言基础案例教程	汪新民	31
27	7-301-11501-5	计算机软件技术基础	高　巍	25	64	7-301-17397-8	C++程序设计基础教程	郝亚辉	30
28	7-301-11500-8	计算机组装与维护实用教程	崔明远	33	65	7-301-17578-1	图论算法理论、实现及应用	王桂平	54
29	7-301-12174-0	Visual FoxPro 实用教程	马秀峰	29	66	7-301-17964-2	PHP 动态网页设计与制作案例教程	房爱莲	42
30	7-301-11500-8	管理信息系统实用教程	杨月江	27	67	7-301-18514-8	多媒体开发与编程	于永彦	35
31	7-301-11445-2	Photoshop CS 实用教程	张　瑾	28	68	7-301-18538-4	实用计算方法	徐亚平	24
32	7-301-12378-2	ASP .NET 课程设计指导	潘志红	35	69	7-301-18539-1	Visual FoxPro 数据库设计案例教程	谭红杨	35
33	7-301-12394-2	C# .NET 课程设计指导	龚自霞	32	70	7-301-19313-6	Java 程序设计案例教程与实训	董迎红	45
34	7-301-13259-3	VisualBasic .NET 课程设计指导	潘志红	30	71	7-301-19389-1	Visual FoxPro 实用教程与上机指导（第 2 版）	马秀峰	40
35	7-301-12371-3	网络工程实用教程	汪新民	34	72	7-301-19435-5	计算方法	尹景本	28
36	7-301-14132-8	J2EE 课程设计指导	王立丰	32	73	7-301-19388-4	Java 程序设计教程	张剑飞	35
37	7-301-21088-8	计算机专业英语(第2版)	张　勇	42	74	7-301-19386-0	计算机图形技术(第2版)	许承东	44

序号	标准书号	书　名	主　编	定价	序号	标准书号	书　名	主　编	定价
75	7-301-15689-6	Photoshop CS5 案例教程(第2版)	李建芳	39	85	7-301-20328-6	ASP. NET 动态网页案例教程(C#.NET 版)	江　红	45
76	7-301-18395-3	概率论与数理统计	姚喜妍	29	86	7-301-16528-7	C#程序设计	胡艳菊	40
77	7-301-19980-0	3ds Max 2011 案例教程	李建芳	44	87	7-301-21271-4	C#面向对象程序设计及实践教程	唐　燕	45
78	7-301-20052-0	数据结构与算法应用实践教程	李文书	36	88	7-301-21295-0	计算机专业英语	吴丽君	34
79	7-301-12375-1	汇编语言程序设计	张宝剑	36	89	7-301-21341-4	计算机组成与结构教程	姚玉霞	42
80	7-301-20523-5	Visual C++程序设计教程与上机指导(第2版)	牛江川	40	90	7-301-21367-4	计算机组成与结构实验实训教程	姚玉霞	22
81	7-301-20630-0	C#程序开发案例教程	李挥剑	39	91	7-301-22119-8	UML 实用基础教程	赵春刚	36
82	7-301-20898-4	SQL Server 2008 数据库应用案例教程	钱哨	38	92	7-301-22965-1	数据结构(C 语言版)	陈超祥	32
83	7-301-21052-9	ASP.NET 程序设计与开发	张绍兵	39	93	7-301-23122-7	算法分析与设计教程	秦　明	29
84	7-301-16824-0	软件测试案例教程	丁宋涛	28					

北京大学出版社电气信息类教材书目(已出版)
欢迎选订

序号	标准书号	书名	主编	定价	序号	标准书号	书名	主编	定价
1	7-301-10759-1	DSP 技术及应用	吴冬梅	26	39	7-5038-4410-2	控制系统仿真	郑恩让	26
2	7-301-10760-7	单片机原理与应用技术	魏立峰	25	40	7-5038-4398-3	数字电子技术	李 元	27
3	7-301-10765-2	电工学	蒋 中	29	41	7-5038-4412-6	现代控制理论	刘永信	22
4	7-301-19183-5	电工与电子技术(上册)(第2版)	吴舒辞	30	42	7-5038-4401-0	自动化仪表	齐志才	27
5	7-301-19229-0	电工与电子技术(下册)(第2版)	徐卓农	32	43	7-5038-4408-9	自动化专业英语	李国厚	32
6	7-301-10699-0	电子工艺实习	周春阳	19	44	7-301-23081-7	集散控制系统(第2版)	刘翠玲	36
7	7-301-10744-7	电子工艺学教程	张立毅	32	45	7-301-19174-3	传感器基础(第2版)	赵玉刚	32
8	7-301-10915-6	电子线路 CAD	吕建平	34	46	7-5038-4396-9	自动控制原理	潘 丰	32
9	7-301-10764-1	数据通信技术教程	吴延海	29	47	7-301-10512-2	现代控制理论基础(国家级十一五规划教材)	侯媛彬	20
10	7-301-18784-5	数字信号处理(第2版)	阎 毅	32	48	7-301-11151-2	电路基础学习指导与典型题解	公茂法	32
11	7-301-18889-7	现代交换技术(第2版)	姚 军	36	49	7-301-12326-3	过程控制与自动化仪表	张井岗	36
12	7-301-10761-4	信号与系统	华 容	33	50	7-301-12327-0	计算机控制系统	徐文尚	28
13	7-301-19318-1	信息与通信工程专业英语(第2版)	韩定定	32	51	7-5038-4414-0	微机原理及接口技术	赵志诚	38
14	7-301-10757-7	自动控制原理	袁德成	29	52	7-301-10465-1	单片机原理及应用教程	范立南	30
15	7-301-16520-1	高频电子线路(第2版)	宋树祥	35	53	7-5038-4426-4	微型计算机原理与接口技术	刘彦文	26
16	7-301-11507-7	微机原理与接口技术	陈光军	34	54	7-301-12562-5	嵌入式基础实践教程	杨 刚	30
17	7-301-11442-1	MATLAB 基础及其应用教程	周开利	24	55	7-301-12530-4	嵌入式 ARM 系统原理与实例开发	杨宗德	25
18	7-301-11508-4	计算机网络	郭银景	31	56	7-301-13676-8	单片机原理与应用及 C51 程序设计	唐 颖	30
19	7-301-12178-8	通信原理	隋晓红	32	57	7-301-13577-8	电力电子技术及应用	张润和	38
20	7-301-12175-7	电子系统综合设计	郭 勇	25	58	7-301-20508-2	电磁场与电磁波(第2版)	邬春明	30
21	7-301-11503-9	EDA 技术基础	赵明富	22	59	7-301-12179-5	电路分析	王艳红	38
22	7-301-12176-4	数字图像处理	曹茂永	23	60	7-301-12380-5	电子测量与传感技术	杨 雷	35
23	7-301-12177-1	现代通信系统	李白萍	27	61	7-301-14461-9	高电压技术	马永翔	28
24	7-301-12340-9	模拟电子技术	陆秀令	28	62	7-301-14472-5	生物医学数据分析及其 MATLAB 实现	尚志刚	25
25	7-301-13121-3	模拟电子技术实验教程	谭海曙	24	63	7-301-14460-2	电力系统分析	曹 娜	35
26	7-301-11502-2	移动通信	郭俊强	22	64	7-301-14459-6	DSP 技术与应用基础	俞一彪	34
27	7-301-11504-6	数字电子技术	梅开乡	30	65	7-301-14994-2	综合布线系统基础教程	吴达金	24
28	7-301-18860-6	运筹学(第2版)	吴亚丽	28	66	7-301-15168-6	信号处理 MATLAB 实验教程	李 杰	20
29	7-5038-4407-2	传感器与检测技术	祝诗平	30	67	7-301-15440-3	电工电子实验教程	魏 伟	26
30	7-5038-4413-3	单片机原理及应用	刘 刚	24	68	7-301-15445-8	检测与控制实验教程	魏 伟	24
31	7-5038-4409-6	电机与拖动	杨天明	27	69	7-301-04595-4	电路与模拟电子技术	张绪光	35
32	7-5038-4411-9	电力电子技术	樊立萍	25	70	7-301-15458-8	信号、系统与控制理论(上、下册)	邱德润	70
33	7-5038-4399-0	电力市场原理与实践	邹 斌	24	71	7-301-15786-2	通信网的信令系统	张云麟	24
34	7-5038-4405-8	电力系统继电保护	马永翔	27	72	7-301-16493-8	发电厂变电所电气部分	马永翔	35
35	7-5038-4397-6	电力系统自动化	孟祥忠	25	73	7-301-16076-3	数字信号处理	王震宇	32
36	7-5038-4404-0	电气控制技术	韩顺杰	22	74	7-301-16931-5	微机原理及接口技术	肖洪兵	32
37	7-5038-4403-4	电器与 PLC 控制技术	陈志新	38	75	7-301-16932-2	数字电子技术	刘金华	30
38	7-5038-4400-3	工厂供配电	王玉华	34	76	7-301-16933-9	自动控制原理	丁 红	32

序号	标准书号	书名	主编	定价	序号	标准书号	书名	主编	定价
77	7-301-17540-8	单片机原理及应用教程	周广兴	40	114	7-301-20327-9	电工学实验教程	王士军	34
78	7-301-17614-6	微机原理及接口技术实验指导书	李干林	22	115	7-301-16367-2	供配电技术	王玉华	49
79	7-301-12379-9	光纤通信	卢志茂	28	116	7-301-20351-4	电路与模拟电子技术实验指导书	唐颖	26
80	7-301-17382-4	离散信息论基础	范九伦	25	117	7-301-21247-9	MATLAB 基础与应用教程	王月明	32
81	7-301-17677-1	新能源与分布式发电技术	朱永强	32	118	7-301-21235-6	集成电路版图设计	陆学斌	36
82	7-301-17683-2	光纤通信	李丽君	26	119	7-301-21304-9	数字电子技术	秦长海	49
83	7-301-17700-6	模拟电子技术	张绪光	36	120	7-301-21366-7	电力系统继电保护(第2版)	马永翔	42
84	7-301-17318-3	ARM 嵌入式系统基础与开发教程	丁文龙	36	121	7-301-21450-3	模拟电子与数字逻辑	邬春明	39
85	7-301-17797-6	PLC 原理及应用	缪志农	26	122	7-301-21439-8	物联网概论	王金甫	42
86	7-301-17986-4	数字信号处理	王玉德	32	123	7-301-21849-5	微波技术基础及其应用	李泽民	49
87	7-301-18131-7	集散控制系统	周荣富	36	124	7-301-21688-0	电子信息与通信工程专业英语	孙桂芝	36
88	7-301-18285-7	电子线路 CAD	周荣富	41	125	7-301-22110-5	传感器技术及应用电路项目化教程	钱裕禄	30
89	7-301-16739-7	MATLAB 基础及应用	李国朝	39	126	7-301-21672-9	单片机系统设计与实例开发（MSP430）	顾涛	44
90	7-301-18352-6	信息论与编码	隋晓红	24	127	7-301-22112-9	自动控制原理	许丽佳	30
91	7-301-18260-4	控制电机与特种电机及其控制系统	孙冠群	42	128	7-301-22109-9	DSP 技术及应用	董胜	39
92	7-301-18493-6	电工技术	张莉	26	129	7-301-21607-1	数字图像处理算法及应用	李文书	48
93	7-301-18496-7	现代电子系统设计教程	宋晓梅	36	130	7-301-22111-2	平板显示技术基础	王丽娟	52
94	7-301-18672-5	太阳能电池原理与应用	靳瑞敏	25	131	7-301-22448-9	自动控制原理	谭功全	44
95	7-301-18314-4	通信电子线路及仿真设计	王鲜芳	29	132	7-301-22474-8	电子电路基础实验与课程设计	武林	36
96	7-301-19175-0	单片机原理与接口技术	李升	46	133	7-301-22484-7	电文化——电气信息学科概论	高心	30
97	7-301-19320-4	移动通信	刘维超	39	134	7-301-22436-6	物联网技术案例教程	崔逊学	40
98	7-301-19447-8	电气信息类专业英语	缪志农	40	135	7-301-22598-1	实用数字电子技术	钱裕禄	30
99	7-301-19451-5	嵌入式系统设计及应用	邢吉生	44	136	7-301-22529-5	PLC 技术与应用(西门子版)	丁金婷	32
100	7-301-19452-2	电子信息类专业 MATLAB 实验教程	李明明	42	137	7-301-22386-4	自动控制原理	佟威	30
101	7-301-16914-8	物理光学理论与应用	宋贵才	32	138	7-301-22528-8	通信原理实验与课程设计	邬春明	34
102	7-301-16598-0	综合布线系统管理教程	吴达金	39	139	7-301-22582-0	信号与系统	许丽佳	38
103	7-301-20394-1	物联网基础与应用	李蔚田	44	140	7-301-22447-2	嵌入式系统实践教程	韩磊	35
104	7-301-20339-2	数字图像处理	李云红	29	141	7-301-22776-3	信号与线性系统	朱明早	33
105	7-301-20308-4	信号与系统	李云红	29	142	7-301-22872-2	电机、拖动与控制	万芳瑛	34
106	7-301-20505-1	电路分析基础	吴舒辞	38	143	7-301-22882-1	MCS-51 单片机原理及应用	黄翠翠	34
107	7-301-22447-2	嵌入式系统基础实践教程	韩磊	35	144	7-301-22936-1	自动控制原理	邢春芳	39
108	7-301-20506-8	编码调制技术	黄平	26	145	7-301-22920-0	电气信息工程专业英语	余兴波	26
109	7-301-20763-5	网络工程与管理	谢慧	39	146	7-301-22919-4	信号分析与处理	李会容	39
110	7-301-20845-8	单片机原理与接口技术实验与课程设计	徐懂理	26	147	7-301-22385-7	家居物联网技术开发与实践	付蔚	39
111	301-20725-3	模拟电子线路	宋树祥	38	148	7-301-23124-1	模拟电子技术学习指导及习题精选	姚娅川	30
112	7-301-21058-1	单片机原理与应用及其实验指导书	邵发森	44	149	7-301-23123-4	新能源照明技术	李姿景	33
113	7-301-20918-9	Mathcad 在信号与系统中的应用	郭仁春	30					

相关教学资源如电子课件、电子教材、习题答案等可以登录 www.pup6.com 下载或在线阅读。

扑六知识网(www.pup6.com)有海量的相关教学资源和电子教材供阅读及下载(包括北京大学出版社第六事业部的相关资源)，同时欢迎您将教学课件、视频、教案、素材、习题、试卷、辅导材料、课改成果、设计作品、论文等教学资源上传到 pup6.com，与全国高校师生分享您的教学成就与经验，并可自由设定价格，知识也能创造财富。具体情况请登录网站查询。

如您需要免费纸质样书用于教学，欢迎登陆第六事业部门户网(www.pup6.com)填表申请，并欢迎在线登记选题以到北京大学出版社来出版您的大作，也可下载相关表格填写后发到我们的邮箱，我们将及时与您取得联系并做好全方位的服务。

扑六知识网将打造成全国最大的教育资源共享平台，欢迎您的加入——让知识有价值，让教学无界限，让学习更轻松。

联系方式：010-62750667，pup6_czq@163.com，szheng_pup6@163.com，linzhangbo@126.com，欢迎来电来信咨询。